梅文鼎全集

第八册

（清）梅文鼎 著　韓琦 整理

黄山書社

目録

續學堂文鈔

續學堂文鈔卷一 劄子 賦 辨 書

績學堂文鈔卷二　説　序

績學堂文鈔卷三　序

續學堂文鈔卷四　引 記 傳

績學堂文鈔卷五　書後　題辭

續學堂文鈔卷六　行略　祭文　銘　贊　箴

績學堂詩鈔

續學堂詩鈔卷一

己酉

續學堂詩鈔卷二

己未

庚申

績學堂詩鈔卷四

附録一　梅文鼎相關文獻輯録

梅文鼎曆算著作序跋

清人詩文集中梅文鼎史事

梅文鼎家族傳記

附録二　梅文鼎年譜

李儼 編　韓琦 訂補

梅文鼎全集

績學堂文鈔

序

張必剛

曆象自《尚書·堯典》發其端，嗣是而秦之《月令》，漢唐之《太初》《大衍》，元之《授時》，皆遞有作述。至明末造，西洋利瑪竇始入中國，肆譚天文。中西人各守其師傳，不能相通。惟宣城梅勿庵徵君，實通厥故，凡理數之學、河洛圖書之外，《九章算術》尤其大綱。剛少時，嘗於金陵得古本《周髀算經》，攜歸而深究之，苦未易悉也。後於友人處得徵君所言測量大意纔十數紙，窮日夜鈔習，益以自幸。今年夏復來金陵，而君之家孫御史大夫公實致仕，家居於是。剛於大夫公有舊也，公遂以徵君之全集，屬剛較輯，且命爲序。

剛嘗讀宋胡子之言曰：『學欲博不欲雜，守欲約不欲陋。』又，胡安定教授湖州，既設經義齋矣，必兼設治事齋，使凡農田、水利、兵防、算數，人各擇一事治之。夫天地生人，巧拙敏鈍，稟賦不同，嗜好習尚各異。工於辭章者，或不能學古通經；瘁力專家者，或不屑鈎章棘句。精粗巨細，遠攬旁搜，自匪聖賢，鮮有兼貫。故議者謂國家取士之法，當於制藝之外，別設奇才異能一科，以收天下跅弛瓌瑰非常之士。天下非常之士，往往出於窮鄉僻邑、山阿水涯、寂寞之區。方其閉户兀坐，苦心孤詣，豈將遺俗自娱？其意亦欲學成行修，乘時會，建功名，表見於世。顧以朝廷網羅所未及，薦舉所不加，命與時乖，淪棄終身，莫克振拔。

恭惟聖祖仁皇帝臨御六十一年，至德覆冒涵濡，陶冶多士。盈廷侍從之中，股肱之列，爰有安溪李文貞公輔相其際，明良相遇，千載希覯。而勿庵先生適以名儒碩學游歷京師，遂爲相國所知，薦之當宁。聖祖即時召見，温旨慰勞，與言奥意。一時學士大夫莫不聞風想慕其盛，争相傳誦，紀爲美談。昔漢桓榮專治《尚書》，年既衰老，值建武、永平間，發舒經學，尊爲帝師，遭際優寵，實與徵君前古後今，踪跡相望。而考其行藏，榮則大陳車馬，誇示里閈；徵君始終野服，逍遥自如，卷舒屈伸，較之古人，更爲超絶。

夫顯於朝者貴不蹇於遇，而傳於後者端有賴於人。徵君平生學問，詣極淵微，其餘精力所及，詩文雜著，隨事考訂，皆有發明。手澤所存，大夫公以歸田餘暇，日事收拾，行遠垂世，何待予言！矧剛鈍拙，《周髀》諸書雖嘗留意，竟廢半途，豈復能闡揚一二？顧深伏念聖祖仁皇帝如天之德，安溪李相國好賢之心，以及徵君所以嗜古績學，顯名當代，事實本末。神遊其際，踴躍鼓舞，不能自制，頓忘固陋，僭爲弁言，以承公命。

時乾隆二十二年七月六日，後學潛山張必剛謹撰

序

張自超

先儒有言，文以載道，道著於兩間。人非仰觀俯察，近取諸身，遠取諸物，以求得乎所以然之故，不足以知道，則非裕乎不竭之藏，通乎無窮之變，抉其幾微，會其條貫，以證於古而皆同，推於時而可用，傳於人而不惑，不可以言文。故六經皆文，而自秦漢以下，代有作者，皆欲以明道，而有合有違焉。宣城文獻之邦，邇來古文家，余見吳晴巖先生《街南集》二十卷，今又得梅定九先生《勿庵集》讀之。街南嘗論有明之文，歸熙甫純而不古，徐文長古而不純，蓋自以兼兩家之長矣。勿庵即事言理，因文見意，無佶屈支離、軟媚猥瑣之習，而雄深雅健，自發其積厚欲流之光，固未嘗不古，固未嘗不純也。顧兩先生之文所以若此者，根茂而實遂，其道裕也。

街南纘程朱之緒，講學授徒，以明誠爲宗。勿庵爲星曆之學，則探微測奧，根究天人理數之極。夫古之聖人，欽若昊天，以授人時，在璿璣玉衡，以齊七政。《周禮》土圭之法，正日景以求地中。故天地以合，四時以交，風雨以會，陰陽以和，而百物阜安。其所以不忒不息、無始無終者，或街南有未喻，而勿庵遊神采真，則已無不冥契其理。《記》曰：『思知，人不可以不知天。』又曰：『天地之道，一言而盡。』蓋莫難于知天。不知天，則天不可得而言。知天，而又能言之，則天之下，地之上，人與物之可知可言者，莫不知之而能言之。故凡所爲文，皆載道而出，而非不足而强言者比也。其所著《曆學疑問》一編，受鑑於聖主，南巡召見，勿庵敷奏甚悉，特蒙嘉歎。昔漢文帝受釐宣室，夜半前席，問賈誼鬼神事。後世惜其主臣之間徒爲祭祀虛無杳渺之説，而於陰陽動静闔闢之機，緘有未及也。勿庵之學，視誼過之，聖天子亦遠邁漢文矣！

街南以先代遺民，隱居學道，不求聞達。勿庵以處士見，即以處士歸，皭然不滓，與街南同一歸潔其身。宜其文之高卓，非凡近所及。若但於體格辭句間求之，非知勿庵者矣。

己丑秋仲高淳後學張自超序

傳

毛際可

曩者歲在戊辰，余與梅定九先生晤於西湖，遂傾蓋定交。日載酒賦詩，余爲題其《飲酒讀書圖》而别。今已卯冬，先生自閩中北歸，停楫湖墅，復枉道訪余西湖邸舍。忽忽十餘年，兩人鬚鬢盡白，幾不能辨識矣！問無恙外，盡出所著曆學、算學書相示，且屬爲傳，曰：『某覃精於此四十年矣，自謂足以闚古人之精思，衷曆家之定論，而足跡經南北，求其人以繼此學，尚未得也。庶幾藉先生大文以傳，俾當世學者知有此事，而相與求之乎。』余惟古人生不立傳，然後此恐相見無期，已如隔世，而先生之學不可不使人知之，遂不辭而爲之傳。

先生姓梅氏，名文鼎，字定九，别號勿庵，江南宣城人也。宣城梅氏，自宋以來多聞人。先生之父曰織圃處士，改革後，棄諸生服。嘗以六十四卦爻與《春秋》二百四十年行事相比附，著書一編，謂之《周易麟解》。經史而外，多所該洽，務求實用，尤精象數。先生兒時，侍父及塾師羅王賓，仰觀星氣，輒了然於次舍運旋大意。年二十七，師事前代逸民竹冠道士倪觀湖，受麻孟璿所藏臺官《交食法》，即爲訂補註釋，成《曆學駢枝》四卷。竹冠歎服，以爲智過于師云。織圃故多藏書，益以已所購致，凡數萬卷。中年喪妻，更不復娶，枕籍簡帙，以自愉快。而特好曆算，凡推步諸書，人不能句讀者，先生讀之輒解。遇所疑處，輒廢寢食思之，必通貫乃已，蓋其性然，似有夙慧也。凡測算之圖與器，一見即得要領，如古者六合、三辰、四遊之儀，以意約爲小製，稱具體焉。西洋簡平、渾蓋、比例規尺諸儀器，書不盡言，以意推廣爲之，皆中規矩。又自製月道儀、揆日測高諸器，皆自出新意。嘗登觀象臺流覽新製六儀，及元郭守敬簡儀、明初渾球，指數其中利病，皆如素習。而孳孳蒐討，至老不倦，殘編散帙，必手抄之，一字異同，亦不敢忽。尤虛懷善下，聞有能是者輒喜，雖在遠道，不憚褰裳相從，若舊臺官疇人子弟及西域官生，皆折節造訪。人有問者，亦詳告之無隱。故所得藏本益多，而聞見益博。

至京師日，纂修《明史》諸公以《曆志》屬詳定，蓋謂晉、隋兩《天文志》實出淳風，《唐書·曆志》《五代·司天考》皆出劉羲叟，從來此事必屬專家也。先生曰：『説者知尊郭太史《授時》，而隨聲詆《大統》，不知《大統》即《授時》也。但曆經既成之後，閏應、轉應、交應三數，俱有改定。又，太陽盈縮、太陰遲疾及晝夜永短，皆有立成之表。而黄、赤二道相求弧矢割圓諸法，及平差、立差、定差立法之源，《元史》並皆缺載，不可不補，補之則今其時矣。』乃出《曆草》及《日月五星通軌》，詳爲詮次，以發明王恂、郭守敬不傳之秘，《授時》《大統》始爲完書。史局服其精核，於是輦下諸公，皆欲見先生，或遣子弟從學，而書説亦稍稍流傳禁中，臺官甚畏忌之。然先生素性恬退，不欲自炫其長以與人競。會天子欲講明方圓圍徑、劉徽古率與西法之得失，有應召往者，而先生襆被出都久矣。

先生嘗病中西兩家之曆聚訟紛紜，與其弟文鼐、文鼏盡發廿一史所載曆法七十餘家及西學諸書，參訂考究，各求其立法根本與改憲源流，務得其久而不得不改之端，與夫不久亦不能改之故，及中西名異實同，即因爲創，有雖屢改而終難盡改之理，一一爲之撰定，爲《古今曆法通考》，以補馬氏《文獻通考》之缺及邢氏《律曆考》之所未備。稿存篋笥，歲時增改，而論撰益富。凡著曆學書五十餘種，算學書二十餘種。其言曰：『曆以敬授人時，何論中西？吾取其合天者從之而已。天不變，道亦不變，故自羲和至今數千年，不過共治一事，以終古聖人未竟之緒。雖新法種種，能出《堯典》範圍乎？若其測算之法，踵事而增，如西人八綫三角及五星緯度，適足以佐古法所不及，至分宫置閏，尚宜酌定。又，其書非出一手，不無矛盾，瑕瑜亦不掩也。且《周髀算經》言北極之下，朝耕暮穫，以春分至秋分爲晝，秋分至春分爲夜；《大戴禮》曾子告單居離，謂地非正方；漢人言月食，格于地影。此皆西説權輿見於古書者矣。彼驟聞西術而駭，與尊西太過而蔑視古法，皆坐不讀書耳。』又曰：『吾爲此學，與年俱進，皆歷最艱苦之途，而後得簡易。有從吾遊者，坐進此道，而吾一生勤苦，皆爲若用矣。吾惟求此理大顯，使古人絶學不致無傳，則死且無憾，不必身擅其名也。』

安溪李大中丞見其書，歎曰：『梅先生曆學，趙緣督、陳壤、周述學、魏文魁諸人，皆不逮也。』爲刻其《曆學疑問》於大名，其弟安卿刻《方程論》於泉州，前此蔡璣先刻《籌算》於白門，然於未刻書未什一也。蓋自元郭守敬以後，一人而已。先生他著撰、詩文皆質直，自言其意，處事惟敬，兹不具論。論其學之大者如此。嘻！可以傳矣。子以燕，登癸酉賢書，能世其學。

遂安毛際可曰：《堯典》首重授時，而數爲六義之一，固儒者要務也。而世之學者竟置高閣，何也？梅先生致力四十年，而始有成書。後之善讀先生書者，不過歲月，而已得其梗概矣。則能梓行全書，以公諸海内，其津梁後學之功，可勝道哉！余翹首俟之。

是傳己卯冬作也。時先生久已名騰海内，所著書且流傳禁中，顧毛子猶以未獲親承顧問，發抒畢生所獨得，深致惋惜。越乙酉夏，召見於德水舟次者三，從容奏對，賜坐移時，宸翰珍饈，錫賚稠疊，臨辭又賜『績學參微』四字顔其堂。嗚呼！本朝開國以來，以韋布受特達之知，未有如先生者也。先是，壬午冬，今相國清溪李公巡撫順天時，曾以《曆學疑問》三卷呈御覽，蒙獎許備至，故引見。出，復謂清溪曰：『此學今鮮知者，當世僅見也。其人亦佳士，惜乎老矣。』殷勤眷注之隆如此。此皆毛子《傳》未及述者也。謹臚識於簡末，俾後世知聖明道數淵微，不遺微細，元輔之進賢得士，克副主知。而先生之閉户獨精，不求聞達，受知于吾君、吾相，胥于是徵焉。

丁亥二月既望姪庚謹識〔一〕

〔一〕梅庚題識亦載知不足齋本《勿庵曆算書目》，行文詞句多有出入，今俱録如下：『按，是傳作於康熙己卯冬。時先生久已名騰都下，親王隆禮延接，所著曆算諸書流傳禁中，不可謂闃然一無所遇者也。顧鶴舫毛氏猶以未獲親承顧問，發抒畢生之所獨得，深致惋惜。越乙酉閏夏，召見於德水舟次者三，從容奏對，賜坐移時。至尊親灑宸翰，錫賚駢蕃。臨辭又賜『績學參微』四大字顔其堂。嗚呼！本朝開國以來，以韋布受特達之知，未有如先生者也。先是，壬午冬，今相國清溪李公巡撫順天時，曾以《曆學疑問》三卷上呈御覽，蒙獎許備至，故引見。出，復謂清溪曰：『此學今鮮知者，當世僅見也。其人亦佳士，惜乎老矣。』殷勤眷注之隆如此。此皆鶴舫《傳》未及述者也。謹臚識於簡末，俾後世知聖明之道數淵通，不遺微細，元輔之進賢得士，克副主知。而先生之閉户獨精，不求聞達，受知於吾君、吾相，胥於是乎足徵焉。丁亥二月既望，姪雪坪庚拜跋。』

恭紀

李光地

乙酉歲二月，南巡狩，臣地以撫臣扈從。上問曰：『汝前道宣城處士梅文鼎者，今焉在？』臣地以『尚留臣署』對。上曰：『朕歸時，汝與偕來，朕將面見。』蓋前歲西巡，荷問隱淪之士，臣地曾列關中李顒、河南張沐及文鼎三人名，而上亦素知顒及文鼎。及駕駐西安，顒以老不能赴召，賜匾額示寵焉，後訪沐，沐已死，故文鼎於是蒙憶及。

閏四月十九日，臣地與文鼎伏迎河干，越晨，俱召對御舟中，從容垂問，至於移時，如是者凡三日。上謂臣地曰：『曆象算法，朕最留心此學，今鮮知者，如文鼎真僅見也。其人亦雅士，惜乎老矣。』於是連日賜御書扇幅，頒賚珍饌再三。臨辭，特賜四大顏字，曰『績學參微』，則是月二十八日也。

臣地謹考歷代山林之士，荷蒙三接，賜坐講論，而且恩錫便蕃以獎其歸者，蓋不多見也。在宋初，惟王昭素講《易》殿上，而陳摶、种放被遇太宗、真宗之朝，延問道術，禮數優渥，遂其初衣。諸子皆以深于易象天道取重當時，非尋常以文藝材略受知者比，是以奕世傳之，以爲僅事。文鼎湛心經術，旁通諸家，不特以隸首、商高之業進，故上以儒者待之，盼睞殊異，於古有加焉。後之覽是蹟者，無徒夸知遇之不世，以爲布衣盛節，必也仰窺建極協用之深心，然後知華衮之賁，鄭重不苟，而其人其事，皆足以依附天章而與世長流也。臣地身睹其事，故敢恭紀其後。

文淵閣大學士兼吏部尚書臣李光地恭紀

墓表

方苞

徵君姓梅氏，諱文鼎，字定九，江南宣城人也。康熙辛未，余再至京師，時諸公方以收召後學爲名，天下士負時譽者，皆聚於京師，而君與四明萬季野亦至。季野，浙之隱君子也，君亦不事科舉有年矣。余詑焉，皆曰：『吾懼獨學無友，而蔑以成所業也。』季野承念臺劉公之學，自少以《明史》自任，而兼辨古禮儀節。士之欲以學古自鳴及爲科舉之學者皆輳焉，旬講月會，從者數十百人。而君所抱曆算之説，好者甚稀，惟安溪李文貞及其徒三數人從問焉。君常閉户殫思，與吾友崑繩、北固遊，時偕來就余，而余亦數相過，乃知君博覽群書，於天文地理莫不究切，得其所以云之意。所爲記、序、書、論，亦有異於人人。北固嘗與同舍館，告余曰：『吾每寐覺，漏鼓四五下，梅君猶篝燈夜誦，昧爽則已興矣。吾乃今知吾之玩日而愒時也。』

其後，李文貞以君曆算書進呈，聖祖仁皇帝南巡，召見於德州行在所，命坐賜食，三接皆彌日，御書『績學參微』以賜。於時公卿大夫群士，皆延跂願交，而君亟告歸，營祠廟，定宗禁。又數年，壬辰，詔開蒙養齋，修樂律、曆算書，下江南制府，徵其孫瑴成入侍。《律吕正義》成，驛致命校勘。辛丑夏，曆算書成，瑴成請假歸省，逾月而君卒，時年八十有九。上聞，特命有地治者紀其喪，爲營窀穸。由是世士皆榮君之遇，而歎季野獨任《明史》，而蔑由上聞。

丙子之秋，余與季野别于京師，即預以誌銘屬余。及余北徙，而季野卒於浙東，過時乃聞其喪，爲文將以歸其子姓，叩之鄉人，莫有知者。而瑴成與余供事蒙養齋，爲昵好，自徵君之歿，閲月逾時，相見必以銘幽之文爲言，而衰疲日以底滯，既不逮事，乃略叙以列外碑。

梅氏自北宋家宛陵，徵君之先與聖俞同祖别支，世有聞人。自徵君爲族長，梅氏無公庭獄訟幾三十年，族屬數千人，無敢博戲者。或侮其父兄，辟宗祠扑擊之甚痛。君殁，赴弔哭失聲。父士昌，隱居治《易》《春秋》。母胡氏。子以燕，癸酉舉人。君及妻陳氏，以瑴成貴，誥贈如其官階。所著《曆算叢書》八十六種，《勿庵詩文集》若干卷，筆記若干卷，惟《曆學疑問》《曆學駢枝》《交食蒙求》《三角法舉要》《弧三角舉要》《環中黍尺》《塹堵測量》《筆算》《方程論》九種，李文貞鋟版行於世。

乾隆三年夏六月桐城方苞表

績學堂文鈔卷一

劄子　賦　辨　書

謝賜《律吕正義》劄子

奏爲恭謝天恩事。本年三月七日，江寧織造臣李煦送到皇上賜臣《律吕正義》一部。又，臣孫梅瑴成家信内有：『五十三年十二月二十三日，臣梅瑴成欽奉上諭：汝祖留心律曆多年，可將《律吕正義》寄一部去，令看。或有錯處，指出甚好。夫古帝王有『都俞吁咈』四字，後來遂止有『都俞』，即朋友之間，亦不喜人規勸。此皆是私意，汝等須要極力克去，則學問自然長進。可併將朕此意寫與汝祖知道。欽此。』臣即日焚香，北向稽首祇領訖。

恭惟皇上以天亶之聰明，兼數十年之考訂，審音製器，成此不刊之書，爲萬世法。然猶詢及芻蕘，以身垂範，欲令天下盡化其予智自雄之私意。臣雖末疾，敢不兢惕祇遵，以自策于桑榆！竊惟律吕以音爲斷，而諸家徒托空言，從未有理數明晰、實被管弦如皇上此書者。如絃音、管音之不同，其比例爲綫與體，故絃音折半，與全絃應；管音折半，不能與全管應也。又，琴第一絃爲下徵，第二絃爲下羽，第三絃爲宫，則商、角、徵、羽各當其位，下徵、下羽皆取倍數，故大于宫絃而聲濁。以管子之言疏之，尤爲親切。

又，管倍者爲大八倍，管半者爲八分之一，皆用自乘再乘比例，取其相似之形。又言樂器空容皆合黄鍾數，不合者即不能成聲。凡此數端，皆至精至確，發前人所未發。而臣愚以爲，我皇之所以超漢唐、軼三代，直接堯舜之心傳，以爲制作之本者，則尤在于以『都俞』而兼『吁咈』，爲能克盡己私也。聖諭及此，實社稷蒼生之福。聲律身度，盡善盡美，臣雖欲爲贊頌，而且拙于形容矣。

臣自乙酉閏夏蒙恩召對，天顔咫尺，矜恤優容。又蒙御書扁額、扇幅，錫予稠疊。前歲又蒙收録臣孫瑴成内廷學習，聖度春温，俯誨不倦，不啻凱風之長養品彙，時雨之潤澤枯槁，頓令顓蒙仰荷牗迪。臣每接家信，感極涕零。念臣祖孫一庭，並受殊寵，刻骨難報。兹復蒙恩賜，謹此具摺，令臣孫瑴成代奏，恭謝天恩，曷勝悚息瞻戀之至。

擬璿璣玉衡賦有序

《易》言治曆，策數當期。《典》重授時，中星紀歲。蓋七政璿璣之制，類先天卦畫之圖。原道必本乎天，儒者根宗之學；制器以尚其象，帝王欽若之心。理至難言，以象顯之則理盡；意所未悉，以器示之則意明。故揚雄覃思渾天，用成《玄》草；平子精探《靈憲》，聿闡元樞。覆矩仰規，一行以之衍策；天根月窟，堯夫于焉弄丸。此聖學之攸先，匪術家之私尚也。況姬公之法，受于商高；而神禹之疇，肇諸河洛。平成永賴，實資勾股圜方；才藝碩膚，爰有南車記里。高深廣遠，寸矩以御幾何；律度量衡，萬事斯爲根本。既圓頂而方趾，敢忘高而負深；苟俯察而仰觀，必徵理而稽數。家傳大《易》，竊慕韋編。世際清寧，恭逢鉅製。竭歐邏之巧力，紹蒲坂之芳型。洵心理之胥同，中西脗合；亶後來之居上，今古無雙。雖株守山陬，遲覩靈臺之美；而心儀法象，遥忻神器之成。僭擬短章，臆窺鴻典，無裨采聽，聊當衢歌云爾。

至哉！渾儀之爲器也，體天地之撰，類經緯之情，微顯闡幽，窮高極深。殆更僕莫殫其蘊，累牘難悉其能者矣！

粤自道生宇宙，肇爲大圜。健運無息，東西斡旋。七政錯行，宿離糾紛。交光羅絡，終始相嬗。雖有離朱，孰闚其端？聖喆挺生，仰俯觀眢。積候成悟，賾探隱索。諗六虚之曠邈，詎目營兮可獲？迺範金兮爲儀，縱若衡兮八尺。曆以之治兮，象以之覈。堯命羲和，四隅分宅。制閏成歲，釐工熙績。匪有器以御之，孰所憑而推策。虞帝受之，璣衡以設，敬天勤民，兩聖一轍。嗣《三統》兮迭更，兹重器兮罔褻。陳東序兮天球，羌大訓兮爲列。河之圖兮莫先，况琬琰與弘璧。嬴秦力政，罔畏天常。遷周九鼎，焚燬舊章。球圖湮没，莫知其鄉。曆紀乖次，伏陰愆陽。

及夫漢造《太初》，渾天初置。唯意匠兮經營，未詳徵兮昔制。曾黄、赤兮未分，矧歲差兮能治。歷唐逾宋，代有討論。小異大同，踵事而增。説存掌故，約略可陳。外周六合，子午爲經。卯酉交加，日月之門。三輪八觚，象地者衡。是立郛郭，以挈三辰。黄倚赤而相結，剖二至與二分。判發斂兮南北，距紫極兮爲言。小環四游，又居其内。左右周闚，兩簫更代。低昂斜側，折旋唯意。儀三重兮共樞，亶推步兮精義。亦有銅球，實惟渾象。列星綴離，三家殊狀。或附益之兩曜，類蟻行兮磨上。遲速行兮一機，或水轉兮磨盪。非不研精覃思，窮神盡智。象重大兮易膠，每機關兮弗利。儀重環兮掩映，頗未宜乎闚視。加以代異人湮，乍成旋廢。作之也何難，壞之也何易！

若乃元祖初服，廣徵碩儒。有美魯齋，王、郭之徒。既作《授時》，備器與書。高表四丈，承以景符。簡儀候極，離立扶疎。二綫代管，分秒乘除。庋百刻兮天腹，旋立運兮四虚。闚几兮測月，蓮花兮挈壺。正方有案兮定南北，懸正座正兮九服之須。仰儀兮虚而似釜，度斜絡兮南極攸居。可謂酌古準今，洵美且都者矣！

歷年未百，有明膺命。雖《大統》兮殊稱，實《授時》兮爲政。屬作都兮石城，旋京邑兮北定。既觀臺兮屢遷，地更寘兮乖應。豈儀器兮多迕，抑疇人兮弗敬？轉測之或未嫺兮，址漸傾兮蔑正。寧不善厥初兮，歲薦更兮滋釁。經生既非所習兮，又申之以厲禁。專科不相通兮，有憤悱兮誰問？遂使靈臺，徒爲文具。交食或乖，誰知其故？帝謂兮草澤，疇明理兮習數。爾乃理難終隱，道有必開。天相其衷，西人竭來。如禮失兮求埜，似問郯兮識官。此珍秘兮勿洩，彼菽帛兮非難。于是吳淞太史，仁和水部，夜譯晨鈔，心追手步。亦得請而開局，集歐邏與儒素。擷西土兮精英，入中算兮罏鑄。屢清臺兮雜候，良占測兮可据。怵巧拙兮相形，新術精兮群妒。慨萬里兮作賓，兼十年兮發覆。曆成兮弗用，良書兮徒著。何人事兮多違，或蒼穹兮有待。

唯我聖朝，度越千代。正朔初頒，適逢斯會。唯欽若以爲懷，奚畛域乎中外？洞新法之密合，命遵行爲定制。哂豎儒兮固陋，謬執古兮非今。若盲不杖兮，聾别竽笙。斯術之無斁兮，經指摘兮益明。乃詔太史，乃咨禮臣。謂新曆兮允臧，顧儀器兮未成。式采銅兮名山，鳩哲匠兮上京。備制兮六儀，各錫兮嘉名。

赤道兮法動天之西轉，黄道兮儷七曜之東征。古二道爲一器兮，景交羅而莫分。今别其用兮，法以簡而倍精。黄既麗赤而左旋兮，復自轉而右奔。緯度之各異兮，亦異其經。黄自有極以運兮，誠振古之未聞。游表所指兮，太陽之心。時時可驗節候兮，若影于鐙。地平之儀，辨方正位。轉綫參直，三光所至。出没之度，漸升之意，秒忽微茫，具可别識。象限平轉兮，測高與庳。割圓八綫兮，于是焉施。合四爲一兮，周天在兹。度唯九十兮，厥數已全。紀限六十兮，于以參焉。正反隅角兮，靡幽弗宣。用稽距度兮，兩星之間。弧三角之法兮，推其所然。五者相資，多人分測，片晷之餘，各盡目力。假變形之迅速，無須臾之或失。

別有渾球，全賦星躔。循黄之極，棋罫珠聯。列曜遠近，南北八度，小輪之限，準斯無捂。亦依赤極，出地有恒。或正升兮斜降，或正降兮斜升。晰伏見之先後，諳里差之所因。黄緯之列兮，百世無改。宫分迤差兮，恒星東匯。以度計年兮，六十六載。下設旋輪兮，水激自動。刻漏罔僭兮，機發于踵。爰有高弧，繫之天頂。地平經緯，兹焉互審。或象限兮平觀，或紀限兮斜距，或黄、赤儀之所窺，絜之球而參遇。爛若軒轅之寶鏡兮，縮圜形而周布。衆儀得其散兮，球徵其聚。正求兮反映，宛轉兮回互。測量有書兮，或不能句。摩挲斯器兮，曠如揭霧。更旋宫兮十二，隨道里兮攸殊。際地之極南北兮，以爲之樞。子午及平環兮，以限四隅。隅各三宫兮，東方爲初。次第右環兮，大權以區。三合六合之照兮，凶吉分途。惟斯球而可睹兮，考步算之密疏。致用萬端，未克枚舉。洵天府之奇珍，永作則乎來者。

若其鎔金有法，棄滓取精。磨礲砥礪，光輝熒熒。旋之中規，直之中繩。擘劃匀細，度萬其分。寘儀衡重，測重求心。力相扶兮罔偏，積歲年兮弗傾。趺交之以銅龍兮，或海獸以相承。爲水準與螺柱兮，常消息焉取平。夭矯兮騰踔，攫拏兮猙獰。詎美觀兮一時，永奠定兮千春。

乃至崇臺百步，迥出闤闠。周以儲胥，纖埃攸避。上列六臺，方圓式異。相依兮交讓，旋觀兮罔閡。施窺筒之奇巧，眄千里兮如對。晝候兮日面之星，夜占兮句己之態。折照浮光兮，氣水水氣。清濛厚薄兮，地心相配。交食淺深兮，起虧進退。地景厚薄兮，青緑明昧。視差有多少兮，命天九重。月有弦望兮，太白攸同。抱日爲輪兮，互入相容。超西法之舊兮，信天能之弗窮。登斯臺也，軒豁洞達，耳目開通。

揮斥兮八極，廣攬兮無終。意氣兮飛揚，淩虚兮御風。習其器也，陸離瀟灑，繽紛磊砢。燦爛兮朝霞，孔明兮朱火，照曜兮焜煌，周流兮軒翥。懼對越兮於穆，遊吾心兮太古。帝載之虚無兮，陟降其所。垓埏之遼絶兮，斂之一黍。匪重黎之誕降兮，曷其臻乎要眇？邈祈姚之不作兮，疇則探斯奥窔。伊崇效而卑法兮，協至德于太灝。定百代之猶豫兮，踵危微于帝道。畢遠臣之精思兮，備前王之所少。璿璣玉衡之不傳兮，乃今而獲聖人之大寶。

亂曰：巍巍穹窿，帝所則兮。父乾母坤，不敢不及兮。寫以良金，如塑像兮。朝斯夕斯，期勿忘兮。子之于父，視無形兮。瞻兹肖貌，曷敢以寧兮？兢兢業業，承天休兮。奉若不違，升大猷兮。祈天永命，從兹始兮。億萬斯年，昊天其子兮。

先後天八卦位次辨一

《易》卦有先、後天乎？曰：有。卦之先、後天也，伏羲、文王作之乎？曰：殆非也，聖人不能作先、後天也，述之而已。然則孰作之？曰：盈天地間無往非八卦，即無往非先、後天，故聖人述焉。然則其居之位與其相生之次，何以不合？曰：無不合也。

八卦者，乾、坤之分也，而坤又乾之分也。合八卦總之一乾、坤，合乾、坤總之一乾。是故先天也者，以乾爲首者也。其卦自乾一以至坤八，陽統乎陰也，所謂『易有太極，是生兩儀，兩儀生四象，四象生八卦』也。後天也者，以乾、坤爲主者也。其卦乾、坤爲父母，而六子繫焉，純統乎雜也，所謂『剛柔相摩，八卦相盪』也。先天之序横列，以加倍之法，而君臣終始之分明；後天之序並列，以左右之方，而夫婦唱隨之義著，而總之一陰陽而已。陽君則陰臣，陽始則陰終，陽夫陰婦，陽唱陰隨，一而已矣，何不合之有哉？

今所疑者，特其方位耳。雖然，方位亦何疑乎爾？試略舉之，則見其無不合矣。今夫八卦者，陰陽純雜而已。先天、後天雖有易位，而其陰陽不易，則其名與象亦不易也。是故純陰陽者爲乾、坤。乾、坤位南、北，一變而西南、西北矣，然必其純陰陽而後名乾、坤也。陰包陽、陽包陰者爲坎、離，坎、離位東、西，一變而正南、北矣，然必其陰陽交而後名坎、離也。推之諸卦，莫不皆然。此以卦義而可明其合者，一也。

南北即上下也，衡之南北，從之則上下矣。天在上，故南乾，而炎上者火也，故離代乾；地在下，故北坤，而潤下者水也，故坎代坤。日生于東，月生于西。故卯爲日門，離處之配乎日也。而春分者，卯也，春之分，雷乃發聲。《易》曰：『雷電合而章。』故震以代離。酉，月門也，坎處之以配乎月。坎，水也，酉，金地也，故月爲金、水之精。而兑，金也，又爲澤，澤亦水也，故水中有金，蓋坎之中畫即金也。《參同契》曰『母隱子胎』『子含母胞』，故兑以代坎。南者，陽之極也，陽極生陰，故巽在南之西，一陰在下也。《易》曰：『履霜堅冰至。』故後天易之以坤。坤，順也。巽，入也。善入者莫如風，善順者莫如土。莊生曰：大塊之氣，噫而爲風。然則風也者，土之氣也。北者，陰之極也，陰極生陽，故震在北之東。震次坤，猶巽次乾，陰自天降，陽自地升也。升者始乎下，必究乎上。艮者，震之所究也，以言乎初終，震其陽之初，而艮其終也。震而易之以艮，蓋取諸此也。西北者，天地之尊嚴位也，義氣也，清肅而燥，故曰陽明燥金。而土之燥者山，故艮處西北焉。艮又爲石，石者，金之族也。而乾亦金，金純乎剛，故象天。《易》曰：『天在山中。』土中有金也。後天以乾處西北而易艮，又何疑乎？東南者，天地之和氣也，故雨露濡焉。兑澤處之，雨露之象也。陰生而交于陽，降爲雨露，其越而横飛也，爲風。《易》曰：『潤之以風雨。』明相因也。風善入，澤善悦。《易》曰：『入而後悦之。』然則後天之易兑以巽者，不居可知乎？此以方位而可明其合者，二也。

坎離者，乾坤之交也。坤以中爻交于乾，乾虚成離；乾以中爻交于坤，坤實成坎。陰中有陽，而火之胎子；陽中有陰，而水之胎午。水火互藏其宅也。震兑者，坎離之交也。坎以上爻交于離，爲震；離以下爻交于坎，爲兑。震兑者東西，東西者金木，金木者水火。水火相射，而後金木之象著；金木相伐，而後水火之用弘。艮者，震之反對也；巽者，兑之反對也，綜卦也。艮，陽在上也，陽以上尊，而乾者尊之至也；巽，陰在下也，巽以下順，而坤者順之至也，父母卦也，變之所以始終也。是故乾坤變坎離，坎離變兑震，兑震變艮巽，艮巽復變爲乾坤。此以卦體之奇偶而可明其合者，三也。

陰生于南，長于西，而盛于北，故巽一陰也，坎、艮二陰也，而坤三陰也；陽生于北，長于東，而盛于南，故震一陽也，離兑二陽也，而乾三陽也。是先天之主乎陰陽也。少陽在東，三、八之木也，震、巽也。木與木相摩則然，故離火進南而爲至陽也。少陰在西，四、九之金也，兑、乾也。石擊石則光，金召火也，金與火相守則流，亢則害，承乃制也，故坎水退北而爲至陰也，是後天之主乎五行也。然則後天之坤、艮何居？曰水、火者，氣也，有氣無質，不得土，不能生物。坎非艮無以生震木，離非坤無以生兑金。是故五行四行也，四行一行也，土無專位，而四者資焉。水之生木也，生也；火之生金也，克也。生者資之以爲克，克者資之以爲生，故曰五行相克，更爲父母也。是故坎、離者，乾、坤之二用；坤、艮者，坎、離之戊己。戊己者，土也，于人爲脾。坎、離之有坤、艮，猶乾坤之有姤復也。《易》曰：『復，其見天地之心乎？』又曰：『天地相遇，品物咸章也。』坎、離無土，則天地之心不可見，而生物之功，或幾乎息矣。故五行一陰陽，陰陽一太極也。此以二、五之至理而可明其合者，四也。

嗚呼！之四者，猶舉其例焉已耳。而先、後天卦位之合，已灼然可見如此，是豈人之所能爲也哉？故曰伏羲、文王非有所作也，述之而已。惟聖人以述爲作，故雖有作者，莫得而過焉。然則聖人之功，其不可没矣。竊懼夫世之以不合疑先、後天者，而因以重誣乎聖人，謂其有所意爲更置也，謹爲之辨。

先後天八卦位次辨二

不知先、後天之合者，不可以言《易》；不知先、後天之分者，不可以用《易》。夫先、後天之合，既略明之矣，請言其分。學士家曰：『先天者體，而後天其用也；先天者静，而後天其交也；先天者對待，而後天流行也。』是也，非其至也。愚則以一言斷之，曰：《易》書無先天。何言乎無先天？不可圖也。何言乎不可圖？先天之學，心學也。心可圖乎？先天者，道也，太極也。道與太極可圖乎？然則濂溪先生何爲乎圖太極？曰：『太極不可圖也。』濂溪先生不得已，以一『○』明之，而太極終不可圖也；不得已，又以『無極而太極』疏之，而太極終不可疏也。使夫後之學者，由吾之所圖，以得其所不可圖；由吾之所疏，以得其所不可疏，是則周子不得已之心矣。豈惟周子哉？昔者聖人之作《易》也，有見于先天之易，而不可以告人也，又不敢以終隱，故托于圖以傳之。先天之圓圖，猶之太極之『○』而已矣。故曰：『立象以盡意。』象者，意之寄也，非意也。故曰：『形而下者，謂之器。』凡其可圖者，皆形而下者之類也，而先天乎哉？故曰《易》書無先天也。

《易》書無先天，然則皆後天乎？何以復别之爲後天之易？曰：此聖人之不得已也。且夫不可圖者先天也，其可圖者後天也。然後天亦正不可圖，宇宙之大，萬物之多，若江河之逝而瀾也，而欲以圖盡之乎哉？故曰不得已也。然則學《易》者，亦得乎其意而已矣，古之聖人所以深有望于神而明之之人也。

今諸家之爲圖學者，象焉已耳，數焉已耳。然而先天之圖圓，其中則虛；後天之圖圓，其中亦虛。亦有知之者乎？亦有求之者乎？夫圖從中起者也，而必虛其中，何爲者乎？此何象何數也？此可以得其意矣！聖人以爲其可圖者，吾以圖圖之；其不可圖者，即以不圖圖之。以其所圖，顯其所不圖，使夫由此求之，而先、後天之學，人人可以與能，是則聖人之心也。然則所謂得其意而神明之者，亦曰求之於所不圖而已矣。

求之於所不圖，而其所圖可得而斷也，故嘗試求之。邵子曰：『道爲太極。』又曰：『心爲太極。』又曰：『一爲太極。』一太極也，而名之如是其衆乎？周子之圖太極也，有陰陽焉，又有五行焉；始之以『○』者，又終之以『○』焉。一太極也，而圖之如是其紛乎？老子之言曰：『一生二，二生三，三生萬物。』又曰：『通于一，萬事畢。』夫萬事也，而可畢于一。一畢萬事矣，而何以又云生萬物者惟三乎？此可以得其意矣。且吾所謂得其意者，非僅以自號曰『吾得其意』而已，將有以得其象，將有以得其數。意非象數也，而象數顯焉。乃所謂得其意也，則嘗試求之于先天之圖。其左方之卦，何以始復而終乾？右方之卦，何以始姤而終坤？非即周子所圖之陰陽乎？其象爲『』，陰陽相函也。其中之虛者，非即周子所圖太極乎？其象爲『○』，陰陽之所自生也。道爲太極之説也，其數爲一，而其卦之分陰陽者，則二也，故曰『一生二』。則嘗試求之于後天之圖，其左而前者，何以爲木、火之浮而根于水？其右而後者，何以爲金、水之沉而根于火？非即周子所圖之五行乎？其象爲『』，爲『』，爲『』，五行根于土，而坤、艮立焉，是亦即所謂二也。而其中虛者，又非即周子所圖之乾男坤女化生萬物乎？其象亦爲『○』，

而其數爲三，故曰『二生三』，三猶一也。萬物所自生，心猶道也。萬化所從出，心爲太極之説也。是故周子之圖之始于『○』者，無極而太極，太極生陰陽，陰陽生五行也，而無極以前，不可圖也。故先天之圖，必虚其中也。其終于『○』者，五行一陰陽，陰陽一太極，太極一無極也，而無極之妙，不可以圖也。故後天之圖，亦虚其中也。惟其復于無極也，故萬化莫得而外焉。

故周子又曰：『聖人定之以中正仁義而主静，立人極焉。』夫中正仁義，陰陽五行也。而主于静者，先天之學也，先天之學，心學也，故不曰太極而直言人極也。《易》有之：『天地設位，而《易》行乎其中矣』。故人知後天之生于先天，而不知後天之復爲先天；人知先天之貫乎後天，而不知後天之自有其先天。舍後天無先天矣！故有先天之八卦，即有先天之太極；有後天之八卦，亦即有後天之太極。後天之太極，即先天也。是故先天也者，不可以方所求，不可以時序稽，迎之不見其首，隨之不見其尾，先天之謂也。此所謂得其意與！黄帝曰：『自然之道静，故天地萬物生。』言先天也。又曰：『天地之道浸，故陰陽勝。』言後天也。又曰：『爰有奇器，是生萬象。八卦甲子，神機鬼藏。』言後天之先天也。嘻！用在其中矣。此所謂得其意而神明之與！

無後天，則先天不可得而見，先天不可得而見，况可得而學、可得而用乎？此圖之所以不可已也。是故學《易》者，當求之于圖；學圖者，當求之于先、後天分合之故。而由其所圖，以得乎其所不可圖，而神明其意，則象數皆心學焉，而庶可無負乎聖人之初意也已。

與史局友人書

燈下得袁坤儀《曆法新書》，今以奉覽。鄙性于書之難讀者，不敢輒置，必欲求得其説，往往至廢寢食。或累日夕不能通，格于他端中輟，然終耿耿不能忘，異日或讀他書，忽有所獲，則亟存諸副墨。又或于籃輿之上，枕簟之間，篷牕之下，登眺之餘，無意中砉然有觸，而積疑冰釋，蓋非可以歲月程也。每翻舊書，輒逢舊境，遇所獨解，未嘗不欣欣自慰。然精神歲月，消磨幾許，又黯然自傷。今欲出其所少得，以公同好，則必從其簡易者圖之。或者不察，忽之以爲無奇，豈知其臻兹易簡，固自繁難中出哉！此語告之他人或難信及，惟吾兄嘗從事焉，知不以爲河漢耳。

袁書本是會通回曆于《授時》，而又變其規製，當時亦嘗有所測驗，非漫作者。據稱得傳于星川陳氏，淵源有自。蓋天、地、人三元，便是星川所立。但不知星川履歷，曾通仕籍與否？本書又云嘉、隆間星川曾上書言改曆事，而《實録》未載，他書亦無有及之者。甚矣！有志之士，爲不知者所埋没，大概然也。其作《大統曆表》甚簡妙，或存數條，附見陳、袁名姓，可乎？明日有暇，或得進晤，商製器之事。

寄李安溪先生書

老先生本身取人，以教爲治。既空群于冀野，遂敷澤于保釐，眷注由此加隆，實學自兹獲展，早晚大用，天下皆將爲吾道稱慶，矧下邑腐儒受知如某者哉！

貴省山水之奇，企慕已久，然自分年衰道遠，非復此生所能到。今以方伯張公雅愛，攜之偕行，由鄱湖溯流，取道鉛山、崇安，經武夷宫側，雖未得遂探九曲，而大王、幔亭諸峰，儼臨舟畔。一路靈巖異境，應接不暇，非惟目所未睹，亦過于意中所期矣。途經羅、李、朱、蔡諸先賢遺蹟，恨不能一一追尋。然高山在望，興起者固已多也。

入閩已將兩月，閒暇無事，擬補作《曆論》寄正。又，去歲小兒書來，言拙著《方程》令弟已爲授梓，心欲往晤，一觀其書。然復聞諸位俱在都門，容詢確耗，或于荔枝將熟之候，拏舟奉訪，以共商爲學之事，爲將來之圖，則生平大幸也。因寒族祠堂有某經手諸務，冬十一月將復旋里，故擬于未歸之先，一圖良晤，面悉區區，未必非天作之緣也。

某初學曆法，欲受教而無可問之人，亦有聞其人而思往見之者，褰裳稍緩，遂分今昔，常用爲恨。今兹稍有所闕，求一能聽之人，亦復寥寥。兹承許可，欲令金昆哲似俯拾輕塵，以襄日觀，毋亦及是爲之，無貽恨于他日乎？凡某所謂稍闕一班，皆歷最迂曲之途，而後得簡捷。每檢舊帙，則當日危苦之思，歷歷楮上，未嘗不自憐。況瘁有廢寢忘食連朝，而忽得端倪，豁然天開，若重扃之四啓，有懷疑數年，偶觸他端，而渙然冰釋，沛然若江河之決，又未嘗不自詫其精思之能通。聊用自慰，不能持贈，故亟欲與同志者共之，而年益衰，則此心更切。亦惟大君子能信其然，而庶幾有以成就之耳！

臨啓曷勝翹切。

答李安溪先生書

奉違忽復十年，每憶疇昔追隨之樂，始信古人藉師友之切磋以成其德業，良非虚語。山居固陋，耳目狹隘，抑何怪學殖之荒落矣。承老先生以《曆論》災梨，日擬補作以竟其緒，而迄今未就，他可知已。每于養痾之隙，勉自策勵，亦多稿本。然往往貪發胸中昔日難明之事，聊自遣適。山河阻脩，末由就正，瞻雲遐企者非一日也。兹承遣使數千里，寵命遥頒，勤勤懇懇，欲令偏端之學垂諸永久，又恐稿本易譌，必親讎校，金昆哲似共相講求，此皆平日所深願而不能得者。私心感激，無以爲喻，有捧函感泣而已。乃復承賜多儀，賁然丘壑。且以鄙著進呈，草茆下士，姓名仰達宸聰，中心慚感，有踰倫等。但某年衰多病，不勝輿馬，且攜有書卷，利于舟行，擬于寒食後檢拾雜帙，至三月間始可束裝就道。惟恐遠違盼望，肅函申覆，諸容面謝，曷勝馳依。

寄李安卿孝廉書

辛年晤别，星躔九回。每憶春明邸第，道古析疑，依依如昨。自西夏還山以後，承中丞公不棄，屢辱華翰。恨不能縮地相從，企想玄亭，真同蓬島。今以貴省藩臺相攜入閩，取道幔亭峰下，櫂歌九曲，如將可聞夢想不能到之境，而以白髮頹齡，倏然至止，事出意表，殊愜生平。蓋自理裝鼓楫，心已馳于君子之廬，而問途會城，猶有兼旬往返，又無從確知道駕在家與否，徒有神往。倘公務入省，萬乞相過，以慰惄饑。衰年遠道，天假良會，不則後約不知何日矣！

拙著《曆論》，已承中丞授梓。溝中之斷，而文之青黄，鏤感何極！尚有欲補之篇，因循未報。此間頗多閒暇，或得乘此續成，以請大教，則幸甚矣！又，去歲小兒家信，言門下業將《方程》付刊，爲之喜而不寐。倘剞劂已竟，望先賜十本。

某初爲此學，苦問津之無從。自矢異時，或有所窺，必以公之同學，而真知篤好者，實尠其人。誠恐一旦身先朝露，則數十年苦心與之俱亡，故思我門下不置。此非徒感德之辭、離索之懷也。昔《授時》立法，經王、郭、楊、齊十餘人合併而成，故承用四百年不改，非諸古曆所能方。今考諸賢，多係同研席之友，其講之素矣。北齊張子信，偕其學徒測候有年，所立盈縮躔差及交道表裏之法，遂爲後世所不能廢。今但使此理顯著，使古人遺緒不致爲異學掩抑，後有達者，必將見采，豈必親見諸用而身擅其名哉？某所爲垂老驅馳，皇皇然若有所求者，不過欲得一同好之人，以所學付之而已。此固門下之所深悉，而有以信其非飾説也。今天下好古者不乏也，或非性之所近，輒以其無用掊之。惟門下學有淵源，一庭之内，自爲師友。昨聞君家群季諸從，俱在京邸，即欲褰裳相從。屬以寒宗尚有小冗，擬于冬春間努力北行。不意今兹來閩，仲冬始得告歸，則明年反不能出門。故亟思與門下相見，所欲面商者，非一端也。或公車度嶺，獲附偕行，途中亦可就正種種。或于荔枝之候，得間奉訪，亦未可定。

外有啓者。藩臺風雅好古，知八閩爲文獻之邦，欲多鈔載籍，搜羅校正，謬以屬某。尊笥奇書，或令親藏本，或原無刻本與雖刻而板亡者，統望借鈔。有某專司，决不至于污損。誠使古人奇書得有副墨，以廣流通，固吾黨所樂爲也。

臨啓曷勝顒企。

再寄李安卿孝廉書

自違誨益，一紀有餘。回首昔遊，依依如昨。己卯在貴省，過承雅愛，爲梓《方程》。一水過從，以爲至易，不意出嶺匆劇，良晤爲虛。辛巳首春，戒裝入閩，瀕行疾作，又不果行。兹者復當計偕小兒隨隊北來，肅泐數行，以候近履。

所欲請益者甚多，然非面教，亦不能悉也。某生平讀書，不肯懷疑，故于曆算之學，嗜之畢生，非自負其偏長，亦以此中義類耐人尋繹，如陟層峰，屐與目追，如入九嶷，境隨途啓，連類引伸，求以自信其心而止。故自闊別以來，未嘗不于塵事之隙，養痾之餘，輒有論列。其入益深，其用益簡。然但可爲知者道，故亟欲相見，但未審機緣合并，確在何時。

愚向謂三角即句股，郭守敬渾天之法與西法一理，今益了然。又，《幾何》中如理分中末綫之類，共相詫爲神異者，求其根皆出句股。始知吾聖人九數，範圍天地九州，萬世所不能易。想高明聞此，亦爲撫掌一快也。

自承中丞公之教，不復爲簡帙繁重之書，每多爲小本，以便省覽。合計所撰有數十種，其書各單行，而義亦相發，然皆草稿，容當努力陸續謄清，寄請斧正。其《曆學疑問》，尚有當補之篇、宜附之圖，而久未成者，惰廢之愆，真難自解，亦緣鄙性惟欲自明所疑，故往往于所以然之故不憚詳推，而當然處反略。又，此書欲人易曉，于淺深之間，甚費斟酌。今所論撰皆三角、幾何，深處不能附入其中，而業已爲之，又難中輟，遂令本書反閣。兹擬屏去一切，于正、臘之間，專力續成，宜有以就正也。

天下萬事，不能自主，不但友朋之聚散、著撰之存軼非可預知，即筆墨所及，亦如山花開放，每于無意中得之。既忝深知，知不以鄙言爲妄耳。

寄杜端甫孝廉書

辛年一别，遂踰十載。著撰知益多，其有關曆算者，望不吝賜示，或付小兒録副亦可。行笈中有林宗新撰之書，亦望借鈔，即同晤聚一堂矣。此學甚孤，我輩數人，落落在天地間，所期相與共明此理，舍現在之不圖，而望異代之知，漆園所謂萬世遇之如旦暮者，固已迂遠而闊于事情。某近年頗多雜稿，往往得之養痾之餘，而所辨多在幾微之際，非從事于此最深，不能相爲質難。思我同心，無日去懷。有小札寄林宗，亦可同覽也。

復錫山秦二南書

某頓首二南足下。遠承華翰，執禮過謙。在足下自待之高，固已進于古人之義，顧某弗堪，又未能親承緒論，相爲質難，以酬下問之殷，殊增顔厚。

夫曆學固儒者所當知，而無關進取，習之者希。某向者有志于此，而請益無從，又山居株守，聞見固陋，若薛儀甫鋟板白下，王寅旭近在吴江，皆同時之人，而不相聞知，及讀遺編，常用爲恨。以此知足下之意出于中誠也。古之人學有所獲，亟欲傳之其人，若李挺之之于康節，固不拘拘于來學往教之禮。某雖不敢以此相方，然亦亟思同志者共相講明，每求其人而未得。今既有實心問學其人，又有貴同學數輩麗澤相資，聞之不禁狂喜。即擬泝洄相從，亦出中誠，非泛泛酬應語也。屬有保定之行，往返約有數月，扁舟乘興，其在籬菊嶺梅之候乎？

某所撰亦非一種，率皆稿本，攜之行笈，時時有所增定，以故不能録副。即《疑問》已經授梓，亦尚有宜補之圖、未備之篇也。《對數表》以加減代乘除，别是一種，惟穆尼閣、薛儀甫書，非得此不可讀。某有一本，正擬校刊，以備九種之一，嗣容請正也。

承貴同學賜問小册，童子收書，誤入他書中，不可得查。頗憶其中論月離均數，此事惟王寅旭曾駁論之，餘人學西法，惟知用表，不復求根。今能議及于此，可謂好學深思。至于所改之法，俟查原稿續報。

大抵《曆書》成于衆手，西士各有師承，學有淺深，語有工拙，故表論與表多有不符，非止月離也。惟于弧三角之理，精研透徹，始有以斷其是非耳。

匆匆理裝，不盡所懷，附具《方程論》一部，拙作詩文各三小帙請正，并質之燕翼、學山兩先生。倘天假之便，相聚快譚，必當有日也。

復沈超遠書

舟中一别，彼此依依。豫翁至，得讀手教，殷殷垂注。又承于拙著《方程》，潛心紬繹，有所論撰，能核諸書之誤，此學爲不孤矣。某此書既成之後，能寓目者不過數人，然未有發其藴者，兹何幸而得此于知己耶！此書尚有凡例數條，乃係續刻，或不妨于豫庵借鈔之。緣板尚在閩，不能有以復贈耳。向承作九問，擬將其中最要者，如矩算之製及尺算用法，一一疏明，以答尊意。

别來兩年，鹿鹿未有以報，疎嬾成性，可勝歉仄。然兩年中亦未嘗敢廢書卷，而所亟欲自明者，尚有弧三角精微之理。往往積思所通，有數十年之疑，無復書卷可證，亦無友朋可問，而忽觸他端，涣然冰釋，亦且連類旁通。或乘夜秉燭，亟起書之，或一夕枕上之所得，而累數日書之不盡，引伸不已。遂更時日，觀《方程論》可見矣。《方程》書似稍繁，然細求之，則每設一例，皆有一義，初無重複，具眼者自知之。

某于此學，矢願以其一得與天下人共知之，庶不致古人精意爲俗傳所掩。安得同志如足下者數輩，相聚一室，共暢斯懷耶？老病相尋，戀戀于幾卷殘書，不能復爲遠遊，惟是聖湖煙景，時繫夢思。倘稍稍强健，尚能復來，亦未可知。所居僻陋，亦時有佳客儼臨，但媿山中無以娱賓。或邀玉趾，翩然我來，則生平之幸矣！然不敢請也。某向有欲見數人，以不能鼓勇泝洄，而俄分今古。如蒙不棄，或亦及其未死圖之乎！幅短心長，可勝神往。

復劉北固孝廉書

奉違良誨，忽逾一紀。懷念之深，彼此同之。每于友人詢知足下道履康和，壯游足樂，而東西南北，合并無由，臨風企予，徒勞夢想。兹承翰教，垂念殷殷，感厚意之不忘，真若重覿芝顔，親承玉屑矣。

所諭年老先生雅意，敢不敬從。某性株守，罕所交遊。顧獨耽算數之學，間有嗜此者，即如空谷之人，聞足音跫然而喜，雖在千里，不憚褰裳，不復以形迹爲嫌。又竊見少有所得，輒自矜秘，遂令古人之緒，湮没不彰，常用爲恨。故生平或有管見，亟欲與同志者共之，此皆足下之所深知也。既承高賢同志欲以學問之事相爲商訂，兼得藉此與我故人道舊抒懷，豈非至願？屬以出門既久，亟圖返棹，而偶霑微疾，正在調治，俟少痊可，即當力疾入都，晤家桐崖而作歸計，容于其時趨謁，以請教益。所望鼎言于年老先生處婉達鄙衷，幸甚！徐壇長已轉致尊注矣。大山先生處不敢通候，幸爲齒及。令弟先生今在何所？亦望叱致，道相念也。

與潘稼堂書

三月杪，竹垞南歸，舟過津門，枉存信宿。一函附候，不審已達記室否？自午夏奉手教及賜序文，即欲作書奉謝，忽忽遲至兩年，懶惰可笑。然感激嚮往，積于中心，無日不神依左右也。《方程論》近爲安溪公介弟安卿孝廉攜刻閩中，藉光于皇甫之言大矣。又承惠寄《曐閣曆佱》，雖片羽不足以盡吉光，然其測食之佱，誠有出于舊術之外，即此已足垂諸千古。某嘗思今之爲《授時》法者，輒疑西説，而尊西術者，往往欲抹摋古人。良由各守師説，不復詳考群書，彼此既不相通，遂尠持平之論。惟徐文定下語猶有斟酌，至開局數年之後，推重郭法，乃甚于前，豈非以討論漸深，能闚立術之意乎？

治西法而仍尊中理者，北有薛，南有王，著述並自成家，可以專行。然北海之書詳于法，而無快論以發其趣，剞劂又多草率，人不易讀。王書用法精簡，而好立新名，與《曆書》互異，亦難卒讀。某嘗擬于鄙著《曆法通考》外，别爲專本，于薛則訂其誤脱，于王則通其異同，皆附之以註，而爲之論次，庶令學者得以措意，當亦兩先生所許乎？北海未刻書，頗于潁州劉行人處鈔得稿本。王書自承惠寄所鈔外，惟于亡友徐敬可行笈獲見《圜解》一帙及《曆論》八篇而已。《圜解》似是隨手寫成，業已稍微訂補。《曆論》頗有精語，敬可曰『首一篇乃潘力田筆也』，意者令兄先生，仍他有著撰乎。已又于友人所見小帙，是約西法入《授時》，甚簡而妙，然未著撰人之目，竊以鄙意斷之，以爲非王先生不能作也。其書大體純擬《元史·曆經》，而實用西術，然亦微有差别。所立諸名，多與西異，以此知之。然則當亦有自立諸表，及測驗改憲之説。

伏承來諭，欲共爲表章，某何敢自謂其人，然盛意則何敢忘也！惟未見全書，終爲憾事。祈以藏本見借，俾得卒業，幸甚。昔北齊張子信測候二十餘年，爲曆學名家，而史傳弗詳其事，得《大衍曆議》始著。因思古人之書不傳者甚多，故當及時爲之也。家兄不次，貴邑廣文，倘慮道遠，原本郵寄爲難，不妨屬家兄録副以寄，書之有關係者，使天地間多存副本，當亦大君子所樂爲也。

與劉望之書

嚮往高賢，聞聲遥企者，蓋有年矣。腹笥淹通，久推名輩，鴻文雅訓，幸覯今兹。而史事既以精覈，經術復爾湛深，則向之所以知先生者，猶未盡也。若乃宅衷平恕，素位甘貧，雖超然塵俗，雅慕神山，金液黄芽，如將可致，而留心利濟，懇懇勤勤，然後知所傳傲物難親者，人言妄耳。世有是人，固所敬慕，而竟屬吾鄉老宿，其爲欣幸，當更何如？所有請益，實匪一端，而治城鹿鹿，一交臂而失之，殊爲憾事。

某自亡荆淹逝，家務付之兒輩，在家如客。然不自量力，常有寘義倉、興義館之願。又見里中耆舊，落落晨星，真讀書者，漸以稀少，及今振起，或猶非晚。此皆世俗所目爲迂闊不急，而竊獨鰓鰓杞憂，意惟高明有以諒其苦衷，能成就之耳。昔者考亭社倉，初亦行之一鄉，漸以推之一郡、推之天下。今欲師其意而設義館，先以行之寒族，行之有序，則成效立覩。聞風興起，當必有人。

某性素不喜風雲月露之文，而顧獨好經濟有用之學。自乙卯年僑寓金陵，多鈔雜帙，至今屢歲編輯不輟。合之家藏故書，及頻年游歷所收之本，最其卷目，不下數萬。經史而外，諸如醫方、葬術、六書、九數、制器、審音、丹經、子集，百家衆流，兼收並蓄，列朝紀載，亦有多種，友朋撰述，可備周咨。若得大君子爲之領袖，集諸同志，群萃講授，略倣蘇、湖規制，于經義之餘，兼綜庶務，計日爲程，因材而篤，隨其資力，各有所成。使吾宣文物，復此振興，而敝簏中斷簡殘編，皆成有用。義倉諸事，庶亦同時漸舉。此亦吾儕不得志于時，姑爲小試之一事也。先生其有意乎？

奉寄贈行詩各二章，别録請正。長途踽踽，深用係懷。然即今日之毅然獨往，有以信他日之翩然復來，行窩雖善，先公丘墓，豈能無動于中？且區區之忱，先生當亦有以信之矣！彼中委曲，誠難遥度。或即鹿車偕隱，挈家南歸，實爲佳話，不則如孔樵巒之所區畫，于情亦順。道駕到輝，即望賜一確音。某來歲行踪，亦候台旨爲定也。

與秦二南書

未春獲奉手教，比正理櫂北行，匆匆奉復，未盡所懷。續于保定，復承華札，垂念殷殷。兼讀貴同學楊君大著，深爲服膺。蓋曆算之學，至今日可謂大備，然實能講究者，亦復指難多屈，則精算者希也。夫所謂精算之士，非謂其能如法布算而已，必將洞悉其所以立法之根，乃可以定其得失。舊曆多種，僅存法數，惟《崇禎曆書》圖説詳明，然而全部所譯，皆弧三角之法。不深知弧三角之法，《曆書》佳處必不能通，其有缺誤，亦無從考正，雖終日讀《曆書》，猶未讀也。

今貴同學乃能從事于此，故得書而喜倍尋常，真不啻空谷之聞足音矣。即欲詳爲論次，以請大誨，而時方久病，不能捉筆，至今耿耿。兹因舍親毛心易之便，附候近履。拙刻五種，謹呈請正。書板在北，不能多致，祈與貴同學一共覽之。中有可商，即望賜教。蓋道理本自無窮，以徐文定公之淹洽，薛儀甫之精專，而《測量全義》《天學會通》二書内所譯弧三角法，尚多未盡，而有待于今日，則某又何敢自以爲得耶？此言出自肺腑，非泛泛也。聞楊君之尊大父深諳此學，幸亦以此達之。

羈保定數年，半在藥裹中度日，還山已及一期，尚未平復。倘來春稍健，庶得拏舟奉訪，一觀新著，則生平之幸矣。

復張彝歎書

久别懷思，然不能作札奉候，以目疾也。承示『春秋日食』一條，援引該博，疏駁詳明，醇正無可訾議。但曆學、經學相資爲用，而實各有門庭。墳籍自經秦炬，疇人子弟散亡，古曆之傳于後者，惟《堯典》《月令》《大戴》《左》《國》所紀載而已，非通經者，蔑由考證。歲差、里差，平朔、定朔，則古未有，俱以屢測而精，專門所由賴也。《春秋》書日食，其比月而食者，自是史誤，古人已多辨之。且三代後，亂亡有甚于春秋者矣，連月而食，從來未有，不必爲之回護也。即此類推，則其食而失紀者，亦豈無之？朔而不日，正同此類，而《穀梁》以爲在既朔，非也，當以《公羊》爲正。不日不朔，説爲夜食，更可發笑，總由不明曆學故耳。

日食在未用定朔以前，有差一日者。唐《麟德曆》始用定朔，自兹以後，無差日矣，而猶有差時。宋、元、明則無差時，而有差刻，亦可見屢測益精之效矣。至近日西法，推步益密，要皆踵事而增，以完古人未竟之緒。然或緣推步之無差，遂疑救食爲文具，斯尤大謬，故當以程子之言爲正也。某嘗于鄙著《學曆説》之末幅稍稍言之，仍擬作文以暢厥旨，容脱稿時寄請教益。

按，伊川言：『日食有定數，聖人必書者，欲人君因此而恐懼修省也。』此説是矣。然如此，則似此意自尼山發之，當云『日食有定數，古者聖王克謹天戒，遇災而恐懼修省，故聖人必謹書之』，似語意更爲完足。自記。

績學堂文鈔卷二　説序

學曆説

或有問於梅子曰：曆學固儒者事乎？曰：然。吾聞之，通天地人，斯曰儒，而戴焉不知其高，可乎？曰：儒者知天，知其理而已矣，安用曆？曰：曆也者，數也。數外無理，理外無數。數也者，理之分限節次也。數不可以臆説，理或可以影談。於是有牽合傅會，以惑民聽而亂天常，皆以不得理數之真，而蔑由徵實耳。且夫能知其理，莫堯舜若矣。《堯典》一書，『命羲和』居半，舜格文祖，『首在璿璣玉衡，以齊七政』。豈非以敬天授時固帝王之大經大法，而精一之理即於此寓哉！

曰：然則律何以禁私習？曰：律所禁者，天文也，非曆也。曰：二者異乎？曰：以日月暈、抱珥虹蜺、彗孛飛流、芒角動摇，預斷未來之吉凶者，天文家也。本躔離之行度、中星之次，以察發斂進退，敬授民事者，曆家也。漢《藝文志》天文廿一家，四百四十五卷，曆譜十八家，六百六卷，固判然二矣。且夫私習之禁，亦禁夫妄言禍福、惑世誣民者耳。若夫日月星辰，有目者所共睹，古者率作興事，皆用爲候，又何禁焉？楚丘之詩曰：『定之方中，作于楚宫。』《夏令》曰：『脩而場功，偫而畚挶。營室之中，土功其始。火之初見，期於司里。』《春秋傳》曰：『凡土功，龍見而戒事，火見而致用，水昏正而栽，日至而畢。』此版築之候也。《豳風》之詩曰：『七月流火，九月授衣。』此裘褐之候也。申豊曰：『古者日北陸而藏冰，西陸朝覿而出之，火出而畢賦。』則藏冰、用冰之候也。『龍見而雩』，則雩候也。『農祥晨正』，則耕候也。『三星在天』，則婚候也。單襄公曰：『辰角見而雨畢，天根見而水涸，本見而草木節解，駟見而隕霜，火見而清風戒寒。』雨畢除道，水涸成梁，草木節解而備藏，隕霜而冬裘具，清風至而脩城郭宫室。是故有一候，則有一候之星；有一候之星，則有一候之政令。田夫、紅女皆知之矣，又何禁焉？自梓慎、裨竈之徒以星氣言事應，乃始有災祥之占，而其説亦有驗有不驗。有星孛于大辰，裨竈曰：『宋、衛、陳、鄭將同日火，若我用瓘斝、玉瓚，則不火。』子産弗與。已而火作，竈曰：『不用吾言，鄭又將火。』子産曰：『天道遠，人道邇，竈焉知天道？』卒不與，鄭亦不火。梓慎以日食占水，昭子曰：『旱也！』已而果旱，慎言不效。是故惟子産、昭子深明乎理數之實，乃有以折服矯誣之論，雖挾術如慎、竈而不爲所動。故曆學大著，則禨祥小數無所依托而自不得行。其于政教，不無小補，與律禁私習之指，固殊塗而同歸矣。

曰：世皆謂天文曆數能前事而知，以豫爲趨避，而子謂曆學明，則占家無所容其欺，妄言之徒不待禁而戢，其説可得聞乎？曰：可。蓋古之爲曆也疎，久而漸密，其勢然也。唯其疎也，曆所步或多不效，於是乎求其説焉不得，而占家得以附會于其間。是故日月之遇，交則食，以實會、視會爲斷，有常度也。而古曆未精，於是有當食不食、不當食而食之占。日之食必于朔也，而古用平朔，于是有食在晦二之占。月之行有遲疾，日之行有盈縮，皆有一定之數，故可以小輪爲法也。而古惟平度，于是占家曰：『晦而月見西方謂之朓，朓則侯王其舒；　朔而月見東方，謂之仄慝，仄慝則侯王其肅。』月行陰陽，歷以不足廿年而周。其交也，則于黄道，其交之半也，則出入于黄道之南北五度有奇，皆有常也。而古曆未知，于是占家曰：『天有三門，猶房四表。房中央曰天街，南間曰陽環，北間曰陰環。月由天街則天下和平，由陽道則主喪，由陰道則主水。』夫黄道且有歲差，而况月道出入于黄道，時時不同，而欲定之于房中央，不已謬乎？月出入黄道既有南北，而其與黄道同升也，又有正升斜降、斜升正降之不同，唯其然也，故月之始生，有平有偃，而古曆未知也，則爲之占曰：『月始生正西仰，天下有兵。』又曰：『月初生而偃，有兵，兵罷；　無兵，兵起。』月于黄道有南北，一因也；　正升斜降，二因也；　盈縮遲疾，三因也；　人所居南北有里差，則見月有早晚，四因也。是故月之初見，有在二日、三日之殊；　極其變，則有在朔日、四日之異。而古曆未知，則爲之占曰：『當見不見。』又曰：『不當見而見』『魄質成蚤也』。食日者月也，不關雲氣，而占者之説曰：『未食之前數日，日已有謫。』日大月小，日高月卑，卑則近，高則遠，遠者見小，近者見大。故人所見之日月大小略等者，乃其遠近爲之，而非其本形也。然日月之行，各有最高卑，而影徑爲之異。故有時月正掩日，而四面露光，如金環也，此皆有可考之數，而占者則以金環食爲陽德盛。五星有遲疾留逆，而古法惟知順行，于是占者以逆行爲災，而又爲之例曰：『未當居而居』『當去不去』『當居不居』『未當去而去』，皆變行也，以占其國之災福。五星之出入黄道，亦如日月，故所犯星座可以預求也。而古法無緯度，于是占者以爲失行，而爲之例曰『凌』，曰『犯』，曰『鬭』，曰『食』，曰『掩』，曰『合』，曰

『句己』，曰『圍繞』。夫句己、淩犯，占，可也；以爲失行，非也。五星離黄道不過八度，則中宫紫微及外宫距遠之星必無犯理，而占書皆有之。近世有著《賢相通占》者，删去古占黄道極遠之星，亦既知其非是矣。至于恒星有定數，亦有定距，終古不變，而世之占者，既無儀器以知其度，又不知星座之出入地平有濛氣之差，或以横斜之勢而目視偶乖，遂妄謂其移動，于是爲占曰：『王良策馬，車騎滿野。天鈎直則地維坼，泰階平，人主有福。』中州以北，去北極度近，則老人星遠而近濁，不常見也，于是古占曰：『老人星見，王者多壽。』以二分日候之，若江以南，則老人星甚高，三時盡見，而疇人子弟猶歲以二分占老人星密疏貢諛。此其仍訛習欺，尤大彰明者矣。故曆學不明而徒爲之禁，終不能禁。或以禁之故，而私相傳習，矜爲秘術，以售其詐。若曆學既明，則人人曉然于其故，雖有異説，而自無所容。

余所以數十年從事于斯，而且欲與天下共明之也。且子不徵之功令乎？《論》《孟》經史，士之本業也。而《魯論》言『辰居星拱』，言『行夏之時』，《孟子》言『千歲日至，可坐而致』，《易》言『治曆明時』，《大傳》言『五歲再閏』『三百有六十，當期之日』。《堯典》中星分測驗之地，璣衡之制，爲萬世法。『辰弗集房』，載于《夏書》，《詩》稱『十月之交，朔日辛卯』，《春秋》紀日食三十六，《禮》載《月令》，《大戴禮》述《夏小正》，皆詳日所在宿，及恒星伏見昏旦之中，與其方向低昂之狀，用爲月節，以布政教，而成百事。又自漢太初以來，造曆者數十家，皆具其説于史。若是者既刊布其書，使學者誦習之矣。三年而試之，程式發策，往往有及于律曆者，其于律之禁，寧相背乎？是故律禁私習妄言者，而未嘗禁士之習經史也。而顧諉之爲星翁、卜師之事，而漫不加察，反令術士者流，得挾其不經之説，以相炫誘，而不能斷其惑，是亦儒者之過也。故人之言天，以占驗爲奇，吾之言曆，以能辨惑爲正。

曰：『然則占驗可廢乎？將天變不足畏邪？』曰：惡！是何言也？吾所謂辨其惑者，辨其誣也。若夫王者遇災而懼，側身修省，以答天戒，固欽若之精意也，又可廢乎？古者日食修德，月食修刑。夫德與刑，固不以日月之食而始修也。遇其變加儆惕焉，此則理之當然，未敢以數之有常而或懈也。此又學曆者所當知也。

蠡閣説

海陵錢子又宣，偕其仲搢可，讀書于樓，而名之曰蠡閣。錢子之意，以爲宇宙載籍浩無津涯，而輒欲置身其中，不猶以蠡測海與？嘻！錢子之取類甚謙，而志則已卓矣。今夫海未有不望洋而却步者也。有人焉，嬴糧挈朋，南鍼以指其途；晝香刻漏，占日星之度以紀其程。日南之南，更有南焉；印度之西，更有西焉。皆可以至，則亦在爲之而已。今以錢子之才敏年富，得泗源陳先生爲之師，一門之中，自相爲朋。志堅於必往，而智生于神暇，歲月而積之，又烏能量其所至哉？

夫蠡之於海，猶管之于天也。雖有羲和，不能不藉璣衡以仰測。是故施徑寸之琯，於四遊之儀旋而運之。則凡穹壤之寥闊，與夫躔離朓朒、句已薄蝕之參差，皆可以周閲而無失秒忽。近代遠鏡之用，能見月體之坳垤，星河之異狀，其視彌小，其見彌遠。程子曰『惟精故博』，此其徵矣。不觀之洋舶乎？舶必載水，水有時窮，則爲之極長之筩，以深入於海水之下，往往得甘泉，如井汲焉。君子之爲學也，資之深，則左右逢源，亦若是則已矣。遂書以復于錢子，且以質之陳先生焉。

張星閑字説

古之人冠而字之，以敬其名，成人之禮也。然而古亦有小名小字，朱子之小字尤郎，此其徵也。童子張垣，從余受經，客有問其字者，無以應，有慚色焉。其伯兄逸峰，請余字之。余假小字之説，字之曰星閑，而誨之曰：汝名垣，亦知垣之説乎？室之有垣，以區中外。室而無垣，則非室矣，故作室者必垣之。垣之者，所以閑之也。不觀之垂象乎？二十八舍以辰極帝座爲尊，而皆有垣以衛之。王者法其義，以設禁衛、置周廬、建城郭焉，閑之道也。然則人受天地之中以生，而心爲之君，亦吾身之辰極帝座也，所以衛之者其可不周，閑之者其可不豫乎？古之爲蒙養也，數歲有知，即教之讓，出入飲食，必後長者。八歲入小學，凡負劍、辟咡、灑掃、拜跪之節，所以習之於内，則少儀者罔或不備，凡以爲閑也。夫惟其閑之也周且豫，故耳目不接于非僻，肢體不溺于宴安，心思不汩於嗜慾，外誘不入而真誠内完，以之爲學則易成，赴事功則有就。古之時，孝弟成風，而君子常多，乃至六藝之兼通，皆非後世所能及，此其故可以思矣。《書》有之：『若作室家，既勤垣墉。』汝其塗墍茨閑之義，大矣哉！垣其識之，繼自今益慎汝閑，無狎僮僕，無好嬉遊，無樂驕惰，孝敬篤實，以服習于父兄師長之訓，則志氣有以自立，而術業自精。今日小子之有造，即異日成人之有德。汝不自限，誰得以童子限汝哉！

學琴説

琴、棋皆閒適之具也，考其致用，有静躁、和争之别，而損益遂大相遠。然天下以能棋名國手者，往往不絶，而善琴者蓋稀。或曰：棋易而琴難也，棋狎而琴莊也。固也。天下亦有好爲其難而樂居于莊者矣。援琴而鼓之，語人曰：『太古之雅音也，師曠之所作，而后夔之遺製也。』三尺童子非而笑之矣。然則琴之亡，亡于無傳也。

曷言乎無傳？譜而習之，梓而行之，指其指，徽其徽，未有稍增減者，曷言乎無傳？無傳也者，正以其傳者之多而愈失之也。指與絃相得而成音，極其所至，可以集風雨，來儀鳳，微乎微乎，在可解不可解之間。此莊生之述輪扁，所謂『不疾不徐，得之手，應之心，而不能傳之子』者也。故有一手之操，而高山流水異其感；一曲之終，而悲歡喜怒異其徵。況乎傳之既久，人各有其性情，師師相承，攙和愈多，而本真盡失。譬如遐方絶域，語言不通，累數十譯以相詔告，句字雖具，無復初旨。又如古人法帖，臨摹既廣，各入己意，由鍾、王而顔、柳而米、黄，以至今日，欲致詰其真贋無由也，故曰『書經三寫，烏焉成馬』。而或者欲執紙上之句乙，撮撒以爲信傳，謂足盡古人指外之微，不亦難乎？故曰：琴之亡，以傳者之多而失之也。棋則不然，其爲變也，不可以譜盡，雖有譜，舉例而已。自古及今，奕者無同局，然其勝負可以目數其得失，可以衆告等級高下，略無假借。故此日之高手，即當年之奕秋，豈以古今異哉？天下事，在得其意而已。得其意，則可以更道改轍，如奕者之不同成局，而自于古無違。不得其意，則雖兢兢蹈常襲故，如琴之于譜不敢少出入，而古意蕩然矣。

余送仲弟之館之夕，聽鼓琴于家墅中。鼓者二人，弟懷叔、從祖公瑜也。于時明月浸牆頭數尺矣，余與從姪子彦，卧芭蕉梧桐間，聽其聲調，儼然各如其爲人，余因是有感焉。人之于學，苟能舍其所便習，而强其所未至，致其實境而略其外郛，以是變易其性術，而發揮其神理，則雖以善躁喜争之棋，而神仙者流用以永其日，而况于琴也與？况有大于琴者與？故爲之説。

蜾蠃説

嚮在沙城寓樓，見小蜂抱一物而遊，以箠逐之，墮瓦屋之渠，則青蟲也。長略與其蜂埒，然已不能蠕動，蓋螫而取之者。竊以《詩》之螟蛉，《傳》謂桑蟲，殆此矣。已，授經蔣冲生徒，述所見，又多不然。蓋其蜂黑色，頭、翅、足如漆光黝，而腹尾淡黄，好銜泥穴壁隙間，或筆管内。取而觀之，往往穴内多蠅虎。甲子五月，一生筆管中得泥穴，倒而出之，得小蜘蛛無數，皆大如米，紅、褐各色，皆尚活，其穴口尚開未窒也。端午後，又一生歸省，收書於篋中，得一窠，碎之，則小蜘蛛七、八枚，小青殼蟲如嫩蚱蜢者一，皆不能動。由是徵之，所取爲子者，不必桑蟲，而亦不止一枚也。古箋疏家，或即所知見存之耳，可執爲定説乎？

甚矣！物理之無方，而多識之難，尤難精確也。吾因之重有太息。今夫諸蟲，異類也。一蟲焉取而子之，醞釀焉，朝夕而祝之，遂能合異爲同，與之俱化。介者、倮者，忽而羽；蠕者、躍者、緣以行者，忽而飛；青者、紅者，褐者，忽而如漆；嘿者，忽而鳴；露處而草居者、繭者、網者，忽而土穴。形質才能，性情嗜慾，罔或不肖，而且子以傳子，繁衍其類，以至于無窮。豈非有血氣之倫，皆可以情感，而精誠之極無所不達與？夫一蟲之微，且已有然，又況圓頂方趾，與我同類，言語相通，好惡相近，而謂禮樂之教不足以被殊俗，躬行之至不足以格頑嚚，吾不信也。且夫蜾蠃之教誨其子也，蓋有道矣。必墐其房，必厚其坊，使深而藏，毋入三光。若蠶方蛹，知識消亡；若金在鍛，固濟陰陽。若死而生，若病而殭，厥耳無聞，有目若盲，若草木之歸根，若胞胎之未分。夫然後祝之以勤，噓之以精。其聽也專，至于無聲；其變也疾，入於無形。是以其教不肅而成。向使不坏其户，而僅恃『類我、類我』之音，豈有能變其萬一者哉？

是故以言教者，勞而鮮功；以神感者，簡而易從。居肆則成事，衆咻則亂聰。習俗必有所離也，而後有所合；氣質必有所蜕也，而後有所造；視聽思慮必有所塞也，而後有所通。吾悲夫世之爲斆學者，曾蜾蠃之弗如也。作《蜾蠃説》。

讀等子韻説

字有義、有文、有音韻，學士家守帖括，不講於小斆久矣。好古君子或致詳於義於文，而音韻闕如，何也？畏其繁也。於是爲音韻、反切之學者，率欲宗音和而廢門法。愚以自今爲字書，專用音和，可耳；若夫讀古人之書，則等子門法斷不可廢。

蓋字以地殊，亦以代别。以音言之，如『端』『知』八母，『邦』『非』八母，『精』『照』十母，古上下通切，今惟『泥』『娘』與南音『奉』『並』可通，餘皆迥别。而『知』反歸『照』，『澄』反歸『牀』，『徹』反歸『穿』，『非』可併『敷』矣。此以代而變也。又，如北音『疑』可歸『喻』，南則自有『疑』音。南音濁母自有濁音，四聲俱備。又，『群』可歸『匣』，『澄』『牀』『禪』可歸『日』，『從』可歸『邪』，『奉』可歸『並』。北則濁母從清，如『群』與『溪』，『定』與『透』，『澄』與『徹』，『並』與『滂』，『奉』與『敷』，『從』與『清』，『邪』與『心』，『牀』與『穿』，『禪』與『審』，『匣』與『曉』，『喻』與『影』，皆相爲陰陽。又，只有陽平一聲，餘三聲自歸清母，上聲又歸去聲，如『群』上去皆歸『見』去，『群』入歸『見』入之類。此以地而變也。以韻言之，如『果』『假』攝中，今分三讀；『蟹』攝、『山』攝，今分二讀。而古皆通叶。又，如『蟹』之『灰』韻，『假』之『麻』韻，南方猶存古音，北則全無。此代與地交變也。夫其變也必有漸，而其分合也皆有因。等子法以四等攝之，十三門法通之，亦其所不得已焉者耳。欲讀古人之書，則必用古人反切，用古人反切，則必欲周知古今南北方言，自非等攝諸門，何以該貫？愚故曰不可廢也。

《太初曆考》序

余讀太史公《曆書》，未嘗不輟卷歎也。自《虞書》紀帝堯七十載，約略四五百言，而命羲和居其半，分司有人，測驗有地，定中星、正氣候、置閏餘有法，古聖人於欽若敬授，勤矣。史臣見而知之，備志無遺，蓋其慎也。舜承堯禪，首在璿璣。箕子陳《洪範》『五紀』，《雅》稱『十月之交』，《易》之『革卦』係『治曆明時』，《春秋》謹薄蝕，《周官》設馮相、保章，《禮》載《月令》，詳哉其言之。然孔子獨有取夏時，固以其爲羲和舊乎？而今所傳者《夏小正》，何闕殘也！禹、仲康閲三君耳，專官沉湎，辰集罔知，至煩天子之討。以公旦之多才，《周禮》在魯，失閏至再，比月書食，他更何望哉？陵夷至于戰國，諸侯力政，天道人時，視爲迂闊，棄而勿務。故秦推五勝，竟以孟冬首歲，積閏于年終，謂之『後九月』。漢高崛起，文、景繼之，未之能改也。曆紀之廢墜，時序之顛錯，莫有甚于此際者矣。向非武帝雄傑之主，當制作之會，博采諸儒，折衷孔氏，毅然行之不惑，矯誣倒置，庸有極乎？夏正之廢，千有六百餘年，而復用于世，至于今言治曆者首《太初》，可不謂偉焉？

當是時，若鄧平、唐都、洛下閎、鮮于妄人，上大夫壺遂，御史大夫倪寬等，莫不殫智極能，原本經術以推衍之。而始終乃事者，則太史公遷。史公筆力妙千古，身逢改憲，手次爲書。竊計必有弘篇大章，該本舉末，證古稽天，揚厲乎盛典，以詔萬世。而今《曆書》所載，僅僅詳歲名月數，氣朔加時大小餘而已。

噫！亦異矣！且班固《志》，以《太初》本鍾律，倚數立法，自具一家言。今小餘九百四十以爲分，依於古率無變。渾儀既特創，其所以製器尚象、求晷影、徵距度，得失次第，多可論列者，皆略不之及。嗚呼！何其疎也！史公曆學，固如是止耶？將《史記》告成，《曆》方就草稿，故未有完書耶？抑别有所著述，藏金匱，緘石室耶？其有之而亡，如禮、樂書，景、武本紀之爲後人所綴耶？吾觀太史公諸記，事止天漢，而是書録年號迄于元、成，然則非龍門原牘，信矣。嘗試思之，作史者矜三長，而治曆者旁羅象數，古者合之一太史之職，今已不能兼也。艸野之中，不乏通人，然蘭臺秘記，不可得遇，遺文曠邈，糟粕徒存。當日精心深意，類非文字所能傳，故稀有善其術者。獨太史公父子官柱下，與修曆且專紀事，自三代後無兩，而《書》缺略如此，《太初》竟泯滅無見，豈不重可惜哉！又況秦火而前，重黎以上，如《顓》《黄》《殷》《魯》六家之説者乎！今議者以疎密課曆，每取新棄古，然業已放失不可稽，又何從而疎密之、而棄取之哉？

夫太羹明水，非以爲旨味也，而祭饗先之；大路、皮弁、疏布之冪，非以爲文也，而大禮不廢。余深悲《太初》之法終亡，而或者不察，反遂以書所具爲《太初》也。因稍稍訂正之，既以見《太初曆》别自有法，又可因此以仿佛古曆之遺于萬一，使飲流者必尋其源焉。是爲序。

《曆法通考》自序

梅子輯《曆法通考》既成，而歎心之神明無有窮盡，雖以天之高，星辰之遠，有遲之數千百年始見端緒，而人輒知之，輒有新法以追其變。故世愈降，曆愈以密，而要其大法，則定于唐虞之時。今夫曆所步有四：曰恒星，曰日，曰月，曰五星。治曆之具有三：曰算數，曰圖象，曰測驗之器。由是三者，以得前四者躔離、朓朒、盈縮、交蝕、遲留、伏逆、掩犯之度。古今作曆者七十餘家，疎密代殊，制作各異，其法具在，可考而知，然大約三者盡之矣。堯命羲和，曆象日月星辰；舜在璿璣玉衡，以齊七政。曆者，算數也；象者，圖也、渾象也；璿璣玉衡，測驗之器也。故曰定于唐虞之世也。

然曆之最難知者有二：其一里差，其一歲差。是二差者，有微有著，非積差而至于著，雖聖人不能知，而非其距之甚遠，則所差甚微，非目力可至，不能入算。故古未有知歲差者，自晉虞喜、宋何承天、祖冲之、隋劉焯、唐一行始覺之。或以百年差一度，或以五十年，或以七十五年，或以八十三年，未有定說。元郭守敬定爲六十六年有八月，回回、泰西差法略似。而守敬又有上考下求增減歲餘天週之法，則古之差遲，而今之差速，是謂歲差之差。可謂精到。若夫日月星辰之行度不變，而人所居有東南西北、正視側視之殊，則所見各異，謂之里差，亦曰視差。自漢及晉，未有知之者也。北齊張子信始測交道有表裏，此方不見食者，人在月外必反見食。《宣明曆》本之，爲氣、刻、時三差，而《大衍曆》有九服測食定晷漏法。

元人四海測驗二十七所，而近世歐邏巴航海數萬里，以身所經山海之程，測北極爲南北差，測月食爲東西差，里差之説，至是而確。是蓋合數千年之積測以定歲差，合數萬里之實驗以定里差，距數逾遠，差積逾多，而曉然易辨。且其爲法，既推之數千年、數萬里而準，則施之近用，可以無惑。曆至今日，屢變而益精者以此。然余亦謂定于唐虞之時，何也？不能預知者差之數，萬世不易者求差之法。古之聖人，以日之所在不可以目視而器窺也，故爲之中星以紀之，鳥、火、虚、昴，此萬世求歲差之根也。又以日之出入發斂不可以一方所見爲定也，故爲之嵎夷、昧谷、南交、朔方之宅以分候之，此萬世求里差之定法也。

嗚呼！至矣！學者知合數千年、數萬里之耳目心思以治曆，而後能精密；又知合數千年、數萬里之耳目心思以治曆，而底於精密者，適以成古聖人未竟之緒。則當羲和以後，凡有能出一新智、立一捷法垂之至今者，皆有其所以立法之故。及其久而必變也，又皆有所以變之説。于是焉反覆推論，必使冰解霧釋，無纖毫疑似于吾之心，則吾之心，即古聖人之心，亦即天之心。而古今中外之見可以不設，而要于至是。夫如是，則古人之精意可使常存，不致湮没于耑己守殘之士。而過此以往，或有差變之微出于今法之外，亦可本其常然以深求其變，而徐爲之修改，以衷于無弊，是則吾輯《曆法通考》之意也。

《曆沿革本紀》一卷，《年表》一卷，《列傳》二卷，《曆志》二十卷，《法沿革表》十卷，《法原》五卷，《法器》五卷，《圖》五卷，是爲《曆法通考》五十八卷。其算數之學，別有書曰《中西算學通》。謹序。

《中西算學通》自序[一]

天下之不可不通，而又不易通者，算數之學是也。人之所通而亦通焉，未敢以爲通也。學至算數，則不可以强通。惟其不可以强通也，而通焉者必自然之理。故道器可使爲一體，天人可使爲一貫，古今可使爲一日，中外可使爲一人。何也？通與礙對，理本無礙，何待于通？自學者執其所通，以强齊乎其所不可通，于是通在一人者，礙在天下。是謂通其所通，非吾之所謂通。無他，虚見累之也。

數學者，徵之於實。實則不易，不易則庸，庸則中，中則放之四海九州而準，器即爲道，人即爲天，又何古今中外之不可一視乎？三代以上，未有以數學名家者。蓋夫人而能數學也，《内則》六歲教數與方名，則既服習之童子之年，而《周官·大司徒》以鄉三物教萬民，一曰九數，其屬保氏掌之，以教國子。《魯論》言游藝，在志道、據德、依仁後，孔子弟子身通六藝者七十二人。當其時，上以是爲治，下以是爲學，無往不資其用，算學之名可以不立。嘗觀禹平水土，以八年底績，非有數以紀之，何以率作興事，屢省

[一] 清華大學藏康熙刻本《中西算學通》自序題『庚申五月日北至宣城勿庵居士梅文鼎定九氏書於金陵友人蔡璣先氏之觀行堂。』

考成？而導河自積石、龍門，數轉入海，經營萬里，以及河濟之分，江漢之合，高下迴曲，激湍、渟泓、豬洩之勢，遠近之距，淺深之度，先後之宜，功之難易久暫，人夫之衆寡，器用、財貨之規畫，畎澮、溝洫、川塗之疎密縱横，使無句股測量之法以爲之程度，其能尅期授功而奏平成，萬世永賴乎？周公之制禮也，自六官以至萬民，王宫以逮郊坰、田野，服食器用、百工技巧之事，規畫盡制，洪纖具舉，尤其較著者矣。

燔書以後，上視儒術爲迂，而士亦自荒于詞章記誦，或虚談名理，無裨實用。略刑名度數爲粗迹，而道德、事業，乃分爲二。其弊至于尸其官不習其事，優游嘯咏，謂持大體，賦式經用，一切付之胥吏之手，而叢脞益甚。然漢《藝文志》，有杜忠、許商《算術》各數十卷；唐有算學博士，以《十經》爲學，期五年而學成；元郭若思用垛疊、立招差、圓容、方直、矢切、句股諸術治曆，又推其法，治河有效，則其學固不絶于世。至于有明，承用元曆，二三百年不變，無復講求。學士家務進取以章句帖括，語及數度，輒苦其繁難，又無與于弋獲之利。身爲計臣，職司都水，授之握算，不知横縱者，十人而九也。古數學諸書僅存者，皆不爲文人所習，好古博覽之士或僅能舉其名。儒者之言，遠宗河洛，深推律吕，又或立論高遠，罔察民故。而世傳算法，率坊賈所爲，剽竊杜撰，聊取近用，不能求其本末，而古書漸亡。數學之衰，至此而極。

萬曆中，利氏入中國，始倡幾何之學，以點、綫、面、體爲測量之資，制器作圖，頗爲精密。然其書率資翻譯，篇目既多，而取徑紆迴，波瀾闊遠，枝葉扶疎，讀者每難卒業。又奉耶穌爲教，與士大夫聞見齟齬。學其學者，又張皇過甚，無暇深考乎中算之源流，輒以世傳淺術，謂古《九章》盡此，于是薄古法爲不足觀。而或者株守舊聞，遽斥西人爲異學。兩家之説遂成隔礙，此亦學者之過也。

余則以學問之道，求其通而已。吾之所不能通，而人則通之，又何間乎今古？何别乎中西？因彙集其書而爲之説。諸如用籌、用筆、用尺，稍稍變從我法，亦以見西人之學初不遠人意。若三角、比例等，原非中法可該，特爲表出。古法若方程，亦非西法所有，則專爲著論，以明古人之精意不可湮没，又具爲《九數存古》，以著其概。書凡九種，總曰《中西算學通》。夫西國歐邏巴之去中國殆數萬里，語言文字之不同，蓋前此數千年未嘗通也，而數學之相通若此，豈非以其從出者固一理乎？是故得乎其理，則天道、人事，經緯萬端，而無所不宜。苟其不然，咫尺牆面，欲成一小事亦不可得。此無異故，器一道也，人一天也。故可以一人一日之心，通乎數千載之前與數萬里之外，是之謂通。

《傳》曰：思之思之，鬼神通之。非鬼神也，精神之極也。余之寢食于斯者廿年矣，遇其所不能通，未嘗不思，或積疑至數年，而後得其解，則未嘗不樂。故欲以其所通，與同志者共之，其所未通，亦望君子之幸教之也。

《曆學新説鈔》序

《曆學新説鈔》者，靈壽朱仲福所節録鄭世子書也，或名以《折中曆法》，今改從本名。方侍御、陸稼書先生之宰靈壽也，以教爲治，故于邑之山川、土俗、民間之賢有德者，悉廉知之。念仲福農家子，好學力行，自甘隱約以没其身，名不出于里閈，思有以表章之。求得是書，録而藏諸篋衍，將爲雕板流通，以附見其人。又以曆理難知，專家實鮮，恐其傳寫或訛，無從是正，而特以屬某爲之論定，某不能辭。

謹按，明祖立國，勵精圖治，于禮樂章程，多所釐正，惟曆法一仍元舊，故《大統》即《授時》也。作《元史》者，於作曆根本，如弧矢、割圓、半背弧弦之算，平、立、定三差之原，與夫改測三應之數，七政立成八用之譜，皆削不書。其稿本僅存者，疇人子弟各私枕秘，又不能析其義類，以施于用。然終不以示人，學士大夫鮮能道之。樂護、華湘、鄭繼之之徒，亦皆言曆，而不得其要領。惟鄭端清世子朱載堉，本其外祖何文定公瑭公律吕之學，積精覃思，著爲此書，能言《授時》《大統》之同異得失。以《授時》消分太驟，稍爲之通；間考《春秋》以來日食，及《史記》《漢書》以後諸《曆志》所載，以證其説。視邢僉事《律曆考》特爲精覈。明興三百年，能深言《授時》法意者，一人而已。其書進呈後，復有刻本。仲福與之同時，蓋嘗見之，而爲之節録。凡本書所言曆法，一字未嘗增易。其所刊落，皆兼言律吕中語也。以律吕、易象言曆，不過沿《太初》《大衍》之舊，非作曆之要，芟之固當，誠有功于是書。或以書名改易，自列撰人之目，疑其自著，則實不然。夫思之所通，固當萬里合轍，百世可俟，然文筆所至，能無字句之殊？今以原本較之，孰爲本文，孰爲節録，較若黑白，不待智者辨也。而攘板行之，書爲己有，雖愚不爲。且仲福欲竊其書，豈不能小變其文句以示異？而今不爾，則是易書名、改撰人，或其門人子弟欲尊仲福而妄爲之，非仲福之初稿。

憶戊午、己未間，某曾作《曆志贅言》，言鄭世子曆法既經進呈，宜得備書《明史》，如《元史》載耶律文正《庚午元曆》之例。己巳入都，承史局諸公以曆志相商，屬有他端，未竟厥緒。然惟黄梨洲先生改本，即湯潛庵先生原本，頗載世子曆議數則，稍見大意。今得是本流傳，不特朱仲福之爲人附是而顯，即鄭世子曆學亦可不藉史志而傳，且使讀是書者，知天道非遠，而用志不分，即妙理可以思通。有志者應不以畏難自阻，則兹事將以講求而益明，古聖人敬授之典，庶不至委于草莽。而苟其人之賢，其書之足存，則雖不用于時，必有人焉傳述表章之于後，人之興起于學行，未必不自此開之矣。侍御以爲然，遂以原本稍加訂正，而發其凡，以爲之序。

附校正凡例：

一、書名宜改。按，鄭世子曆書有二，其書本名《律曆融通》，以萬曆辛巳爲元，後復改爲《萬年曆》，以嘉靖甲寅爲元，而總名之《曆學新説》。今是書所節，皆《萬年曆法》全文，然《萬年曆》偶與元札馬魯丁所獻曆同名，爲當時禮官所駁，不如只用《曆學新説》爲是。『折中』之説，亦出本書，蓋謂《授時》消分太峻，而《大統》不用消分，今約二法而折其中爾。然不以此命名者，世子實本《授時》以正《大統》，非折中也，但于《授時》又稍有通融耳。

一、撰人宜正。按，鄭世子生平深于律吕，著書盈尺，故其言曆，亦復本之。此本雖芟其語，然所列卦、氣、律、準諸名皆從其舊，此尤爲節録之證。又原文條達，節録之文未免有斧削之迹，對勘自明。今宜以書名頂格，書曰《曆學新説鈔》，而於次行低一字，書曰『明鄭恭王世子朱載堉進呈原本』，於又次行並書曰『明北直隸真定府靈壽縣布衣朱仲福節録』。

一、年月當去。按，鄭世子《律曆融通》成于萬曆九年辛巳，復同《萬年曆法》進呈於廿三年乙未，而是書首簡書曰『萬曆廿二年朱仲福纂集』。蓋徒知進呈在廿三年，而欲占先一年，以見其非鄭書，而不知此等書非一二年可成之物也。以愚度之，此書必在鄭書刊布之後，而今不可復考，闕之可也。

一、文句宜酌復。按，原書係世子進呈之本，故于斷制之處稱『臣謹按』，而是書並改曰『余以爲』。又《授時》以消分與古法較疏密，而世子又以其法與《授時》較疏密，故直稱『新法』以别之，而是書改曰『斯法』，宜復其舊。又《庚午元曆》原非奉命而修，誤改原文。又世子實未見欽天監所傳《通軌》諸書，而于《元史·曆經》頗有悟入，故自述其勤，以爲青出于藍，冰寒于水，獨以未見《大統曆》全書爲恨耳。今節去上文，而徒曰『未見《大統》』云云，意殊不暢，宜酌原文補入。

一、《傳》語未協。按，《傳》云『仲福自知化期』，此亦人間或有之事，而以耳聽聲音，有一止以曆法知之，愚所見古今曆法書多矣，未見有如是等説，似涉附會，宜酌改。

《經星同異考》序

《經星同異考》一卷，發凡九則，吾季弟爾素之所手輯也。歲在戊辰，余歸自武林。武林友人張慎碩忱能製西器，手鋟銅字，如書法之迅疾。余乃依歲差考定平儀所用大星，屬碩忱施之渾蓋，而屬吾弟爲作《恒星》《黄赤》二星圖。因于星之經緯，逐一詳校，乃知湯氏《曆書》圖表與南氏《儀象志》互有得失。自其本法，固多違異，不第與古傳殊也。因取其星名之同，而數有多寡，異於古人者別識之，以成此書。至其所爲辨正經緯之度者，尚存別卷，不盡于是。而吾弟之爲此，則已勤矣。蓋其時方有稿本，明年余之京師，五載始歸山中，吾弟乃出其繕寫重校之本示余，余乃爲之序曰：

自《堯典》有四仲之星，而斗、牽牛、織女、參昴、龍尾、鳥帑、天駟、天黿之屬，雜見於《易》《詩》《春秋》《左傳》《國語》，至《禮記·月令》《大戴》之《夏小正》，稍具諸星見伏之節。蓋星之有名，其來遠矣。古者觀天文以察時變，有曆有象，圖書儀器，宜莫不備。遭秦燔書，棄先王之典，羲和舊術無復可稽，所僅遺者，巫咸、甘德、石申之殘編，而三家之傳各別。司馬子長世爲史官，而《天官》《曆書》殊爲闕略。迄於後漢，有張衡《靈憲》，而器與書並亡。自唐以後，言觀象者，率祖淳風。晉、隋兩《志》，及丹元子《步天歌》，今考其説，又與《天官書》不無參錯。蓋不待西學之興，而始多同異也。

西曆黄道十二象與中土異，而回回曆與歐邏巴復自不同。故雙女或以爲室女，陰陽或以爲雙兄。至黄道内外之星，或以爲六十象，或以爲六十二象。而貫索一星，回回曆以爲缺椀，歐邏巴以爲冕旒。其餘星名，亦多互異。豈非以占測之家非一，而所傳異辭？安得謂彼中曆學，自上世以來永遵一術而初無更變哉？今所傳《經天該》之圖與其歌，皆因西象所列，而變從中曆之星座、星名，即《見界圖》之分形。其出似在《曆書》未成之前，圖星以圓空，去中法猶近。然與《步天歌》仍有不同者，或以西星合古圖而有疑似，不敢輒定，遂並收之，而有增附之星；或以古星求西圖，而弗得其處，不能强合，遂芟去之而成。古有今亡之星，要之皆徐、李諸公譯西星而酌爲之，非西傳之舊。

余嘗見元趙緣督友欽《石刻圖》，閣道六星在河中，作磬折層階之象。自《天官書》言營室、離宫、閣道，《步天歌》及晉、隋、宋三史並言六星，而今圖表割其半爲王良星，别取河中雜小星聯綴附益之。其星十餘而形直，絶異舊圖，又去營室更遠，正抵奎宿，而西象固原無所謂閣道也。由是以推其意，爲更置者良已多矣。且西曆言『恒星有經度東行歲差，而緯度終古如一』，然又言『二至距緯，古遠今近，是黄極且有微移』；既言『恒星之形略無改易』，然又言『王良之側，有萬曆癸酉年新出之星』。其説亦未能歸一也。竊嘗譬之地志，陵谷豈無小異，而嶽瀆之大致自如，然其名之所起，亦人則爲之而已矣。

禹治水惟九州，而舜受終時，肇十有二州。肇之爲言始也，又况後世？秦分爲三十六郡，唐分十道，宋分十五路，疆域代更，圖、志因之而改。或者遂欲本桑欽之《水經》而駁《禹貢》，亦見其惑矣。然則宜何如？曰：君子於其所可知，不厭求詳，其所不知，闕之而已。義所可求，當歸畫一，其所難斷，兩存之而已。無泥古以疑今，無執一以廢百。謹守舊聞，而無參臆解。此爲學之方，即著撰之法。自古之學者，莫不盡然，而况天之高、星辰之遠哉！

而余於是重有歎也。蓋自束髮受經於先君子，塾師羅王賓先生往往於課餘晚步時指示以三垣列舍之狀，余小子自是知星之可識，而天爲動物。尋以從事制藝，未遑精究，然心竊好之。不幸先君子見背，營求葬地，不暇他爲。忽忽年近三十，始從倪觀湖先生受臺官《通軌》《算交食法》，稍稍推廣，求之《元史》《宋志》，溯唐及晉，至於兩漢。是時同學者，余及仲弟和仲與季爾素三人而已。夜則披圖仰觀，晝則運籌推步，考訂前史，三人者未嘗不共也。如是者凡數年。及余得中西之書、圖稍多，友朋之益漸廣，而仲弟不幸已前棄世，爾素於余所有之書手鈔略備，多所撰定。然食指益衆，家日益貧，余兩人頻年授徒，歲時相見，不過數四，往往羈棲於數百里、數千里外，欲如鄉者之相聚探討，不復可得。而余又善病且老矣，雖嘗輯有《古今曆法通考》諸書，妄自以爲窺古人之意，集諸家之長，而性懶楷書，又好增改，稿與年積，訖尠定本。其在京師，感於榕邨先生之言，努力作爲《曆論》六七十篇，頗抒獨見。其他算學新稿，亦且盈尺，而未能出以問世。虛名之負累，謬爲四方學者所知。而欲傳之其人，復求之不可得也。竊不自揆，欲略仿蘇湖遺軌，設爲義塾，約鄉黨同學爲讀書之事。此志果就，即當息影山邨，收拾累年雜稿，次第成帙，稍存一得之愚，以待來學，則數十年癖嗜苦思，亦或將有所歸著。而凡事有天焉主之，終不敢必其如何也。且夫星曆之學，非小道也。其事凌雜米鹽，稍近卜祝，而探厥源流，乃根於天人理數之極。雷同俚近，既不足以行遠，而義類稍深，索解人正復寥寥。天下之大，敢謂無人？然亦有同志數輩，遠在天涯，合并匪易。助余成此者，不吾弟之望，更誰望乎？因弟此書，俯仰今昔，而兼有冀倖於將來，不覺其言之長也。

《測算刀圭》序〔一〕

算數作於隸首。九數中句股以御高深廣遠，本於《周官·大司徒》。算測之學，其來已久，後世劉徽、祖冲之等又加密測，謂之割圓密率，歷代講求，踵事加詳。至今西術而有三角、八綫之用，殆已無可復加。然《周髀算經》所載，北極之下，朝耕暮穫，與西測地圓之説，實相符契。由是觀之，算術本自中土，傳及遠西，而彼中學者，專心致志，群萃州處而爲之，青出於藍而青於藍，冰出於水而寒於水，亦固其所。我國家同文之治，聲教訖於四表，西人慕義，來者益多，既兼采其法，以治曆明時，而《曆書》百卷，流通宇下，亦賴中國文人爲之發揮編纂，而其旨逾明，其精益出。是則古人測算之法，得西説而始全，而中西同異之疑，至今日而始定，可謂千載一時。然而猶或興望洋之嘆者，以未得其門户故也。

閒嘗流覽曆算家言，擇其義類明晰、用之切要者，摘録刊布，使學者悠然會心，而日孳孳焉以進於其

〔一〕巴黎法國國家圖書館藏年希堯《三角法摘要》，亦有此序，文字略異，年氏康熙戊戌仲秋書於石城官舍，或爲梅文鼎代笔。

全，於此學或不無小補。其書三種，一曰《三角法摘要》全部《曆書》皆三角法也。不明乎此，則《曆書》不可得而讀矣。內分二支。一曰弧三角。凡曆法所測，皆弧度也。弧綫與直綫不能爲比例，則推測理窮。弧三角者，剖析渾圓之體，而各于弧綫中得其相當直綫，即于無句股中尋出句股。此法之最奇最確，聖人復起，不能易也。弧三角之用法頗多，而其最著名者，爲黄赤交變一圖，反覆推論，瞭如列眉。熟此一端，則其餘不難漸及矣。至于弧角比例，亦其中要旨，而原書解未當，故特爲正之。一曰平三角。弧三角之法，生于平三角者也，然而測量諸法，平三角之用爲多，故言之特詳也，一曰《八綫真數表》凡弧三角、平三角，並以八綫爲用。曰真數者，别于假數也，一曰《八綫假數表》因假數以得真數，用加減省乘除，甚便初學，法之巧也。其法爲西人穆尼閣所譯，原止四綫，謂之對數。然既知切綫，可推割綫，則八綫在其中矣，而總名之曰《測算刀圭》。誠以此學奥衍隱賾，不翅瀛海神山，而刀圭入口，身生羽翰，即蓬萊方丈，惟所遊行，豈非大快？故亟欲與學者共之也。

《圓解》序

《圓解》十二章，吴江王寅旭先生錫闡作也。寅旭深於曆算之學，此其一斑耳。余得此本於槜李徐善敬可。敬可與寅旭友，嘗有所問，作此告之。仍有《割圜圖》如扇面者一紙，行笥偶逸，惟存此本及所作《曆説》六篇。余因歎古人著述，其胸中所有必多于筆舌所發，其逸而不傳者又必多於其所傳，在曆學爲尤甚。何也？習者既稀，真知者更曠世一見也。北齊張子信以渾儀測驗，居海島中二十年，其所積候而悟，如交道表裏、五星留逆諸説，多爲後世遵用。顧當其時不顯，《北史》又莫之能詳，非《大衍曆議》稍稍表章，不没其實，則亦無復有知之者矣。

夫步曆本於算數，算數者，治曆之綱要。西人以三角、八綫言測算，其説備于《幾何原本》，然六卷以後輒不傳，意者利氏既没，徐、李云亡，無復有能任翻譯之事者耶。乃今六卷之書，讀之者蓋已甚寡，縱令全譯，誰復有寓目者乎？今《曆書》中頗采用其後十餘卷之説，至若《測量全義》，可謂精矣。而先後數相加減代乘除之法，亦但舉其用，而不詳其理，熟復于寅旭此書，可以得其門户。惜其書尚有未竟，而其中章次，頗爲鈔録者所亂，因稍爲更定，并訂補其論之所遺及字句之譌，凡十餘處，以質之敬可。敬可爲予言，寅旭有所撰曆法書，即今明志所載。其原本遠在姚江，未經郵到，然即六論以觀，已能深入西法之堂奥而規其缺漏。如所論恒星定而歲實消，則歲差不宜爲定率、日食當用月次均諸説，皆直抉其微，以視徒守古率、輒攻西説者，大有徑庭。

夫積思之所通，事出神解；自師説而入，理有持循。然二者有間矣。余嘗謂，言《授時》者，惟何文定公瑭、鄭端清世子載堉爲精，在邢觀察雲路、魏處士大魁之上。何則？一由《曆經》精探而知，一藉《通軌》繩尺而守也。青州薛儀甫鳳祚，得穆尼閣之傳，著新西法，于曆書可謂之新，于尼閣則西人舊耳。而寅旭之言，一本心悟。廣昌揭子宣暄，去歲寄余《圖論》，亦本西人之法，而别有發明，爲一氣旋轉之説，然去數言理，似寅旭之言較實。余由是信九州以内故自有人，而又深惜其不能群萃一堂，以相爲考訂，成一代千秋之業也。康熙庚午，燕邸識。

《謝宣城集》序代

詩至齊梁而靡，論者謂其調俳而詞縟，寖失漢魏古穆之遺，顧小謝獨以清麗見稱，與康樂、惠連齊名，謂之『三謝』。建武時，嘗出守宣城。郡署踞陵陽之巔，有樓巍然，俯瞰城外，太白詩云『人煙寒橘柚，秋色老梧桐。誰念北樓上，臨風懷謝公』者是也。唐刺史獨孤霖改爲疊嶂樓，歷今數百年，宣人猶呼『謝公樓』云。乃蕭子顯、李延壽所著史傳，並不紀䏚守宣城事，而《集》中《視事高齋》《敬亭賽事》諸詩，皆守宣時作。然則古人宦蹟，史所失載者，蓋亦多矣！

《集》凡五卷，刻板毁于兵燹。予求其全帙，數年不可得。歲丁亥，方攝邑篆，孝廉梅君耦長出藏本諗予曰：『是不刻，且佚。』予尋覽一過，蓋前明萬曆時，司理史公元熙同其大父禹金先生校刻者也。先是，嘉靖丁酉，郡守黎公晨得武功舊刻，參以《玉臺新咏》《文選》諸書，彙梓其詩，而文寘不録。頃耦長復從其令叔勿庵所裒輯其文若干首，釐爲六卷。予斥俸授諸梓，而屬耦長董其役，庶幾謝集稍稍完整。

予聞宣城故多典籍，如唐之《大真集》《廬嶽集》，宋吴棫之《韻補》，周紫芝之《竹坡詩話》《太倉稊米集》，皆僅存其名。夫徵文考獻，以永將來，固官于是者所有事也。予愧力薄，未能網羅放失，次第版行，於後之賢者，實有厚望焉。

《病餘雜著》序

余少善病，因涉獵岐黄家言，病機之微甚進退，證之寒熱虚實，治療之正反逆從，初、中、末攻守緩急之法，略能道之，藥物之精良、炮製之法度，講之頗熟。三十以外，稍稍獲聞性命之理，乃悟吾身自有大藥，草木金石，不能益人，遂棄去不復事。顧先人見背早，門户支撑，未能脱去，以從事於其所謂大藥者，然亦終不復服藥。數年以來，年力稍衰，内外之感並攖，卧病或數月。病始至，則就醫者，取一兩劑服之；病稍退，即不復進，唯謝絶一切，撩關高卧而已，久之亦往往得痊。

生平嗜書，尤篤好象數之學，即尪羸偃蹇牀笫，未有三日離卷帙者。今年春，偶遊白門，下榻於蔡子璣先之觀行堂，血痔忽大作，加之自利日數行，作楚殊甚，凡四閱月不止。氣大陷，不能坐立，楮衣冠不見客者百四十日。主人爲召醫療之，百方皆不效。於是雜取古方，及所聞於友人已驗之藥，皆備嘗之，至秋分後，乃有起色。愛我者皆曰書爲之祟也，遂束書不觀者一月，然終不能自已。意所至，亦時有所作，大抵皆呻吟之餘，不足以就正有道也。性不善書，病後腕力弱，不能執筆，多草稿。稍擇其真書而可誦者，彙爲小帙，命之曰《病餘雜著》云爾。庚申某月日識。

《吴越紀遊詩》序

塲師之術，能使瓜蔬冬榮，而東風既回，草木芽茁，生意盎然，飽滿流溢，彼造物者固未嘗有所勞也。元氣鼓于中，而枝葉發于外，不必一一爲之鏤且繪，而縷且繪者，必有所不似。善爲沼者，因勢利導，使之爲激湍迴瀾，流觴曲水，或引之高原，逆注爲瀑布，伏而出之，以爲趵突，智盡于此矣。若夫大江發源岷山之西，當其出巫夔，下三峽，瞿塘、灩澦遂擅海内之奇。而一往所經，若皖則小孤，鳩兹則蟂磯、兩天門山，姑孰則采石，金陵則三山、燕子磯，潤則金、焦、北固，在在改觀，出人意想之外。而流之所及，遇一物則成一態，谿谷之窅深，洞壑之谽谺吞吐，石勢之參差出没，洄洑、渟泓、涌瀉紆直之變化，卒亦無所不具。韓淮陰蹙楚垓下，孔將軍居左，費將軍居右，淮陰自當項王，漢王在其後，大軍又在其後，而爲項王者，方且與其騎士言戰法以自解免，而不知平日之自恃以百勝者，乃今日之所以成禽也。

故從其大者爲之，足以兼小，而小不能兼大；足乎其本，則標末自舉，而末不能及本。道固如是，而吾得此以論詩。詩之道，始於三百篇，彼其使字未嘗不清新，造句未嘗不奇變，而或以此爲三百篇之能事，則人必笑之，爲其有大于此者在也。自李唐以詩取士，而初、盛、中、晚，每變愈下。論組織之工，刻畫之巧，初、盛或不如中、晚，而識者以中、晚之不能初、盛，正坐于此，其故可思矣！

蔡子鉉升之爲詩，以李唐爲宗，而好爲深思苦語，悽惋悲憤，若有所甚不能解於中者，吾嘗有以規焉，而未得其間也。今兹歸自武林，示我以《吴越紀遊詩》一帙。其詩音節格律，欲進乎初、盛之間，不復于字句矜工巧，而歸乎大雅。余既心異之，蔡子語人曰：『是役也，與嶺南屈□□氏同舟，而深論吾詩也。吾服其言之切中吾病，而吾之詩一變。』夫論人之詩，而能痛砭其所失，與夫聽人之一言，遂棄去其生平之所得力而翻然改圖，皆今人之所難也，遂深喜而爲之叙。

抑余有進焉，古人之傳者，詩也，其所以傳，非詩也。詩傳而人與傳，故曰：『詩以道性情。』然則必先務爲其所以傳焉者，可乎？此本末之説也。蔡氏諸群從多英偉才，而蔡子之性情，特近於温柔敦厚，故敢以是進。蔡子其以余爲老生之常談乎哉？

《淵源集》序

余讀徐子長白《淵源集》而有感也。長白爲大司寇華陽公曾孫，公功德在人，尤富述作，言行滿天下，及長白之身，曾未得其全集讀之。長白怵焉，懼家學之湮，勤勤搜輯，僅得如干首，以爲兹集。迺遂取其王父郎中君及父文學君遺稿，摘録類掇之，末以己所爲文附焉，而其先世所傳制誥，若海内名人贈章，亦稍稍擇而附之，都爲三卷，曰『庶後之人知有攸自』云爾。

嘻！長白可謂以仁孝爲心而有卓然之見者矣。今夫大人先生，勳業爛焉天壤，豈復與窮愁著書之士較不朽於筆墨間哉！然亦往往斐然而有作者，何耶？其所經歷于當世之故，取精甚博，而思慮甚長，一時所建樹，或不能喻所獨見於衆咻，則必深切著其原委，俾守者持循不敝；或意之所至，而時有未遑，不得不引端見緒，以俟善繼於來兹。故曰『書不盡言，言不盡意。』然則爲之後裔者，宜何如其寶惜與？吾觀世所號賢子孫者，不過汲汲於進取之路，家有藏文，而付之庋閣，亦有席前人之末光，以贄關要、媒聲利，於作者初旨不啻徑庭，尚望其昭明世德，施之行事與？今長白獨能以守先啓後爲兢兢，雖所存什一，皆有關於家國之大，使讀者感奮興起，而不取備於卷帙，以求觀美炫耀流俗之耳目，何其卓也！長白嚴氣正性，望之生敬，亦稍稍見於其所爲文。司寇公《義田之記》曰：『若更有賢達亢宗者出，以紹休而光大之，予之邀寵，尤不可量。』惓惓乎其言之也，長白其有意乎？

孫大年《百子謎》序

梁劉勰曰：『謎也者，互其辭使迷也。』蓋昉於隱。隱曷昉？《詩》六義有比，隱之屬也。《詩》又曷昉？《易》立象以盡意，而意存象先，雖以聖人猶三絶韋編，無隱乎爾者，隱斯至與？旁及象教，機用横設。而養生家藥物多名，無非《易》，亦無非隱。然古有特以隱名者，大鳥以悟英主，拔薤抱兒以贊良牧，皆以不言言其所難言。乃至履足於朝，謬語于師，鞠窮茅經，首山庚癸，猶能權譎一時，以紓人於難。若夫離合字形，滑稽弔詭，隱之末矣。然『杖』『檻』爲『林』，重『來』爲『棗』，指事也，會意也，假借也，『大』『刀』『頭』諧聲，『山』上有『山』象形，『黄絹』轉注，六書之義備焉。

孫子大年，學古多暇，取古人名而謎之，似銘似贊，或似繇辭讖記、古諺童謡。既成，問序於余，余乃爲之原謎所自昉。抑余又有感，古人之傳者，名而已，庸詎知名之不常。鴟夷張禄，猶之謎也。可以物之名謎人，亦可以人之名謎物，故名已非我。况諸所稱讖，從有名而名，爲謎之謎，又足以競乎？善《易》莫《參同契》，若善隱亦莫若，然不自著名，而隱之末簡，誠不以名自有之。其言曰：『竊爲賢者譚，曷敢輕爲書？若遂結舌瘖，絶道獲罪誅。寫情著竹帛，又恐泄天符。猶豫增歎息，俯仰綴斯愚。』其將憂憫後生，不得已而有作，豈若吴平《越絶》務奇語、自矜尚哉？秦田水月注《參同》，而輒效之，即古奥神似奚當矣！孫子既深有感於木山氏而善隱，則無競于其末。夫古人片言題識，或偶相諧讔，而猶至今名，而况其進也。孫子其無謂余以隱，而子直爲不能響答也夫。

湯駿公《離騷經貫》序

讀《離騷》者，愛其文辭而無能貫穿指歸，則疑其心煩慮亂，語無倫次，又或謂其故爲亂辭，使修隙者無所指摘。二者似之，而實非也。何則？屈子之志潔行芳，通國所共信。若夫君側蔽明者，數輩而已。故假瑰麗之作，以寄其忠愛，庶幾流播之餘，聞言感悟，痛改前非。其言本自條達，既以彭咸自矢，視死生猶旦暮，而復何畏焉？且屈子非徒嫻於辭令，實明於政事，使懷王能終用之，則秦必不敢欺楚，使頃襄王復用之，則必能反懷王以雪恥。

太史公因淮南作《傳》，以《離騷》因起係之於見疎之初，以一篇三致意係於入秦客死之後，蓋有以綜其始終矣。王逸之註，隨文詁訓。李善以《文選》名家，而其於《騷》也，一因王舊，不復置辭，蓋古者傳註之體宜爾，欲使學者優柔厭飫，得其書不盡言之意也。紫陽朱子因洪氏之補註，集諸家以發明之，於是讀《騷》者始有蹊徑可尋，則集註之功也。

湯子俊公，既以經義起家，爲名孝廉，迺篤好《楚騷》。又因紫陽而益暢厥旨，且爲之考訂輿圖，以推見三閭被放江皋澤畔往來之蹟。又雜摭史、傳，凡諸國之有關楚事者，參互之以揆當時事勢，厚責頃襄以復讐之義，則作《騷》之本末具見。即本《傳》所稱『存君興國，欲反覆之』者，皆實有其施爲次第，可以見諸行事，然終不得一試，坐視宗社之傾覆，故其痛尤深也。蓋古之君子將有爲也，必先内度其身。是故，於稱述先王，而知其學術正大，非子文、叔敖諸人之可方；　於陳辭重華，排閶闔謁帝，知其幽獨可質乎明神；　於衣芰荷、裳薜荔，知其於身察察，皭然不滓，於日月争其光潔；　於滋蘭九畹，樹蕙百畮，知其爲國樹人，自宋玉、景差諸賢外，必多可用之才。　乃若漁父鼓枻，滄浪作歌，遠游餐氣，王喬授辭，抗域外之高躅，標性命之微旨，故考亭儷之廣成，玉吾演爲丹訣，則凡莊周、列禦寇之倫，吐棄萬有，而葆真以自全者，皆其所能爲而不肯爲者也。　當是時也，六國已將折入於秦，然可以抗秦者唯楚。　楚欲有爲，捨屈子其誰屬哉？　其自任也重，故其自求也詳。　湯子以一言蔽之曰『自反而自信』，可謂深得其意矣。　班孟堅良史也，顧訾之爲『露才揚己』，何耶？　若湯子『復讐』『自反』二義，匪直出王、洪上也，即起紫陽于今日，必將有取乎爾已。　湯子既援據該博，文取達意，不辭繁複，以便來學，蓋亦猶紫陽之意也夫。

《章甫集》詩叙

蓋余讀劉子望之《章甫集》之詩而歎也。論者以明三百年，學者精力盡於制舉業，而以其餘力爲詩古文辭，故所就已薄。甲、乙後，天下棄制舉而從事焉者，豈繄乏人？求其卓然成家如古之人者，曾復有幾？此其咎又安在耶？

夫淵明爲晉處士，而今讀其詩，未嘗嘵嘵焉爲憤疾哀怨之音以自鳴。其人類有道者，後世傚之，但得其詩，而不得其所以詩，何怪乎音節逾近，而失之逾遠耶！唐人如供奉、拾遺，皆於流離播越中弗忘忠愛，唫咏之餘，間及當時得失，往往切於事情，非尋常作壁上閒觀，拾人短長，吹索詆侮以自恣者也。是故古人之以詩傳者，皆不僅以其詩，而詩以傳，人亦傳矣。後之稱詩者，詩而已。衆人熙熙，若登春臺，而未嘗有以自異也。於當世之故，生民之休戚，漠然無所關其慮，以至綱常名教之大，古今政治興替，典章文物之因革源流，茫乎無所闚見。朝夕營營於聲利，務爲苟得而已，而好修飾其句字，矜其格調，用相誇詡，曰『吾三唐也』『吾六朝漢魏也』。彼其本固已亡矣，又烏足與登古作者之堂乎？

望之爲聘君自我先生肖子，自其髫齔，講貫習復于三百年之文獻。聘君《識大録》等書，劉子竊與編纂，今稿本多流傳人間，不復可得，而劉子悉能舉其綱要，靡所遺忘。而持論一歸平恕，不肯依阿於黨同之説，當其意所獨見，雖舉世非之，毅然不顧也。初，聘君纂修部志，旅食金陵，劉子實從。會國變，聘君旋里，憤惋而卒。劉子自是懷尚平之志，僑居兩浙，已而之齊、之晉、之豫。所至表章古人遺蹟，講求地方要務。當世名賢巨公雅有知之者，造廬咨訪，或以禮延致。劉子亦欲藉是以資其考證，踵成先志，勒爲一書，以詔後世。詩特其寄興焉耳，而憂時之懷，經世之畫，時時溢於篇章，不特五言古體直逼柴桑，其餘亦皆流自肺腑，非苟作者。其名集以『章甫』，蓋取宋人適越，無所可用之意。劉子殆不欲以詩人傳也，然其所以詩，固將於詩焉傳之。夫如是，以爲詩人，其亦可矣。

賈鼎玉詩序

慷慨悲歌，古稱燕趙，其山川之性情則然耶？夫燕趙皆《禹貢》冀州之域，五帝三王之都邑在焉。故『蟋蟀在堂』，『良士瞿瞿』，讀《詩》者謂有陶唐氏之遺風，安所得悲歌慷慨者乎？戰國以後，古聖人之教養日遠，民生益蹙。趙主父乃以騎射自雄，而燕太子丹厚養死士以報秦。于是恢奇不羈之士始相高以勇俠，而不平之氣激於世變而加厲。千載下誦易水之歌，髮且上指，蓋有不獨山川風氣之所爲者矣。是故艱難困阨，君子皆有所不辭，謂將有以深其閱歷，而增其識慮，由是以措諸事業，庶幾有立。即不得大展于時，而作爲文章詩歌以自見，猶令人感於心而不能自解。故詩以道性情，人類能言之，而要之所以成其性情者，非一日之積也。

平陽賈鼎玉，故善吾友豫章梁質人、秋浦吴子正。丁卯仲冬，與余邂逅於武林，抵掌而談天下之務，以行笈中手鈔《西陲今略》諸書，相爲商確。余固心異之，久之乃獲觀其所爲詩，而重爲之太息。夫人苟非聾與喑，則雖深居一室，而持議矢音，必將與身世相涉，然亦視其所歷之境地及所遭之時。賈子既自負其奇，而北走玉門，南逾嶺表，更事既多，所覯奇人異書，胥足以開通其耳目，而發舒其胸臆。又身抱終天之痛，思爲其先公發憤以得一當者，未嘗敢一飯忘也。是豈非志士之節，而孝子之所用心哉？是故其詩沉鬱高壯，出入於古，不期工而自工。夫豈句鐫字琢，若者三唐、若者兩宋以爲詩者可同日論？而又豈第如失職之徒滑稽弔詭、憤怨詆訶，以自附於慷慨悲歌者哉？謹爲之序而歸之。

《紀行草》序

沈子元珮，行萬里以迎其父於黔中，其所經歷，凡江漢之永廣，洞庭、沅湘之浩淼阻修，苗洞、猺獞深箐絶谷之險怪，偶觸懷抱，則以韻語紀之，於是裒集之爲《紀行草》。是時，西南方用兵，笳吹之音不絶於耳，創殘逃死之民，呼號道路。戰場軍壘，所在多有，轉餉移營，水陸鱗次，烽火接于窮山，流血棄胔，蹈藉於原埜。而元珮隻影長途，雜處行營將士間，跋涉於波濤鋒鏑，蠻煙瘴雨，萬死一生，不可知之地，而卒能自達，與其父相見以歸，此其至性有過人者矣。今取其詩讀之，其志愴然以悲，其音節漻然以清，其爲言也，直而能曲，婉切而微至，其氣雍容以和，其思致悠然以長。在元珮自書所感，初若無意於爲詩者。嗚呼！此真詩也已！今夫人各有性情，顧不能以忠孝自砥勵，而徒撚髭苦吟，庶幾以筆墨之工流傳於世，無論弗傳也，即傳矣，於世教無毫末補，以視元珮之爲詩何如也哉？

元珮之父公厚，爲貞文先生季子，而家朗三先生壻也。貞文先生以諸生刻樞輔，甲乙後屏跡遠引，人莫識其面。諸子守其訓，皆抗志不仕。邇者諸同學爲貞文先生刻遺稿，既成，終不輕出示人。蓋其家學先質行而後文譽若此。宜有若元珮者，以光大厥緒也。元珮勉之矣。

《偶存稿》序

古人之存者，皆偶也。秦火以後，三代之人文，若滅若没，而漢魏諸儒乃始以著撰特傳。然考《藝文志》，書名散逸略盡，今其存者，百之一二。而或者指而目之曰『此秦也』『漢也』『六朝也』，以百之一二，概其生平，定其一代風尚，豈知其所散逸固將什伯於是者乎？故曰偶也。

然古人既不可作，則必藉此僅存之書，以追溯其人與其時代。辟之擷叢條之一枝，拾遺珠於合浦，而春林宛在，竇所非遥，亦其勢然也。故不存匪患，或非其所欲存而誤存之，則存反爲累，斯真足患耳。

吾鄉劉子葦蓉，雅不欲以文人自名，生平介然，不阿時好。其所學爲古文辭、詩歌，擇言而言，多有裨於名教。一日，裒藏稿示余，題之曰《偶存》，若曰：『此尚不足存也。』雖其謙讓不自滿假，而葦蓉之所欲存，不既有在矣乎？今夫人在天地中，固自有所以常存。而立言之士，則存以其言。然而有刳心刻意，以蘄於言之可存而存者焉；有稱心而言之，不數數然蘄存而亦存者焉。是其存不存，皆不可以豫知，則其爲偶也均矣。若夫有所存，必有與之俱存，是則存之於未有言之先，而非偶也。葦蓉其以偶焉者聽之不可知，而致力于未有言之先，以自求其所可知，則葦蓉之偶存者，固足以存葦蓉矣。

《唐昭陵石蹟考》序

碑版之文，往往足以補史氏遺缺，訂前聞之誤，故君子重之，匪直篆隸高古，爲書家助也。三山林同人，順治庚子侍其尊甫敏子先生宦於秦之三原。定省稍暇，輒訪求古蹟，不憚險遠，孤往窮探。凡三代、秦、漢及唐園陵，蒐討殆遍。尤感太宗昭陵規制之弘，與其功臣之異，數披榛剥蘚，梯危起仆，盡搨其所存碑碣，裝潢成帙，又參諸史乘，旁徵軼事，而附之論、贊，爲《昭陵石蹟考》，凡五卷。

按，《周禮》：『冢人掌公墓，』『先王之葬居中，以昭、穆爲左右，凡諸侯居左右以前，卿、大夫、士居後，各以其族』。今考昭陵陪葬，自諸王、勳戚至蕃將，凡百六十有五人，固出殊恩，其亦猶行古之道與？然秦以前，冢墓多無碑石，有亦無字。予嘗登會稽，謁禹陵，見所立石丈許，其植如圭，下大上鋭，趺形長方而漸殺以至顛，乃小擶之爲圓空通透。或曰：『此窆石也。』古者懸棺而窆，故需此石。既葬，或遂存之，而無鐫字。又，《冢人》言兆域，凡有功者居前，以爵等爲丘封之度與其樹數，而不言碑碣，亦其徵也。唐制，三品以上得立碑，而元老大臣，得請天子爲題額，厚終之禮，於斯爲至矣。今祀文、武、成、康陵，皆在渭北，號曰『畢原』。然《皇覽》《括地志》諸書，皆謂是秦惠文王悼武王冢，而人以爲周之文王、武王，非也。文王陵自在鎬東南杜中，在渭之南，是爲『畢原』，與『畢陌』别。然則今在渭北者，乃『畢陌』耳，顧亭林辯之甚析。嚮使有片石足徵，豈至沿疑千載，貽祀典之餘憾哉？

若昭陵雖罹温韜之厄，而法書宸翰照耀百禩。即今歲久墮泐，其一二僅存，固巋然先代法物矣。同人既三渡涇水，親至九嵕，手搨房文昭公已下十六碑，周覽形勝，拜瞻寢殿，及景武衛公、貞武英公塋域，並起冢象安、德韃諸山，摩娑石琢駿馬六匹，内颯露紫等五匹帶箭，並太宗行陳所乘。又諸番降王，突厥頡利可汗、左衛大將軍阿史那咄苾已下十四人，或兜鍪戎服，或冠裳黻冕，並石像立侍陵後北闕如生。慨想古英君良佐，終始一心，文德武功之隆盛，俯仰憑弔，蓋三致意焉。

比越三十年辛未，復往而道路梗塞，追念昔遊，所得益加寶愛矣！嘗考歐公《集古録》，金石今多不存，特藉其文以傳。自有兹編，而昭陵遺蹟長留天地，尚論者將于同人之書是徵。其爲裨益，豈淺尠哉？

同人名侗，其弟吉人名佶，受汪堯峰先生之學。兄弟並博雅好古，多藏書。

《宿遷西南阡徐氏宗譜》叙

《宿遷西南阡徐氏宗譜》者，門人徐壇長孝廉用錫述其先人世守之譜系也。蓋其先莆田人有曰興、曰旺者，興仍居莆，旺以事至宿，遂留居之，爲始遷祖。其子孫多爲博士弟子員，八傳而爲爾珍先生，學行尤著，以康熙庚申貢于廷，即壇長父也。自旺公以來，食指漸繁，居宿而不忘閩，其所爲譜系，世增修之。壇長受而手録一編，詳其未備而加慎焉，并莊録先生遺訓于簡端，出遊則奉以周旋惟謹，而屬余序之。

余惟古者立宗法，使人各知所自始，則天下可爲一家，故曰：『明於郊社禘嘗之義，治國如示諸掌也。』迨罷侯置守，宗法不可行，先王合愛同敬之意，無復可尋，獨賴有氏族爲之聯屬。唐五代寇亂，官所藏譜牒又皆散軼無存，不得不家自爲書，此歐、蘇譜法，爲世所宗也。嘗考歐譜，本《史記·年表》及鄭氏《詩譜》爲之，自文忠公而上，所能詳者九世，而中多闕名，蓋其慎也。後之爲譜者，率相侈以門閥，或多援附，於歐公之志荒矣。老泉以小宗五世則遷，令人各譜其高、曾以下，可分可合，取其簡明易爲。今族稍大者，數世始修，遺忘不免，亦非蘇譜意也。

徐氏之譜，自壇長上溯至始遷祖而九世備，有歐公之慎而無闕軼之憾，世世增修，不致于曠遠遺忘，不用老泉法而師其意，古所謂尊祖、敬宗、收族者，悉于是乎在。又重之以義方之訓，言近指遠，可謂善矣。徐氏子孫，遵是而代修之，油然生其孝弟之心，以世承清白，光昭先德。自茲而本支百世所以詒謀者，不既遠且大哉！

《儀真高氏族譜》序

吾蓋讀儀真高氏之譜，及瀘州先遷甫之所爲《叙》，而有感于古今之際也。古之人視天下爲一人，故使之各人其人；欲天下爲一家，故使之各成其家。宗法廟制，其大端矣。自封建廢，宗法不復可行，廟制從之而墮。一父之子，數傳而爲塗人，所賴有譜牒以著其代，祠堂以萃其涣，庶存古意。今之治譜者，率祖歐、蘇，蓋晉、唐以來在官之譜牒，歷唐末兵燹散軼，二家始創爲之義例，遂爲世遵守。祠堂始祖之祭，議昉伊川，而朱子疑其干禘祫。嘉靖丙申，從夏貴溪議，詔天下臣民得祀始祖。此皆禮以義起，本乎人情之安、事理之宜，有合於古者尊祖敬宗、報本返始之義。其關於世教誠大，君子之所重也。

夫流長必源遠，故觀水者於瀾。自有生民，閲幾千百載，而猶能保世承家，以衍緒於無疆，匪神明之胄，何以克臻？顧欲於典籍殘缺之餘，摭拾傅會，以張門閥，而自誣厥祖，爲見已謬。今高子芸白式南氏所譜，斷自始遷儀真爲始祖，無他援附，分合考訂，慎而有體。其爲祠堂記，尤諄諄於前人之孝義，且曰：『惟孝而後能友，亦惟友而後謂之孝。友于從兄弟，則能孝其祖矣。友于再從、三從以及同族，則能孝於高、曾以及始祖矣。』至哉言乎！

高子與天都洪去蕪及遷甫友善，並吾友也，吾因得而定交焉。見其隱約尚志，兄弟友愛，一室中嘯歌相答，出門形景相依，見者幾不知其爲兩人。然則其所用垂訓，非惟言之，亦允蹈之。高氏子孫，其有所興起也夫！夫古今者，時也。居今而行古之道者，人也。藉令故家望族，各有人焉，如高子之留心根本，而躬行以爲之先，何患乎俗之不古若？

送仲弟文鼐入城讀書序

甲辰閏六月立秋日，仲弟鼐將入郡城，爲離家讀書計，先期理襆被、衣囊、書卷、文具、乾餱、脯茗，命童僕屬家政，向晡達夜，皇皇無休息，其心似有所大不得已者。前是族姪子彦嘗爲招招弟于市，弟歸才閲月爾。市不可久居，居市無所利。子彦既縷縷言，今者之行，且將招子彦偕往也，豈家爲累甚于市，不止如子彦之所云云者乎？

余乃作而言曰：有是哉！境苦樂無常，人心爲之也！適千里者，百里跬步；適萬里者，千里門庭。閉户先生，瞻户外屨，驚跋涉矣。夏日中天，行者望扶蘇一木，趨而憇之，如清涼國。重簷廣厦，鋪簟當風，侍者交扇，喘若吴牛。夫一木不凉于廣厦，户外不遠于千里，心之所存，境從而變，天下事大抵然也。夫貴者方以冕組爲桎梏，或注意林下；富者方以多財爲禍患，而朵頤靈龜。苟其地易，彼此交羡，苦樂庸有定乎？童稚、婦女之謦欬，門以外之剥啄，偶接于耳，而亂人心者，意相關也。號叫怒詈、鞭笞擊鬪之紛拏，雜然吾目，而無所于動者，于意無涉也。故心有所擾，静乃成喧；及其既安，鬧轉成寂。存係者在遠猶親，專營者視物無睹，君子素位而行，無人不自得。若必待日用所需，種種具足，遠離塵俗，遺世獨立，乃始畢力爲吾所欲爲，自少逮老，安所得此閒曠之時與地而用之耶？吾觀古人之著作，多出窮愁無聊之極，至有受書囹圄、執卷馬上者，彼其人寧獨異乎？昔伯牙學琴既成，其師引而之窮島無人之境，天風海濤，呼吸震盪，伯牙頓歎其師之移我情也。吾弟此行，若能凝乃神，篤乃慮，寢食夢寐，惟書是求，則斷簡殘編，無往非治境。治心之要，發爲文章，必光明雄駿。向來心境，日以變化。此郡城一席地，命曰天風海濤可矣。

弟連聲應曰：唯唯！請書一通置座隅。余喜其意，歸而脱稿，而弟已戴星去。明日，以手札來逆子彦，夫子彦固嘗爲招者，因屬余語致之。

送從姪子長北游序即耦長

將欲濟無涯之濤，航不測之淵，而不取材鄧林，徵奇匠伯，則無以具舟楫。而爲萬石之舟者，業已庀良材，致工巧，而不一試于長風駭浪之間，則其能亦無以自見。是故天下之賢公卿大夫，深明于理亂之原，則往往急求士；而士負異才實學，亦往往樂得賢公卿大夫而與之游。斯二者恒相須也。

從姪子長，自其高祖宛溪先生爲嘉靖間名臣，曾王父禹金先生繼之，道術文章，推重當代。父朗三先生又繼之，知交遍於海內，海内學者争事之。朗三抱當世之略，而未得一用，天下爲之惜。子長既少孤，未嘗從塾師，兒時援筆屬文，出語輒驚其長老。長益好學，肆力于古文辭、詩歌，豪宕沉雄，有古人法度。而慷慨論天下事，皆切中肯綮，聞者皆屈服。天下知名之士來游于宛，則無不造子長之廬而結交焉者。子長故亦嘗溯大江，泛彭蠡，攬勝于匡廬，問道于青原，於是聞見益博，才益奇，而猶以爲生不游神京都會之地，則無從盡交四方之英傑，于學問之道猶有所未周，將以今二月北遊於燕。今夫燕臺者，天下政治所從出，而四方英傑之所歸。其公卿大夫，莫不深明于理道之原，而汲汲于得士，若涉于江湖而需維楫者皆是也。誠得士如吾子長，其不有相見而恨其猶晚者與？

子長行矣哉！在《易·益》之翼曰：『利涉大川，木道乃行。』蓋幸之也。何幸乎爾？幸涉川者有以濟無涯，航不測，而人間舟楫之材，得以效能于世也。不則，鄧林之埜，高山大澤之中，豈無材堪舟楫，而偃蹇支離，不欲自試于風濤之用者，又豈少乎哉？

送袁士旦歸蕪湖序

吾友袁士旦，多才負氣，善詩、古文及行草書法。嘗遊燕薊、齊魯、河南、淮北、三吴、兩浙之間，上溯豫章，以踰嶺表。所至，名公卿以逮山居抗節高蹈之士，往往折輩行與交，學以日進，而名日以益起。然自遷居鳩兹十餘年來，迹不至里門。甲子冬，與余重晤金陵，稍稍得見其著撰，知袁子之學具有本末也。袁子嘗謂余，欲約里中同志，各哀專稿，彙刻爲《宛陵十子詩》，乙丑來宛，又欲徵選諸里中近年來已、未刻之詩，爲《宛雅》續集，而皆未果。余癖嗜曆學，刻有《中西算學通》，詩文家迂而畏之，不以寓目，顧袁子獨好焉。袁子作序贈余，推許過分，乃至謂『有留侯、青田之學，而不同其性情』。欲以其精鋭，益余之寬緩，復自謂褊急不能容，欲借余以自廣，以是爲韋弦之交勖。余既深愧于儗之非倫，而又甚感其規切之意，故亦願有以相質也。

人之才與其性情，不能强而齊，而志與學，則存乎所處。當青田先生發憤自刭，此與匹夫之諒何異？要其所争者國事，而非爲身謀，其志有較然者矣。意其自兹以往，必當有學問之力。然觀其在御史臺，用法嚴急，至與相國李韓公齟齬不避，與太祖論相，亦自病其疾惡之太甚。以先生之大賢自知之明，而終不能盡易其性情之所近。故古人數年去一矜字，蓋變化若斯之難也。愚則以爲，有先生之志，斯有其學，故能成其才，爲世大用。苟其不然，而徒然挫鋭以同塵，一巧宦庸碌之人而已矣，天下何賴焉？若留侯狙擊秦帝，大索不獲，此殆非輕爲一擲，如燕丹、荆卿之所爲者也。自蘇氏作論，謂其不能忍，得圯上之挫抑，乃進于忍，而人皆習其説。夫留侯之亡下邳，險阻業已備嘗矣，顧猶不能動心忍性，以增其不能，彼老人者，又安能以傾蓋立談而折其氣，且頓易其夙習之深錮乎？夫兵謀秘畫，固有在尋常聞見之外，而天下之大計，惟世外之人能洞若觀火。故曰：『識時務者，在乎俊傑。』留侯他日所以説沛公，與他人言多不解，然則留侯得圯上之書，而所學益奇，此其徵也。夫觀其誠懇而後授以書，其受之也艱，則其信而行之也篤，進履爲期，又足異乎哉？

今夫志期於立而學要於成，不無委曲勞苦，而途轍可循，故難而實易；變化於性情之内，其道簡易而實難。袁子既以其難者自勖以勖余矣，而余所自媿，則尚不能自勉于其易以觀其成，因欲與袁子共砥礪之也。况余之所短，固有大焉者，不止如袁子之所云也。於其去也，輒爲序以贈，尚冀其有所更端而終教之。若袁子之才氣，固有數倍于余者，而又能自變其性情，由是而充之，雖方駕古人可矣。

賀陶及庵別駕寧邑新政序

當順治間，天子念東南重地，簡朝臣分理之，而會稽陶先生以尚書職方郎被命倅宛。宛六邑，歲漕南北米石十餘萬。先生至，爲一釐宿弊，漕政肅而不擾。公餘則課拔諸士，相與講論，爲大儒之學，間取濂洛以來先正語録板行之。今上新政，用議者言，諸委署多郵視吏，著令屬吏缺必所屬大夫賢者，親往涖治，於是先生攝涇篆。涇故巖險多盜，而民健訟，稱難治，前令屢齮齕去。先生綏以德，蒸蒸爲善俗，俾新令尹得行其政教者，先生力也。今年夏，寧又乏令，兩台使者交檄，非先生不可。顧寧僻小，無足當先生。先生曰：『均吾民也！』遂亦奉檄往。往不數月，寧大治如涇。

先是萬曆中，有先生從父運同公，嘗令於寧，民思慕，祠之。今得先生，前後相輝映，寧民歌頌，謂先生『善長民者，家學如古人，治縣有譜』云。或又以職方主天下圖籍、户口，土地豐耗沃瘠、治術之難易，先生郎時，慮無不燭照數計之，玆蕞爾乎何有？然諸葛亮謂龐士元社稷之器，非百里才，爲治中別駕，始得展驥足。治固有宜不宜也，屈指古今，歷中外大小罔不宜如先生者，幾人哉？

昔子游宰武城，夫子有牛刀割鷄之喻。夫絃歌乎武城，不可謂道之幸，而武城則幸矣。某不敏，竊嘗有志於學行，既獲奉先生教且久，而家在山中，先人廬墓錯處宣、寧兩邑之交，沐浴被服尤深。蓋先生以大儒之緒餘，佐乎職方，復以職方之餘治宛，宛之餘治其屬邑，其罔不宜固然，而某則以郡邑私幸者，又深自幸也。聞之古名公卿，多出治郡。治績最，亦即入爲三公九列。頃者朝廷方毅然興復古治，先生行且復内，又將以某所自幸者，爲天下幸，爲道幸也夫。

梁質人四十壽序

庚申夏，梁子質人從其師勺庭先生來江南，余並獲交焉。是年梁子年四十，其同里前後輩皆作序贈之，最後得勺庭、樹廬兩先生文。余以此知梁子之爲人，蓋得力於師友者居多也。古者學莫不有師，漢經學皆專家授受。韓愈能文章，作《師説》。有宋諸儒，儼然以師道自任。明則有王文成公，講明聖人之學，而歸之有用。師友之道，於斯爲盛。及其季也，私立門户，以傾異己，天下之是非，樊然淆亂，以底於淪胥。嗚呼！師友者，學術所從出，學術者，人材所由生，而治亂係焉，非細故也。

今天下能重師友者，首推西江星渚之節義，程山之理學，易堂之經濟文章。其爲教各有所宗，而要其爲弟子者，皆能守其師説，以相勸勉，而期於有成。余於程山僅交甘楗齋父子，易堂師弟相得不一人，而與梁子同客金陵也尤久。吾聞梁子嘗獨身行兵燹中，間關千里，矢石交其前，瀕死者數矣，而氣不稍懾。甲乙間，南豐賊起，富家世族相聚保一山。梁子策賊必來，豫督山中人編竹實土爲壘。已就，而賊果大至，發砲仰攻，鉛子落土壘即不動，不復能傷人。又戒日中無舉火，寂然若無一人，鷄犬皆不聞，賊疑不敢逼，乃據對山爲持久計。梁子則豫於山平衍處爲深溝，纔可一人傴僂行，而伏巨銃宿莽，出不意燃發，直擊對山賊，幾斃其魁；夜則乘懈砍賊營。如是者二十餘日，賊計沮解退。是時山中多婦女，男子僅二十輩，而以出奇走賊衆數百。又嘗有賊圍山甚衆，梁子救之，疾走過其隘，而賊已先據上山路。梁子念前後皆賊，而所將十人，惟四人有兵械，餘皆徒手，退走必爲所得，於是解所佩刀畀同行勇士，而自持雨蓋爲鳥鎗狀，大呼登山，曰：『千砲軍齊至矣！』其聲震巖谷，賊據山者驚潰，梁子逐之，乃徐步上山，而賊衆亦遂引去。千砲軍者，南豐團練鄉兵，最勇有名，賊所憚也。梁子膽智若是，然未嘗以自多，與人言，若平平無奇者。吾觀《四十贈言》，皆多勸勉，而不爲浮譽。勺庭先生則以梁子與其同學吴子正相校，而各箴其短。樹廬先生謂區弘之於韓愈，能盡事師之道，而不爲傳人，毋乃於其師之學有所未盡，以是爲梁子勖。吾故曰：梁子之爲人，得力於師友者多也。然則梁子之所造，其又可量耶？

夫慮善而動，古之訓也。必萬全而後動，其弊不能成一事。是故艱難險阻，君子往往以之自考，更事多則智勇益出，而或以生其自恃，乃至於易視天下而輕其身。吾願梁子之益服習於師友之訓也，吾無以進矣。

于太公壽序代

聖天子御宇之三十載，四海宴安，遐荒率服，天下熙熙然躋於仁壽之域。天子以時值履端，乃命樂官拊雲璈之器，奏鈞天之音，燃九光百枝之鐙，陳三象七鞶之舞，俾貴賤童叟咸得與觀。而光禄大夫某翁于太公，以上元前一日爲攬揆之辰。維時冢君總憲公夙興趨朝，旦而歸第，服其命服，率子弟再拜，行家人之禮，爲翁上壽。一時公卿大夫，登堂而稱慶者，舄履交錯於庭。同臺諸君子，皆相率進康爵，以申無疆之祝，而徵某爲侑觴之辭。某惟翁之懿鑠，更僕難悉，而嘗竊窺其忠君愛國之誠，有得之天性者。而以是爲詒後之長，即以是爲集福之本。蓋久而彌徵，非一日之積矣！

始，翁以累有戰功，授三等阿達哈哈番。癸巳湖南之役，實爲右路副總戎。翁既謀勇著聞，又善撫士卒，紀律嚴明，所過秋毫無犯，湖南之民實賴之。世祖章皇帝聞其賢，於是有蟒服、鞍馬之錫。戊戌有事於滇南，翁自負重創，持戟躍馬，大呼陷陣，敵衆披靡。大軍從之，遂克沅江。厥後總憲公以翁蔭，筮仕樂亭。翁輒誡之曰：『吾受朝廷恩，無以仰報，汝其勉之。縣令者，民之父母，慎毋以百里之地，力可優爲而易視之也。』公莅任後，除奸靖盜，卹災減賦，凡所施措，悉稟命於翁。翁聞公善政，則喜不自勝。嗣是公守通州，再擢江寧郡，皆迎養於官，而翁之訓其子與公之奉其訓以周旋無敢失墜者，一如其在樂亭而加毖也，由是治行爲遠近所推。

甲子冬，天子南巡，嘉公之政，命公以下河之任晉位臬司。迴鑾之日，召翁入見，加慰勞焉。謂：『汝昔宣力王家，勤勞懋著，今汝子居官盡職，皆汝義方所致，可嘉也。』於時侍從盈廷，上顧而歎曰：『卿等識之，生子當如于某矣！』隨賜官衣、貂裘各一襲。夫父以子貴多矣，如翁之特被寵異者，古今有幾？豈非誠久而徵，上孚天聽者歟？未幾，公以治河召對，遂留撫直隸。翁治家素嚴，至是益飭傔從，偏告親串，慎毋自點清白，以上負主恩。於是皆楗户自守，若不知有公之爲直撫者。郡邑仰翁名德，延爲鄉飲大賓者二焉。今兹庚午，公入爲都御史，尋復兼領都統，委任隆重。翁益自抑損，冠衣饌具，才取充足，不務華靡，而視聽精明，行步如少壯時。

繼自今國家之升平日益奏，公之勳庸日益茂，而翁之齒德日益尊。聖朝考古而行執爵之禮，憲國老而乞之言，史册傳之，以爲盛事。且使天下後世，知國有賢臣，恩逮其父，臣有令子，上報乎君，而爲人子者，不徒以高位厚禄爲顯揚，爲人父者必以忠君愛國爲詒燕，豈不休哉？敢以是觴翁，翁其謂余善頌禱而加爵無算乎？

劉石閭八十壽序

石閭世居龍溪。龍溪之劉，爲吾宣右族，族數千指，皆聚廬而處，門巷櫛比，誦讀之聲相聞。而石閭特以好學敦行，爲其族弁冕。予嘗過其涉園，園四面積水，人不能輒至。朝暾夕月，手一卷以坐對漣漪，如從成連棲海上，爲之信宿，留連不能去。石閭元配，家從伯公依孫也，逮事祖姑，以孝謹聞。有女未二十而嫠，以節著。長君久一，蚤餼學宫，一如石閭之學行。門以内雍雍怡怡，非身教而能若是乎？予嘗欲集里中耆舊，歲時宴會，即不敢竊比古人，亦庶以善榆景，而苦山居，筍輿不時具，度阡越陌，良覿維艱。而石閭宛在水坻，淳溪諸湖渚瀠洄灌通，其間實多素心高躅，扁舟溯游，可旦暮達。析疑義，賞奇文，致足樂也。

今兹秋中，石閭八十揆辰，遥意其日，有操漁艇繫纜叩門者，並偉衣冠，古顔鳩杖，望之若商山黄綺。於是主人肅客升堂，握手相慰藉，略世俗之繁文，尋物外之真契。久一昆季，潔供茗椀盤餐，烹鮮酌醴，嘉賓更起爲壽，族之賢俊，從頌勸醻，或賦詩以道揚盛美。孫、曾環侍，洗爵撰几。瞻主賓之禮容，生其敬愛。雖荀、陳之聚潁川，何以加焉？昔者邵子會有四不赴，然雅集若龍溪，亦將命小車而夙駕矣。顧予以事，迺不能奉詣稱觴，而爲不文之言，以寄予思。猶冀異日者，或能乘輿過從，申私祝也。

王先生八十壽序

自科舉之業盛，而學問之道衰。五倫之外，遂别有座主、同年之一倫，與三黨並立而駕乎其上。下逮啓、禎間，勢極而生激，於是聲氣之流派支分角立，其卒也黨同伐異，禍亂中於家國，而莫悟其非，蓋其餘風及於今日，而猶未已也。莊生曰：『小惑易方，大惑易性。』今也以天下惑，非有通人深識遠見，其誰與正之？

舊金吾王中齋先生，逮事先朝，抱黍離之痛，嘗私論明之所以亡，曰：『治國需經濟才，而以八股取之，所取非所用。天下事付之胥史，而在位者率朝夕娱樂，循資序致卿相而已。上以儒臣一無足恃，思破格例收奇士，而廷臣方持門户相傾軋，非其黨，必多方陷之死地，而國事所不顧。』又以人多惑野史，使美善弗彰，而以亡國之咎歸諸君上，乃著書一編，曰《崇禎遺録》。卷帙不繁，記載得體，可謂深識當時之故，而能言其大。頃年方修《明史》，訪求文獻，使得先生身與編纂。本其所目擊，以辨定傳聞之疑誤，必能闡發幽微，持平國論，所關於一代之興亡得失者甚鉅。先生既肥遯江淮，史事莫之及，而要亦非先生之所願也。

先生家京師，甲申後，棄而之四方，近始北歸，余獲見之津門，於是年八十矣。二子潔、源，皆事梁鵠林先生，受其學。潔以孝聞，所著《三經際考》，以《春秋》接《尚書》，而《詩》緯其間，合三爲一，以明作經大旨。又論列廿一史行事，引《易》以斷，爲《學易經濟編》。少補諸生，輒棄去。源雖應科舉，而雅善古文辭，講求實用，以繼先生之志。潔以今歲卒淮上，未及相見，源余獲交焉。源之意，不欲以名公卿之贈言爲先生壽，而乞吾黨同志，作爲文章，以娱悦其心。余竊自幸去崇禎甲申已五十年。而及見先朝之遺老，又自顧生平持論不能隨俗俛仰，蠡測臆斷有獨見之處，又不欲告之人以重其惑。今幸得奉誨先生，而不敢復藏其狂言，庶幾其有以進而教之也。

滋仲二姪六十壽言

從姪滋仲，以今年二月下浣之四日，壽登六十。族戚醵分，將爲屏障，以申頌禱，而屬余爲言。滋仲謙讓固辭，謂所居庳隘，屏障無所張，且不欲同於世俗之爲也。雖然，屏幛可辭也，予之言則何可已也？

蓋家廟之役同滋仲工所者，六年於兹矣。往者舊祠之基，嚙於溪水，謀徙而新之也，已數十年，以工之鉅，歲之不登，物力告匱，群袖手弗敢任。既而水益逼，材益敝，駸駸乎墮矣，物力之匱，又加詘焉。予告族人，莫不善其舉而難其事。予之年且八十，即余亦不敢自信其能成也。然以事之當爲，不敢以中止。賴祖宗之靈，諸君子與之同志戮力效能，幸而有濟，則滋仲其首屈指矣。滋仲所居，與予不數里，而中隔岡隴，又各有職業營爲，或出遠方，不能數數見。然其卓然著聞遠邇者，孝友之行，忠信之守，任卹慈惠之施，稱之如一口焉。乃今同事既久，而益有以深信之也。滋仲練於事，其於興作之程度，目營數計，罔失銖寸。蓋明知兹事之難也，而不避其難，則其於大義明矣；以不及中人之産，而獨先輸以爲衆勸，則其於輕重審矣。且歷時久遠，而不怠益虔，則貞固幹事，有乾之德矣。於是以望六之年，而寧馨以生，人皆謂其積行獲佑，祖宗之所賜也。

今夫善類之在鄉黨宗族也，猶宫室之有梁棟也，植基固斯所任宏，而正人之在天地間也，猶松檜之生山谷也，不與衆草争蕃蕪，自能以後彫傲霜雪。滋仲前此六十年，特立獨行於儕俗之中，則其後此德與年俱進，必將眉壽康寧，爲吾族之棟梁松檜，而大厥後以承先佑者，其又可量乎哉！

楊母葛太君九十壽序

自聖人言『仁者壽』，而言壽者率歸之静，然養生家言『户樞不蠹，流水不腐』，是二説者，異耶？同耶？夫不動莫如山，及觀其雲氣之吐納、霜露之升降，以蕃嘉卉而育群生，無一瞬停也。是故至静之中，有不息者存。其不息也，乃所以爲至静乎。水之流也，而其道有恒，則動而静矣。世未有不兼此理而能深根固蒂，稱上壽於人間者也。

楊母葛太孺人有貞静之德，而其躬操作以率家人者，蓋自其初爲婦時，以至爲母、爲王母，今且年九十矣，而恒如一日。用是能拮据黽勉，佐其夫龍崖君以力行衆善，俾里族慕義頌德，至於今不衰，又能教其子若孫，以修身績學而成國器。余考母之生，爲萬曆甲午，當有明全盛之時，身歷六朝，滄桑洊更，人事屢改矣。方其事龍崖君，鷄鳴櫛縰，以奉堂上。及龍崖君即世，而代之筦家政，所更忻戚之故，閱歷多端。而母之天常，定也，非有不息之强，以成其貞静之德，而能若是乎？人皆欲壽，而如母之上壽不常有，抑知其得之有道耶？夫不息者，天地生物之心，仁則其端，而静則其體。山得之爲華岱，水得之爲江河，人得之以備五福。蓋惟全乎生生之理者，斯能久保其生，於焉發爲禎祥，孕爲靈異，皆其生理之積之厚而流焉者也。

今母壽益高，神明益清，所生丈夫子四人，皆有令聞。其季某尤卓犖俊偉，好行其德，能與龍崖君後先濟美，次孫某英才好古，有聲黌序，是豈偶然者哉？兹九月母九十，設帨辰，余妻兄某，其姻也，寓書徵余言。余因以仁壽之旨，爲加爵者先，且以告夫世之蘄上壽者焉。

俞母七十壽序

俞母梅孺人，先克謹兄姪也。少失怙恃，克謹兄字之如子。某六世祖木岡公，生六子，而兄祖時雍公爲之長，其五爲典膳公，則某祖也。典膳公鞠於丘嫂，事之如母，時雍公元配也。時雍公蚤世，而門内雍肅，壼範之端，其淵源固有自矣。時雍三傳至備倭公，以武略著，克謹兄父也。克謹兄爲人伉直强毅，以力耕致貲。年八十餘，身無疾痛，豫知考終之期，至日，與家人訣，沐浴更衣，端坐於廳事以化。生平未嘗學問，而能脱然於生死之際，人皆異之。

孺人生而婉淑，歸於俞，克相其夫子，以孝事尊章，而事繼姑尤盡誠。其稱未亡人，又能訓其子，嘗語之曰：『汝父有聲庠序，而齎志以殁，所望汝行成名立，以光大前人。若時輩營營，競錐刀利於眉睫，不願汝曹效之也。』子焕稟其訓，自奮於學，宗黨稱之曰賢。歲甲戌春，孺人登七十，焕以爲凡家所有，悉母氏蚤作夜績以成者也，即備物致洗腆，未足云壽。惟是母德未彰，尚賴仁人之言，表章以傳諸後，使毋忘今日之劬勞。於是遍走邑中，凡能文之家，則造而請焉。所得歌詩、圖畫，燦然盈篋衍，將以張諸几筵，侑康爵。

嘻！今世俗之爲父母壽者，吾知之矣！素封之子，廩有餘粟，誕日則烹鮮置酒，召賓客，具優伶，以誇耀閭里。抑或相與爲枝葉之辭，托名於薦紳先達，泥金而書之錦綺，雷同一聲，不問甲乙，可以互居也，何足道哉！惟孺人之訓其子也，不以世趨而以學行，故其子之爲母壽也，亦不以糜費而以文章。且不欲假借顯者之位號，而必欲得吾黨之作，取其無飾美而可信，以庶幾必傳，可不謂賢孝矣乎？

夫孝者百行之原，而家所由興也。俞氏之興，其未可量乎！嚮者克謹兄既立子矣，晚年復自生子，未及見其壯也，而特有天性，善事其孀母，以孝聞。家雖落，識者稱其有後。女適陳者，佐其夫勤讀，登賢書。而孺人母子賢孝又如此。豈惟克謹兄含笑九原，即吾梅其與有光矣！是不可以無言。

《避跡録》小引

《避跡録》者，吾宛陵徵君沈耕巖先生避地浙中軼事也。甲乙間，南都肇立，阮大鋮修宿怨於東林，大興詔獄，緹騎四出，先生攜家逃之金華諸山谷。改革後，黨禍解，先生遂爲長往計，留婺九載，轉客諸邑，無定居，向源巖塢多遺跡焉。識者方之謝翱，然先生既自晦其迹，非搜訪莫之知。此《避跡録》之所爲述也。

方崇禎初，先生以賢良方正薦舉，徵詣闕下，即抗疏論樞輔楊嗣昌及督臣熊文燦，言雖未用，直聲震寰宇。天下之士，多從之問業，姑山講堂户外屨恒滿。及其變姓名，深隱三十年，皂帽窮約以終其身。天下想望其人，必泰山巖巖，孤高絶俗，然某嘗見之，則温然和風煦日，道德之氣親人。某不敏，夙習未融，每念及先生德容，未嘗不鄙吝潛消，如奉耳提矣。嗟乎！先生應徵召，則國典有光；棲山林，則士類興起。在宛宛重，在金華金華重，在黄山黄山重，列《儒林》不媿先儒，入《流寓》增輝簡牒。金華、蘭溪、武義諸邑，一聞文孫元佩之言，即争爲蒐輯，告之當事，補入志乘，宜也。

先生有子五六人，並績學，不求聞達。元佩弱冠，孑身走萬里，入滇、黔，迎父於寇氛甫定之餘，其至性有過人者。今又於先生歿四十年後，因金華唐使君厚庵貽書竇婺友人，訪求先澤，遂悉得先生行窩所經，及當日逸老碩士往還筆札。元佩襆被微行，徧歷諸郵舍，覓其居停子孫，與講世好。迺於敗屋壁間得顔字，曰『耕巖先生讀書處』，拂塵諦視，題識宛然。而白髮鄰媪，頗能言僑寓時瑣事，眷眷然詳詢内外存歿，相與欷歔歎息者久之。婺之人始知鄉所謂巖塢山人王子雲者，即沈徵君也，共相稱道咏歌。

浦江傅君旭元，留心掌故，亟裒集爲兹録，而雕板以傳，使來者考鏡，知君子之跡，晦而彌昭，世久愈不能没，而忠孝相成，信賢者之必有後。一時賢士大夫懿好維公，及賢太守表章前喆，與人爲善之盛節，皆足以感發人心，裨益政教，而垂永遠。豈惟竇婺山川增一嘉話而已哉！

《芹澗堂文課》小引

《芹澗堂文課》者，方畹宣先生課士之文也。先生句曲名孝廉，奉朝命來吾宛爲弟子師。於時文廟、尊經閣俱工竣落成，先生恭行釋菜禮，遂集諸士課藝其中，而甄拔其文之尤者以爲程，遵舊典也。

古者建學明倫，以《詩》《書》《禮》《樂》造就人才，爲國家用。漢唐經學，立專家置博士及弟子員，以相師授。宋范文正公守蘇，胡安定公爲教授，設經義、治事齋，遂開洛閩之傳，可謂盛矣。前明三百年，公卿宰執，罔不由科目進，皆學校所陶淑，厥後下帷潛修，多在家塾。然惟司訓者能舉其職，斯有以振興其氣，而畫一其趨，則學課之攸關，寧細故與？

吾宛隆、萬間，學課甚勤，科名亦特甚，如莆田曾公之能識司成，亦其徵也。國朝取士，制皆由舊。以予耳目睹記，若武進劉侍御，潁州、江都郝、徐兩明府鐸宛時，並大興文會，與郡邑大夫之季試相輔而行，一時登賢書、取上第者，踵接雲興。上有以作，下必有以應，已事彰彰有然矣。今者聖天子稽古右文，以天亶之聰，孳孳問學。當朝鉅公，並以實學樹風聲。學使者崇雅黜浮，制舉一道，駸駸復古。太府佟公，奉宣德教，比年以來，修復書院，廣置學舍，延請名師，親爲課督。六屬烝烝然向風，頃又鼎新邑校。而先生之來，適當其時，天時、地運、人事，殆有不謀而叶應者。

竊睹文課所選録評次，簡古雅正，蔚然足以仰翼作人之化。吾黨之士，尚其共勉，以無負裁成至意。將自今以往，匪直科第可媲前修，即由是而進於通經治事之學，以方軌蘇湖，不難矣。爰爲之引。

《寧國縣南陽胡氏譜》小引

丙戌長至，姪壻張子功一謁余於寧邑之東園，相見道無恙訖，離席而請曰：『南陽胡氏者，勉數年授經地也。其家乘重修既成，勉竊爲之叙，而程子偕柳爲之跋，仍欲得先生一言重之。』余惟譜牒之所關誠大矣，族大支繁，不有以紀之，則有數傳之後，而昧所自始。故曰：『尊祖則敬宗，敬宗則收族。』

近代作譜者，率祖歐、蘇。今兩家譜法並載本集，雖小有不同，要皆以闕疑傳信，慎别而敦本，與古者宗法相表裏，故君子善之。而甬東范氏之言譜，則期於簡明而易修，其爲仁孝之思，一而已矣。夫譜之義例，與史乘、圖經大致相近。康熙甲辰，余家有譜牒之役；越數年癸丑，宛郡有圖志之役。余不敏，並皆執事其間，而知其事之各有難易，然皆必時時增修，庶免遺闕。顧吾譜距今，又四十餘年未修，歲月如流，衆舉匪易。胡氏自安定流芳，至應麟遷寧，族之蕃衍，幾半一邑，而南陽一支，迺能重修其家乘，可謂得『敬宗』『收族』之意者矣。

余以病，蒙恩放歸，息影山中，筆墨久廢。因功一之請，而喜其事之本於仁孝，爲綴短引。若夫譜之美善，二子詳之，無俟余之辭費也。

募復許村橋引

古者辰角見而雨畢則除道，天根見而水涸則成梁，而述王政者，有徒杠輿梁之目。夫梁爲輿所經，國都、縣邑之孔道成之農隙，宜也。若杠者，可一人徒行耳，乃更前一月，與除道並舉，又適當場圃方築時，何亟亟若是？豈非以萬寶告成，農急收斂，溝洫衡從，負戴絡繹，而金風戒寒，民尤病涉與？

許村之北，周冲之西，水自新田來，屈注深匯。山雨乍集，咫尺天漢，舊設板橋，歲久傾圮，因循未復，行者患之。僧無瑕者，發心募建，且欲及今兹之秋成而速成之。余喜其事之利我農人也，爲疏以先之。夫用一方之力，創一橋以便一方，所損塵沙，爲益永久，固君子所樂爲也，况修復其舊乎？用敬告兹方之宅於斯、田於斯者，或銀、或米、或工，尚各隨分慨助以濟焉。

募修痘神廟引

痘之爲證，不知起自何時，然其名不著《神農本草》。唐宋以後，方書漸有之，而益詳於近代，則亦可約略以見。今自北極出地四十二度至二十度地，西連滇、蜀，東接海隅，廣袤萬里，人未有一生不痘者。又其爲物，自標見至收靨，生死判諸旬日。其證則有順與險與逆，呼吸轉變，良醫束手，類有神靈專司，以顯示吉凶之理。此痘神所由立也。

今夫習俗所移，嗜慾所蔽，至於冒不韙、觸文綱，以自便其私，則帝王之刑憲，聖人之至教，皆有所窮，而不敢不震慴乎鬼神禍福。人之悍忿冥頑，有不自顧踵頂以求逞胸臆，而未有不愛厥子女於童稚。然則人無賢不肖而祀痘神莫敢弗虔者，固父子天性真愛，因事發見。其裨政教良深，非他祈禱邀福分外者比也。

吾郡陽德門外，過濟川橋爲東直街，有東平廟，祀唐忠臣睢陽王張公，其後别爲天妃宫、痘母廟，所從來舊矣。歲久傾圮，神像剥蝕。道士范貞元發願募諸好施者，謀所以新其屋宇，莊嚴像設，而求序于余。余惟此固人人所樂助，而有助於教，遂不辭而爲之引。

募修柏梘寺引

文脊山，在郡治南，綿亘百里，爲一方之鎮，而柏梘居其最勝。相傳古有僧，以柏引水至廚，遂以名山，則寺之來已久。據郡乘，今寺建於宋嘉熙丁酉，至明嘉靖中，先大參宛溪公率族人重建，郡太守盱江羅公近溪親爲題額，亦時時往游。於是寺前石壁及飛橋諸處多有題字，游人磨溪水中赭石，填其畫而讀之，猶照耀巖壑間也。

國初，萑苻竄山谷，寺爲鄉兵所殘，緇流避亂，析居於外。平定後，屢經修葺，僧外析者亦稍稍歸，然終不能復其舊。無何，山門圮廢，神像躋塞，内殿前無屏蔽，近且殿脊穿漏，幾於露處，不亟整理，勢必盡爲瓦礫。僧海源、寂灝、寂理等發心募修，求引於余。余族始祖宅兆托處兹山，實與寺鄰，不能辭也。

余行諸方，見新建精藍所在而是，至於古刹或反荒蕪，甚且僧房輪奂而佛宇飄零，亦如附窆者各峥嶸其碑碣，而初卜之塋域，没於荆榛。世風不古，率先私後公，可勝太息！今柏梘諸闍黎，猶能於析居久遠之後，不忘本根，相與募修古寺，深可嘉尚。凡在好施樂善者，必將有以共成厥美。矧本寺檀信，肇自高曾，有不懽忻讚歎、喜助争先者哉？行且蘭若莊嚴，頓還舊觀，而僧衆亦可以咸復其所，一大快事也。爰爲之引。

封吏部尚書陳太公捐粟惠民記代

常平、義倉，皆惠民之善物。而義倉以聽其鄉自爲之，上不煩官，而下能徧及，是爲尤善。然非得賢士大夫倡率主持，亦鮮克善矣。朱子行社倉於鄉，而教寓焉，善之善者也。朱子而後，踵行者不復能繼，豈非存乎其人者與？乃有不爲常平、義社之名，而師其意，出己貲爲之，積久靡倦，終遂捐以予人，若封吏部陳太公者，其可以風矣。

太公爲吾師大司寇澤州夫子之尊人，自其爲諸生，鄉鄰有急，恒毁家以紓難，稽諸州乘，不勝書也。司寇公祗遵庭誨，以清節自勵。太公里居，無異公之未貴，顧以儉勤，能守其先世遺業。稍用所餘積粟，以時斂散，代農人之匱，閭黨賴之。或遇災祲，則爲糜以食餓人，如是者有年矣。歲戊辰，州大熟，州之人爭輦負以償貸粟，太公悉慰藉之，却所償而焚其券，計所捐累百萬斛。州之人相與言之有司，請建祠尸祝。臺使者爲移文禮部，將以入告，太公聞之，亟馳書司寇公，使牒部寢其事。州之人更相與私立石頌之。無何，晉大旱，州獨以無宿逋，得有餘蓄，忘其爲歉歲。

嗚呼盛矣！蓋古者比閭族黨相爲保愛賙救，必立之長以教令之，皆於鄉先生之賢者是藉，今於太公之事徵之益信。而先事爲備，則歲不能災，謂救荒無奇策者，誠非通論也。比者聖天子屢下捐租之令，行賑貸之惠，積常平之粟，所以講求乎荒政甚至。賢士大夫敬恭桑梓，欲爲朱子之所爲，以上佐朝廷德意，其將聞太公之風而興矣乎！

重建梅氏宗祠碑記

古者别子爲祖，即諸侯之昆弟始命爲大夫者，惟世適相傳得祀之，謂之大宗，其小宗支庶，皆助祭於宗子。故曰：『尊祖則敬宗，敬宗則收族。』自封建廢，宗法浸微。宋伊川程子，始議立始祖之祭。所謂始祖，則始遷祖也。明世宗朝用輔臣夏言議，詔天下臣民皆得祀其始祖，遂著爲令。禮以義起，聖人不易也。蘇老泉謂今相視如塗人者，其始一人之身也。蓋惟人知有祖，庶不至相視如塗人。祠堂之制，所以達乎天下也。

吾梅氏世居柏梘山口，太七公塋域在焉，實爲始遷祖。五傳至質齋公，立家廟於山口祖居，蓋洪武初也，今尚存遺址。嘉靖七年戊子，移至螺山，至三十五年丙辰，宛溪公增修之。萬曆二十八年庚子，大庾公復遷於方村西，距大溪可一里。頻年大溪屢徙而東，漸逼祠基，衹隔一田，溪漲則牆跟衝嚙，岌岌有不能終日之勢。合族公議，必當遷移，僉以蒲干爲山口出析首村，居諸村之正中，形家言亦且云吉，遂定今址。經始於康熙辛卯，落成於丙申。廣袤如前，高則視舊稍損，不敢務爲華侈，一遵儉素遺規。惟寢室酌倣漆橋孔氏爲樓，分上下層，以安神主，按譜列序，毋紊毋遺。周設窗扉密護，祭則啓，朔望焚香則啓，儼如鉅龕。饗堂舊無障蔽，今設屏風門，以分堂寢。鑪、缾、鏞、鼓皆設門内，祭則屏風洞啓，牲牢醴饌奠獻皆於堂，子孫跪拜行禮，樓上下皆可見。祭畢闔門，飲福頒胙，用昭虔潔。大門前增設牆苑，爲藩禮門，右出走道，循外垣西行，轉而南出。外垣大門，正對柏梘，則松楸在望矣。禮門及外大門皆用櫺栅，走道内多存空基，令可容輿馬。稍北置屋若干間，以居守祠者，蔬圃環之。又北小苑屋三楹，設廚竈以待用。自禮門至北，爲長巷通行，盡處爲栅門，北出以啓閉。祠後設書屋二十餘間，中爲講堂，背負祠牆，門臨溪水，曲抱如帶，爲學者誦習之地，是爲文峰家塾，亦皆所以衛祠也。

祠凡三徙，宿材無幾，費難程鉅，拮据六載，恒懼弗終。賴我祖宗之靈，諸叔姪兄弟戮力同心，幸而工竣。所願後起者，時加修葺，恪恭祀事，型仁講讓，勿替家風，以光昭先德。我祖宗於昭在上之英爽，實此憑依，其亦將啓佑之於無疆矣。因略記顛末，俾來者知之。其在工勤事，及仗義捐資者，備載碑陰。十五代孫文鼎謹記。

海印庵碑記

海印庵在赤土岡，萬曆丙辰、丁巳間，從祖文麓公所施建也。公五子，長梲林居鹿角山房，餘並居張冲别業，相距數里，而赤土岡介其中，爲昆弟子姪會課之所，謂之開山社。天啓甲子，文麓之從弟開先亦施其庵右餘山於庵，庵乃益拓。其時文麓已前卒，梲林爲正，名之曰海印庵，而自爲文勒於碑。碑植簷際，人或莫之讀，徒以山皆赤壤，而僧名弘通，與紅土音相近，遂以是呼庵而已。去年秋，梲林之曾孫以嶢，將於庵後有所卜擇，或齮齕之，徵界於碑，而石爲簷溜剥蝕，字多漫滅。余乃令舁碑就日，以水沃之，使有字處加顯，衆共觀之，文雖殘闕，大致具存。兩家施山顛末，界至犂然也。

山既爲先人所施，則永爲庵物，恐歲久殘碑并亡，後益無考，請余爲文述之。余因是慨然想見當年家學之盛。蓋吾梅氏《字彙》一書嘉惠來學，海内操觚之士奉爲津梁。而文麓固誕生公兄也，一時群從，人鉛槧而户詩書，家塾鱗次，絃誦之聲相聞。仍多别墅，用資下帷習静，或特置文會，以時集課，若兹庵者，其一耳。厥後，諸父君平以庚午、凡民以癸酉、從兄月旦以己卯先後登賢書，星從以戊辰貢成均，其餼學宫爲名諸生者項背相望，非偶然也。苟非殘碣可稽，亦孰知今日田夫、樵子負檐憩息之紅土庵，即當日騷人文士春花秋月、風雨晦明、賞奇析疑之勝地哉？

某生晚，不及見吾宗全盛時，猶憶順治間，先大父西安公及從祖大生與凡民同秉祠政，余小子方弱冠，獲承謦欬。於時凡民藏書極富，年逾杖國，手不停披。迨康熙初，屬有宗譜之役，又獲與峙高兄連牀共研者數寒暑焉，則梘林之冢子，而月旦長兄也。歲月幾何，老成彫謝，數公者皆久爲古人，食指益繁，産且中落，然村聚中特爲恂恂雅飭，不與時俗波流。夫乃益信君子之遺澤久而未艾，異日必有賢達亢宗，修明墜緒，以光大先業，其在斯乎？余拭目竢之。康熙壬午某月日記。

南樓記

樓在宣郡治南，郡太守佟使君青士所建也。使君治吾宣九年矣，當己丑、庚寅大饑疫之後，使君一至，而郡之民若更生焉。諸所以捍禦救療靡弗至，所當興除者靡弗爲，而特重膠庠，曰：『文教者，治之本也。』郡故有文昌臺，居郡校之巽維，地形家皆以爲係合郡之文運，歲久而圮。甲寅、乙卯，前別駕常公、太守莊公除瓦礫而新之，曾未四紀，又頹且墮。使君采輿論，捐俸倡修之，如翬如翼，加高敞於舊。而郡齋中謝公樓，據陵陽之峰顛，惟兹樓與之對峙，謝公舊稱北樓，則此稱南樓宜也。南樓之左爲正學書院，盱江羅公講學地也，亦久廢不治。使君因并繕完之，嚴祀考亭朱子及新建王公暨講壇諸公，其中更廣置學舍數十間，庖湢具備，爲學者藏修之所。延名師課督之，佔畢伊吾，聲琅琅然也。樓東負城有隙地，種以松、檜，皆成行。前俯清池，藻荇菖蒲，藕花菱芡，蔚然紛披，魚數百頭，遊泳跳擲。池岸雜樹，梅、杏、桃、櫻、菉竹、芭蕉，四時花卉，皆歷落有致。周繚以垣，左右爲之門，守者以時啓閉。樓右立孝子祠，與書院皆臨池，品列以翼樓。遊者入門拜祠下，遵臺前走道至臺左，拾級以登，啓櫺星至臺，憑檻視園池卉木，已别有天地。攬梯入樓，虚窗四闢，指點郭内外萬家煙火，真如圖畫。更上一層，禮文昌之神，倚欄周望，百里外山川悉攬而有也。下樓左折入書院，拜瞻先賢，見誦習彬彬，恭讓之心，油然生矣。自鼇峰至者，道城堞，徑龍首塔，入左門，過萬壽庵，則先至書院，沿途睇眺，尤目不給賞。

使君既才敏，精吏治，案無停牘。公餘多暇，則偕僚屬、攜賓從，往觀區畫點綴。良辰美景，則招集郡中紳士文人讌會，賞花、釣魚、看紅葉即事爲詩。每拈一韻，使君輒走筆先成，座客群相屬和，奏雅琴，浮大白，投壺校射，以相娛樂。四方知名之士，聞公名來謁見者趾相錯，亦往往下榻其間，贈答篇章，裒然成帙。論者以《齊書》《南史》並缺載元暉守宣政績，然至今稱之，必曰謝宣城，而北樓巋然，與敬亭、澄江照耀百代。顧考其蒞事高齋，施澤未久，地固以人重也。使君之爲政於宣既久，仁義孚洽於六邑，孔溥且深，所與詩人才士，疇唱篇什，倍蓰前哲。後之懷使君於南樓，奚啻與謝公争永哉？

使君於學靡所不究，常欲於書院爲余别設一席，萃有志者數輩，相切磋講求，爲經世有用之學，效蘇、湖經義治事分齋成法，以上應朝廷取士之制。事雖有待，其嘉惠之意遠矣。

扶摇閣記

自寧國縣治西行數百武，出中鎮門爲西街，儒學在焉。欞星門内外並有泮池，直泮池前，左有樓翼然，曰扶摇閣，以祀文昌之神。飛甍矗起，盡有邑中諸勝，規制宏敞，屹爲巨觀，前此未有也。穗園明府始創爲之，經始於康熙某年月，落成於辛巳某月。凡費千有餘緡，悉出清橐，邑中紳士里耆慕義而助者，未及少半也。明年壬午春，余適有黄山之遊，道寧獲登覽焉，明府因屬爲之記。

按《志》，儒學舊在治南夫子巷，宋末遷城外東郭，明洪武復遷今址。厥後學博士傅君以智建文昌祠於學東北，無何祠圮，移奉尊經閣，言形家僉謂宜居之巽維，然民居其地，猝難遷移。先是，邑大夫濟南馬君光、中州陳君主策，皆嘗經營相度，以應諸生之請，而訖無成畫。三韓李君錦，捐建奎星樓於治東偏，用補艮維之缺，然去儒學遠，非建置之初指也。明府來治兹邑之三年，化洽人和，尤加意學校。而其地居民適不戒於火，民皆他徙。遂購爲閣址，鳩工庀材，早夜臨視，越三年而閣以成。

蓋吾郡六邑，寧獨爲淳樸。盱江羅近溪先生治郡時，六邑並有講會，寧獨於百餘年後恪守遺規。余所及見，僥貞甫、汪重質、吴聖開、梅友林、彭又章、澹若諸耆舊，並卓然砥行，自異流俗。故其民安於耕鑿，而士恥華競，猶有其鄉先正之遺風焉。今明府又汲汲焉思有以振興之，寧之士風，其自兹益上矣乎。且寧環境皆山，前賢之高蹤，往往而在。登斯閣也，南望則天目叢山縹緲雲外，而許憲副喬梓之敏練端方，後先輝映；北眺則文脊、靈峰屏藩夾峙，而屠司成之禮教，佘西溪之理學，風流未遠。左右極目，而花溪、仙井之水東來西漸，壐嶺、龍潭之流西溯新安。則有仙中丞之聲績，朱僉憲之才氣，楊松陽之文采，黄少參之恪勤，景行匪遥。又如吴正肅之父子兄弟名臣，章樞密、胡少卿、奚廷尉之伯仲競爽，以至虞司寇之孤介，饒參政之宦業，鄭西園之潔清，或遠在各區，或近在坊市，莫不音徽未艾，芳躅堪尋。若夫在隋唐則有東山之武烈，血食一方；晉則有瞿硎之石室，千秋仰止，其尤大彰明者也。寧之人士，朝夕凭闌，相與指目，以興起其懷古之深情，感發其踵武重光之志意，加以明神式臨昭示，其自求多福之理，不惟泮水文瀾倍增氣象，而山川城邑亦爲改觀。

《易·大傳》曰：『通其變，使民不倦。』又曰：『鼓之舞之以盡神。』明府之於寧也，於兹閣可以觀矣。明府姓杜氏，名時禧，穗園其號，撫州樂安人。宣城梅文鼎記。

敬亭山記

敬亭與陵陽實一山也，自敬亭之一峰，迤邐逆而南行，止於宛溪之湄，是爲陵陽。陵陽有三峰，中峰郡治居焉，北峰爲開元寺，南爲鼇峰。鼇峰壁立水際，開元迤北陂陀而平衍，故郡城南峭而北舒，勢東北顧，爲有敬亭也。敬亭自一峰拔起，距躍翔騰，孤行空際，自東徂西，連峰奔趨，及河乃止，是爲廟埠之盤石山。盤石距一峰，其閒十里，皆曰敬亭，蜿蜒崒嵂，若碧雲之在霄。盤石者，敬亭之盡也，其勢欲盡不盡，矯首南顧，據水而蟠，爲有陵陽也。陵陽北負敬亭，如屏如扆，而敬亭右倚陵陽如臂，精氣聯絡，筋脈灌輸，故曰一山也。譬若樹焉，撫其幹則識其枝，咀其華實者察其根性。而敝敝焉尋幽勝於萼跗之芬，品瑰奇於竅穴之巧，此與以大槐爲國者，曾何以異？尚足與之論全樹乎哉？不寧惟是。黄山者，南幹之宗也。而自箬嶺以降，則皆敬亭之嫡派。朱子之説《禹貢》也，曰兩山並行，其中必有一水；兩水並行，其中必有一山。今太平、旌德諸水，皆入涇溪，經青弋江，出蕪湖，達於大江，是敬亭西界之河也；寧國、於潛諸水，皆匯五河渡，以合於宛、句之流，經新河莊而出姑孰，以達采石，入大江，是敬亭東界之河也。由朱子之言觀之，此兩河之中，豈非一山乎？是故溯敬亭而上，則爲横山，爲華陽之高峰，皆敬亭之祖禰也。沿敬亭而下，則爲麒麟，爲九里，爲横岡，爲鳩兹，皆敬豈亭之支庶也。敬亭之左衛爲硤石，其右衛行廊，行廊遠而硤石近，敬亭之情，東趨宛、句也。若夫新河莊，則近户也。麻姑諸山，隔水遥峙爲聲援，則外垣也。由高峰而溯石凫，紆折迴環，似黄河之曲，而其枝葉扶踈，連延横亘百數十里。東爲寧國縣治，爲螺田，爲柏梘，爲新田，爲嶧山，西爲太、旌、涇三縣治，爲昆山，爲琴高山，爲金牌，爲馬頭，爲灣沚，皆敬亭之同祖群從，分大小宗者也。

由是以言，敬亭豈非合衆山以爲勢者乎？敬亭合衆山以爲勢，而獨異於衆山，敬亭之爲敬亭，概可知矣。環敬亭非無山也，登敬亭之顛，則退退然伏處於其下，而前後左右數百里之山盡得見之，且皆若拱若侍於其側。惟其蓄積也厚，故其鍾靈也特；亦惟其控制也遠，故其挺秀也奇。郡故多佳山水，誠莫有踰於敬亭者矣！謝元暉、李供奉之在宣也，遊歷徧乎郡境，而獨推敬亭，豈不然與？乃若亭臺之蹟，寺觀之名，與時顯晦興廢，遷改不常，不足爲敬亭損益也，故記其大者。

世忠烈傳

始，某讀《彙草辨疑序》，仰歎馬文毅公之忠烈，昭耀史乘，爲聖代光。遂有顧夫人者，以筆墨事公於蒙難之餘，卒殉以死。竊自幸生平慕古奇行，不謂及身見之。既而伏讀《御製神道碑文》，詳考殉難始末，則從公死者甚衆，而溯其家世，又有趙太夫人以爲之先。是馬氏一門，世濟忠藎，且家傳節烈，雖求諸古人，或難與儷，真足以興起人心，綱維世教，所當廣爲傳述者矣，作《世忠烈傳》。

節烈趙太夫人者，特贈太子少保、兵部尚書、原任廣西巡撫馬文毅公鎮雄之祖母，原任江南江西總督、兵部尚書馬公鳴珮之母，前遼東廣文贈少司馬馬公與進元配，而太平府別駕贈少司馬馬公重德之冢婦也。別駕公明廉惠，太平人思其德，祠祀至今。廣文以明經理學，授學博士，弗就，爲經略熊公所器重。遼大寧方受兵，城且不守，廣文矢死登陴，爲捍禦計。忽訛傳城守者已散去，童子奔告太夫人，太夫人曰：『事已如此，待敵至而引决，晚矣！惟馬氏一綫不可絶。』乃以屬婢金菊曰：『女善視之，主人歸則以告，吾不能需矣！孫女久吾依，不可相棄。』遂偕赴庭前汲井，死焉。先機，智也；見危授命，而暇豫周詳，勇也；憐女孫，俾完貞白，仁也。太夫人全此三者，以成其節烈，於以昭先德而垂令模，宜乎後嗣之光大哉！一傳爲大司馬公鳴珮，受知於世祖章皇帝。由宣大總督總制兩江，兩江人尸而祝之，亦如太平之思别駕也。再傳即文毅公鎮雄，康熙庚戌，被命巡撫廣西。廣西承兵燹後，多伏莽哨聚，公宣布威德，剿撫兼施，次第削平解散。癸丑冬，吴三桂反，明年二月，將軍孫延齡叛應之，脅公以兵，不爲動，則圍守之。公先後遣其子世濟、世永穴垣出，赴京師告急，賊偵知，移公别室，防益密。困拘囚凡四年不變，延齡亦感悔，將圖歸正，會吴逆遣僞大將軍吴國琮攻破桂林，殺延齡，并收公。誘降百方，公大怒罵賊，遂遇害。二子世洪、世泰及僕諸老道等，同日死。賊恚甚，暴公屍於野數十日，面如生，兩手各抱一子，賊見驚異，收瘞之。公之死也，宅眷尚幽别室。至是，守弁梯垣以告，公繼室李夫人，及世濟妻董淑人，公二女，妾顧氏、劉氏，世濟妾苗氏，並相率自經死。賊弁義之，爲縱火焚其骸，而取李夫人、董淑人遺蜕附瘞公旁。

後二年己未，王師平定三藩，世濟請於朝，迎櫬以歸。天子憫其奇忠，祭葬加等，贈階賜謚，又親灑宸翰，書神道碑文，以旌其墓，官其子世濟、世永及其客朱昉等，爵賞有差。識者以公之大節凛凛，本於廣文之理學，而李夫人姑婦閨門盡節，則趙太夫人之事平時習聞，有以啓之。嗚呼盛矣！

贊曰：　扶風馬氏傳忠經，世多烈節餘芳馨。曩今輝映揚休聲，危城捍守一氈青。寒泉數尺飄香魂，男忠女烈揞乾坤。英賢濟美皆名臣，彭蠡震澤連東溟。仁義覃敷江海寧，桂林開閫靖邊塵。猺獞溪峒無宵驚，通蠖興學煩經營。叛帥異圖倉卒乘，四載拘囚彰積誠。草聖龍蛇暇討論，志定神閒賊氣吞。三十八人闔宅殉，淑人聞變首雉經。顧媛二女各輕生，相謂今宜踐宿盟。投繯序列分卑尊，劉苗諸姬相繼行。夫人以次爲斂形，乃自繫帛絶吭瞑。一門忠烈何崢嶸，國典褒忠及後昆。公侯復始道方亨，天道報施隨影形。忠孝傳家道有憑，今日奇忠炳日星，故是當年烈婦孫。

袁唐伯傳

先生姓袁氏，名友韓，字唐伯，明諸生也。其先自寧國縣方袁村遷宣城之龍溪，居河東，爲邑著姓，世系詳家乘。先生生而穎異，好讀書，隸博士弟子員。每校藝，輒冠曹偶，食餼有聲。一旦慨焉棄去，人皆惜之。顧學行益著，遠近從遊者日益衆，所指授里中後起及旁邑生徒，凡數百人，多成偉器。環百里內外，皆呼曰『唐伯先生』也。

龍溪故漕艘受兑所，江淮賈客雲集，往往用居積牟什一，致厚貲，豪於鄉閭。先生獨楗户下帷，無暑寒蚤夜，知有書而已。家世素封，以讀書故致中落，先生處之晏如也，終不事家人産，益發藏篋書讀之。嘗謂經義取士，原委閎深，乃應者率剽竊人剩語，苟僥倖一第，於聖賢義理，罕所窺見，不適於用，非制科意，思矯正之。爰取諸訓詁，自宋以上，至漢、唐注疏，纂脩成一家言。所讀書率五百過以爲程，書皆手鈔，或至再三不止，故《史》《漢》《通鑑》能闇誦不遺一字，有問者，輒口授之。其勇自督課，至老不衰類如此。又以儒者之學囊括萬有，因涉獵諸子，旁逮星緯、象數、老釋，悉爲蒐羅，得其要領。爲文務暢發神理，直抒所見，不爲浮豔綺語以悦人目。興會所至，或日脱三、四稿。時爲古文辭，援筆千言如宿構。詩歌矢口成韻，樸老真至，要取適志，不一一規倣求似何人也。好濂、洛學，闡其秘，然雅不欲分朱、陸門户以相掊擊，曰：『學貴實踐耳，紛紛聚訟，何益乎？』爲人質直厚重，不事邊幅，惟孜孜扶進來學，無論少長踈戚及資利鈍，皆爲剖析疑難，諄復詳盡，無倦容。既恬淡寡營，老去神明轉益精强，與客奕，或達曙不寐。飲則數斗立盡，酒酣輒吟所作詩，陶陶兀兀，不復知有人間世矣。人知與不知，皆曰『袁先生長者』。嘗有群盜掠龍溪兩岸，人盡攜孥遠避，惟先生手一編，咿唔斗室如平時。然盜亦素聞先生賢，不入其廬，且插松枝識其門，相戒毋驚溷讀書人也。所著有《四書補注》《五經增疏》《春秋正釋解》若干卷，詩、古文稿凡數尺，藏於家。先生生某年，卒某年，有二子，十二孫，曾孫六，皆能奉家誡，讀其書。於是先生長子文學仕方，合修兩邑家譜，將論次先生行事，以詔後人，而請予傳其略。

論曰：語云『蚤知窮達有命，恨不十年讀書』，信夫！向使以先生之篤志，與當世士並驅角逐，或致身通顯不難，然豈復能壹意學古，悠然於文酒友朋之樂，自適其適乃爾哉？昔沙隨程氏，論讀書必諷誦數百遍，則終身不忘。其法日惟彊記二三百言，不十餘年，古人之書約略可盡。然世罕有行之者，今於先生驗之矣。

奉議大夫任篁渚傳 代

大夫名埈，任姓，字崧翰，一字松寒，篁渚其號，皖之懷寧人也。先世新安太守之後，有考老千户總管，自廬江遷懷，遂著籍於懷，至午橋，乃用儒術顯。曾祖可容，明萬曆丁丑進士，仕至廣東惠潮道，嘗一再創倭於碣石、南澳，粤人德之。祖國楨，萬曆庚戌進士，歷官山東兵備道，崇禎己巳，提兵入衛，朝廷以爲忠，擢楚臬，母老歸養，卒以孝稱。父之璟，性簡静，讀書有名於時，南都肇建，有啗以清華之任者，不爲動，人高其早見。丈夫子五，大夫其伯也，舉壬午孝廉，乙未成進士，授户部主事，以祖母艱歸服闋。旋擢河南驛鹽道，值裁缺，補廣肇南韶道。既而分設道員，又改任南韶，平藩亂，留嶺南。乙丑始還家，越四歲戊辰卒，年七十。其在户部也，一監淮楚税，再監大通橋及通州坐糧廳，所至並能其官，督郵中州，一如其在户部時。其在廣肇南韶也，下車即檄所屬，興文教，勸農桑，輕傜賦，而尤留心獄訟。南安壤接諸省，餘郡濱海，萑苻實叢，大夫以廉平爲理，境内獲安，奉檄剿劇賊於番禺、南海、新會，區別首從，開以自新，全活甚衆。粤東故大夫曾祖甘棠之地，崇祀名宦，至是人謂大夫又實能濟厥美云。其轉任南韶也，時處萬難，不惜身膺重譴，以紓民難，卒也首迎王師，以襄天討。吏議刻深，而粤人爲之訟冤者，如出一口。雖大夫之惠澤於粤特深，而亦有以素信其心跡於平日云。性孝友，居喪哀毁如禮，撫諸弟尤能盡其恩，數十年如一日。仲弟塾成丁未進士，蓋大夫之教也。難後歸田，塾方以部郎視學山左，乃移書戒勉。與兩季弟在家相偕處如齠齔時，庶叔之幼者，雖年長以倍，必加敬禮，曰『吾先君子之愛弟也』。五服尊行稱是焉！手成譜牒，捐資剞劂，曰『庶以敬宗而收族也』。自奉至簡，於三黨周親則甚厚。與人交，久而弗替，故人子弟，必多方緩急之。

生平著述，有《書藝》《禮經義》《勞人草》行世。晚撰《磊砢堂九代詩選》二十卷，持論頗當。又有《漫竄略存》一帙，取疇昔村居讀史遊歷等什，益以嶺南近作，并蒙難諸篇，率多纏綿悱惻，沈鬱頓挫，尤令人可歌而可涕也。子三，長奕鼇，有才氣，任南安同知。

論曰：余及伯兄皆與大夫同榜進士，相友善，大夫諸子奕鑾又余辛未所得士也。余昔奉命祀南海，唁大夫於寓廬，蕭然若布衣，談諧抵掌，相與極論於天人之故及古今成敗得失，娓娓不倦。出其詩誦之，跌宕春容，無幾微怨尤見於顔色。及歸舟抵皖，又人人能言其内行之醇。其友愛仲季，尤足以風也。伯子奕鼇，以余嘗待罪史官，且世講也，以狀來請傳，遂爲條次如右焉。

沈公厚傳

吾鄉沈耕巖徵君，有臯羽、所南之節，醇德猶將過之。而諸子並能文，不仕，人尤以爲難。予所善者，公湛、公厚。公厚，家耦長姊壻。予讀其子廷璐《紀行草》而奇之，已與公厚燕邸周旋久，相得也。比南歸，村聚各鄉，末由數數見，不意遽先我逝。廷璐述其行視予，予遂爲之傳。傳曰：公厚名埏，宣城人。參政古林其高祖，而耕巖徵君第五子也。甲申、乙酉，徵君爲鈎黨者所羅織，變姓名入浙。公厚時方齔，挈之行。逾歲，母卒旅次，哀毀如成人。當是時，浙新隸版圖，大兵之後，洊更饑疫，墟落荆榛。徵君數徙居於窮巖絶谷，每乏食，公厚拾薪採麥以炊，遇霖雨，麥蒸浥不可食，食輒眩仆，移時，仍强食之。徵君嘗言：士不奇窮，無以見志。雖半菽一錢，未嘗輕受人。凡九年，公厚怡然無愠色。稍暇，即讀書請業，以是徵君益憐愛之。壬辰，侍徵君由向家源溯嚴灘，歷黟、歙，棲隱於太平邑之黄山，於是學業大成。甲午，奉徵君命，乃歸讀書於石子澗，歲時一往省。所爲制舉義，雄渾浩博，然惟門以内相師友，視當世通顯蔑如也。辛亥，偕徵君弟子新安陳仲獻游粤東，蓋是時徵君亦旋剩塘矣。至粤，惠潮道江君漢石遣其孫受學，而春穀秦君豈人方宦粤西驛道，聞之，亦特束招致，於是往來粤東西。

二年癸丑冬，吴逆反滇南，亟歸，行至沅湘，而吴逆兵已抵松滋。王師集岳州，僅隔一江，關津阻絶。戊午二月，吴逆僭號衡州，物色公厚，或以告，即夜踰垣遯，明日聘者至，而公厚已在南嶽諸峰，不可踪跡矣。是年八月，吴逆死，公厚乃自南嶽至常德。己未二月，王師克岳州，僞將軍吴應期奔回長沙，裨將奔常德，大肆殺掠，幾爲所害，行李、僮僕盡失，乃至金鵝嘴，身自鋤畦，樹蔬以食。錢唐吴雁山贈詩曰：『閴户人斯在，虚庭客許來。畦青寒菜吐，籬紫豆花開。』蓋即其時也。無何，王師進征滇、黔，招撫佟公企聖，道常德，請偕行。於是不通家問已八年矣。

庚申八月，子廷璐忽於書肆中得越客所留片紙，具言公厚應招撫召及先被兵狀，璐即襆被辭母往迎。父子一見慟絶，又聞徵君已卒，設位成服，哭旬日不絶聲。欲辭歸，而軍事方嚴，不可以請。璐乃先歸報母，公厚乃以戎服從行。十月，滇南平，吴逆孫自剄死，傳首軍門。諸所署僞文武官，悉囚服面縛待罪，有素識公厚者，見而歎曰：『今乃知公爲天上人也。』前被掠二僕，復得之。

戊戌四月，乃自滇旋里，痛徵君之卒不及親含殮，露處寢墓門者一月，苫凷三年。庚午入都，甲戌歸。治茗塢，修魚防，構見耕山房，日哦其中不復出。時愚山施侍讀、晴巖吴處士，倡刻徵君《姑山集》，公湛與公厚後先任讎校。一日，梓人見公厚暑寢不解衣，驚問之，答曰：『吾先人集在此，吾敢露體偃息乎？』乙酉七月，患肺疾，遂不起。永訣時，唯諄諄命其二子曰：『《姑山集》中有某譌字，記改正之。』阮司空爾詢哭以詩曰：『一息未嘗忘死父，百年自署是遺民。』蓋紀實也。

公厚性剛毅，恒面斥人過，其人改悔，或一善足録，即稱道不置。子弟雖造次，非衣冠不敢見。不濫交，所交皆徵君執友後人賢德者。其在京師，自四明萬季野、姚江黄主一外，罕有晉接也。初，公厚在沅時，有程德明者，大兵過被執，將就戮，公厚聞其徽人也，救之，且轉貸白金三兩，使爲生理。後廷璐迎父，初傳聞在沅，行兩月始至。至已歲暮，困極，貲且盡，又不知公厚所在，遇賣酒者問之，則悉其詳，言公厚已隨大兵去貴州。璐不覺失聲大哭，賣酒者驚，璐告以故，益大驚，熟視良久，即提璐至室内，璐亦大驚。賣酒者曰：『若無恐，吾程德明也！受若父活命恩，即今賣酒資皆其賜也。異哉！殆天留予以待子。』即導之見公厚所善者，使以璐手書從羽檄先達公厚。仍括賣酒資三兩，碎縫璐衣裏，曰：『此去非復人世，庶備不虞。』又飲同行者，拜屬之曰：『吾恩人子，幸善視之。』於是璐裹糧隨行，日爨溪薪，夜宿古廟破屋，復走千數百里，越兩月而至黔，得父子相見云。其平生事多類此，弗備載也。公厚二子，廷璐、廷玠，並諸生。

論曰：當己亥海舟之變，沿江州郡驚潰款附，一時失職之士、野處逸人，事定多罹其咎，獨徵君超然遠舉，若威鳳之翔於九霄。及三藩首禍，負才譽者多遭迫脅，國典寬仁，恒邀解網，尤悔甚矣。公厚身陷賊境，皭然不滓，豈非講之有素哉？余得廷璐《紀行詩》，始識顛末。厥後於燕邸，聽閩友劉鼇石坊述邂逅公厚祝融峰巔，定交古松之根，其事乃益明。若公厚之於程德明，事以展轉相濟，又未嘗不歎君子之好行其德也。

昝僅齋傳

先生諱弘祖，字寅谷，自名其齋曰『僅』，學者稱『僅齋先生』，姓昝氏。《説文》昝，篆作㬝，即古贊，系出漢相國酇侯何。後世以贊分氏，宋元時爲陝三原望族；建炎從南渡者，居宣城。明初，貴三復自宣城遷皖之荻坂，遂世爲懷寧人。曾祖陽，多隱德。祖學易，嘉靖癸酉舉人，任江西金谿知縣，有篤行。生二子，俱諸生，長誠中，次文中，即先生父也。

先生少負異才，工進士業，秋浦吴次尾先生常亟稱之。年十八，補諸生。校經義，輒高等，入南闈，輒不見録，以孝友廉介重鄉里。其卒也，無老稚咸悲傷，自遠奔弔者日無虚，邑大夫親致奠誄焉，曰：『嗚呼！皖之望也！名可得而聞，人不可得而見。』

先生生四歲，而母夫人周氏卒，繼母王嘗毒撻之，父知之，怒，則跽而請曰：『母撻兒者，教兒也。』及就傅，每定省，必私見繼母，伺喜愠，求得其歡。年二十，父殁，事繼母益謹。母或私遺其家服食器用，臧獲以告，則呵而抶之，令無敢復言，母乃益安。弟張祖，庶母蔣出也，幼羸疾，又性嗜飲，先生爲手劑湯藥，共寢處，垂涕切責，弟感悔，疾良已，卒奮學，爲名諸生。世父誠中子夭，因以爲嗣，遺産薄，先生分己産裒之，使均。同母姊適管氏者，無出，爲夫置側室，晚依先生居。臨卒，密以所攜篋中貲累千畀先生，先生悉緘置姊靈側，壻來哭，悉付之。居無何，側室所生子家難作，先生復投袂起，爲白其事。

蓋先生忠厚懇惻，出於天性，而有所不可，則又必行其志也。南都之再建也，阮司馬驟起用事。其母，先生姑也，以姑命召致先生，欲假督餉池、太，官以同知，則謝曰：『親知邀光寵，多矣！留賓筵中，一布衣高歌謔浪，不所得更多乎？』遂告歸。既而有客踵門，奉千金爲壽，曰司馬意也，先生笑却之。南都敗，附司馬者皆竄伏，而先生以親故，獨皭然不爲彈射所及。

先生自幼與流俗異趨舍，而卒爲人所推服，單詞啓口，四座肅拱以聽。或面諍人過，人亦不怨。人有急，則周之。與人言，貫穿經史百家，咸究底藴。江郭宅燬於兵，卜築桐城之梅渚。五十後，復避地于龍山之杏花村，遠近負笈者屨恒滿，凡經指授，多成令器。家居持禮法甚嚴，族黨子弟見之，不問不敢對。弟張祖年七十，事先生若嚴師。頗耽釋典，嘗自書斗室曰：『飽吾嬉焉爾，卧吾寧焉爾，醉吾陶陶焉爾！』又曰：『慎無憂，忍無辱；静常安，儉常足。』年七十，看花數里外，不倚杖，終日危坐讀書，對客無倦色。如是者又八年，無疾而卒，年七十八。於時大雪深數尺，先生擁被起曰：『吾生也大雪。今去亦大雪，吾行光潔中，至樂也。』遂瞑。

夫人阮氏，曾祖曰鶚，浙江巡撫。乙酉四月七日，叛卒屠城，露刃脅夫人行，不爲動。身被數十創，駡賊不止，絶而甦，里人稱曰『生烈』。詳桐城錢飲光先生集。

贊曰：先生之族，多在吾宣。有無疑先生者，讀其遺集，慨然思其人。初，同里沈耕巖徵君與東北名彦爲復社，無疑招先生，弗往。久之，而先生之心乃大白也。徵君以諸生抗疏纓鱗，直聲震動，然余及見之，道德之氣，玉潤春温，蓋介而和，先生則和而介，將毋同矣。徵君逾七十，芒屩行百里，易簀從容，作詩略無繫恪，然雅不信佛，著書闢之。而先生精内典，要其晚節益光，羽儀於鄉國，脱然於榮辱，死生一也。余交先生之子元彦，獲悉先生之概，故爲之傳，俾後來者觀法焉。

孫節母傳

龍溪孫二吉喆，少孤，鞠於母氏，思所以彰其母之節孝。既廣徵節壽詩文，乞其師淳溪張彝歎序之，以著於宗譜。無何母卒，喆痛不欲生，悲其不及己學問之成也。乃泫然狀其行，求傳於予，予哀其誠，爲之傳。

按狀，節母系出延陵吴氏考連城公，淳溪友也。家素饒裕，生一女，甚鍾愛。未笄，即不喜御華服，裳衣簪珥類貧家女，家人皆異之。年十七，嬪於孫君疇九。疇九攻進士業，不事生産，母篝燈紡績，資膏火，事尊章，曲盡其歡。繼姑林，性嚴，稍覵其意有拂，必捧食跽進，竢改容乃起。從姑李，少孀無子，感母之温醇，雅相敬愛，母亦往往脱奩具佐其薪水。

疇九不得志於有司，齎志以殁，遺子、女各二，家徒壁立。有謂龍溪故貿遷地，令兒輩從衆居積，生計可立足，母不可，曰：『兒不讀書，何以見死者地下？』於是祀疇九之主於堂東，每日暮，兒就外傅歸，必命之拜跪主前，以塾師日所授書，拱立背誦，功有闕，泣而杖之。饔飧屢空，輒減食以食兒，欲其壹志於學也。未幾，喆入邑校，爲弟子員，聲譽日起，遠近多延致講授。喆以學當取法乎上，乃擔簦執贄，就學於淳溪，母所命也。

母生平茹荼集蓼，靡艱不歷，然未嘗作激烈語。從姑李嘗謂之曰：『婦當奚若？』母從容對曰：

『如我姑而已。』蓋自是足不踰户，惟李時時相慰問，怡然莫逆也。已而李卒，母哭之若喪所生。二女及喆之婦又先後殁，喆既授徒他邑，惟仲子濟相依，又多病，母遂以劬瘁致疾。疾作，召妯娌及從子與訣曰：『吾昨夢從姑招我。』是以知其將死也。疾革，遺命附身之物悉從縞綦。匪直以貧，蓋嫠婦禮當如是耳。喆不敢違，遂以素服殮。母年二十八稱未亡人，時喆才十齡，又二十年而卒，中經死喪屢屢，無一日寧居。母卒後六十餘日，濟亦殤，此喆之所尤痛也。

勿庵氏曰：疇九常從吾弟爾素爲制舉文，仍工詩，一生勤苦，未有所發舒。宜其有子，然非節母之諄誠，亦無以繼其志矣。矢節烈者恒激厲，母特以孝謹温醇著，乃遂有從姑李與之相得益彰，何孫氏之多淑媛耶！吾味淳溪序，不僅以陶母儗，而以孟母事相勖，其屬望喆者，不已深乎？子輿氏屢明舜孝，謂君子有終身之憂，學者穿穴七篇，資其博辨，以事排斥，不知於深造自得何如也。喆其務全於守身事親，以副良師之所期，則門内有餘師矣。

書蘇老泉《審勢篇》後

諸侯之漸大者，勢也。禹萬國，湯諸侯三千，至武王而會孟津者八百。八百者，所謂三分天下有其二也。文王之時，已有其二，武王又十有餘年而會孟津。當是時，周之德日益修，諸侯來歸者，視文王之時必益衆，則是『八百』云者，又不但天下三分之二而已。其未服者，不過如所云『滅國五十』，與紂之畿內耳。夫此八百諸侯，必多兼地踰額，非其始制，然皆受之於其先世，而又能棄暴歸仁，則固非有削滅之罪。武王又用其力以代商，其勢尤不可以遽削。武王、周公但修復成湯之制，以稍稍裁抑之，使其有等，而不至於太甚，《書》所云『反商政，政由舊』『列爵惟五，分土惟三』是也。武王、周公知諸侯之大，而其後將不可以復制也，故爲之强幹弱枝之謀，衆建同姓以相維。同姓之國小，則其勢仍不足以相制，蓋《詩》曰『价人惟藩』『大邦維屏，大宗維翰』。故曰諸侯之大者，勢也。

且夫天下之地，止有此數也，既以其三分之二公之天下諸侯，而其一則以封吾之同姓，天子以畿內千里制之於上，雖有大亂，不至於亡。此制之極善者也，非弱政也。不觀之治兵者乎？風后之《經》曰：

『四爲正，四爲奇，餘奇爲握奇。』握奇者，大將也；　四正、四奇者，偏裨也。九分其陣，以其八寄之偏裨，而大將握其一於中，中外相制，臂指相使，苟得其道，雖不大勝，亦必不敗。武王、周公之制國也，猶風后之制陣也，故周雖弱，不可以速亡，諸侯之力也。若夫刑政之不修，以至於弱，人之罪也，非政弱也。孔子曰：『其人存，則其政舉。』政之不舉，不以咎人，而以弱病政，是猶器之苦窳，不以咎工，而謂規矩之不足於巧也，又可乎哉？若夫秦之政則不然，棄禮樂，任刑法，草菅民命，以與萬姓爲敵讐。孟子所謂『與之天下，不能一朝居』者，秦是也。由周之政，雖庸主不至於速亡；　由秦之政，雖英主不能以長治。斯二者不可以同年語明矣。

然則蘇子之説非與？曰：　蘇子之説，爲宋言之也，爲宋言之誠是也。而以周之弱政爲之辭，吾懼夫後之學者過信其矯枉之言，而遂以先王之仁義禮樂爲弱政，而封建之非良法也。故疏其所見，以爲之辨。

書《象緯》殘本後

《象緯》，圖百餘葉，作蝴蝶裝，字大行疏，布置寬闊，類内府官書雕板。所載九道圖甚可觀，其三垣列舍，天漢起没，《堯典》及近代中星，日出入，晝夜永短，太陰晦朔，弦望加時，及太陽、太陰、抱珥、冠戴、承履諸圖，他占測書所有者，皆彙輯焉。皆不甚謬於懸象，惟針首指午，而尾或非子，尚沿《周禮注疏》之失。又謂地中下天中一度，則亦守《革象新書》諸家舊説，未之改正。若乃兩圓相套，發明日月蝕、句股、開方之用；見食早晚，明日食時差加減之因。員容直闊，用大小句弦，以釋太陰正交赤道，距差十四度六十六分之限，皆《授時曆經》精藴，可以啓學者之深思明辨。而盈縮招差，能以一圖括日、月、五星總法，薄蝕二圖，詳求太陰交前交後、陰曆陽曆食分淺深之故，尤足與《曆草》相備，而疇人子弟或所未知也。至於五星出入黄道内外，背黄向黄，有迴有折，或句或已，以成疾遲、留逆、伏見諸行，星道與月道錯行，以成淩犯，又皆西域《回回曆》之要旨。末有九重天、節氣、日晷及其作法，略如今之西術。又詳紀中外官各星去極、入宿度分，以百分命度，則仍至元測數也，而《步天歌》本文附焉。

康熙丙午秋中，得之白下承恩寺中。既首尾殘闕，中間序次亦亂，不見書名，無從知作者姓氏。蓋原書卷帙繁重，讀者撮其圖象，别爲一册，以便行笈，遂至零落耳。續見王廷評應遴《瓿書》所載，頗與相類，而各圖附有釋説，乃又遺其半，豈即其所著書而刻有詳略與？然考日蝕圖爲嘉靖壬寅，月食則嘉靖壬午，距差則嘉靖庚戌誤刻庚辰，五星皆嘉靖辛酉誤刻辛卯。其稱冬至在箕五度、六度，亦正其時。考廷評上書言曆在憙廟時，及崇禎朝亦與修曆，果其手步，顧不詳徵近年，而遠溯世廟，何也？又考隆、萬間，言曆者有吴門陳壤星川、嘉善袁黄坤儀，及山陰周述學雲淵、毘陵唐順之應德，並能會通回曆，然皆未見西洋法。若何尚書瑭、鄭端清世子朱載堉、邢觀察雲路、魏處士文魁，並專治《授時》，初未旁通西洋法。利瑪竇亦以其時入中國，而説未大行，學其學者，又不肯復言舊率。然則爲此刻者，當别有其人，亦可知矣。

以曆學之難明也，習之者既罕其儔，而又爲之禁令，以遏絶之。明三百年，曆法與天文、漏刻判爲三科，則臺官之占候、推步，業已分途。而回回一科，以凌犯爲秘術，復與諸科不相通曉，故雖並隸欽天監，而各矜其世業專家，莫肯出以互證久矣。此事之無全學矣！此書則兩法兼收，無所偏主，雖擇之間有未精，語之容有未備，不可謂非博覽之儒、好學之士也。乃其書既登梨棗，而百年之内遂無完本，使其名淹没不彰，豈不惜哉？昔袁坤儀著《曆法新書》，冀後世知其苦心。余故於此殘編，深加寶愛，信九州以内原自有人。既以閩中鈔本，補其入宿、去極所闕之奎、胃二宿，因識其歲月，冀幸他時或見全書，有以考之撰人，而爲之記述，未可知也。

康熙庚辰二月十九日，燈下記。

按：日食、月食、太陰、距差、五星、交道諸圖，刻本僅有太歲干支，而無年號，王廷評本並闕干支，蓋皆傳寫時遺去也。今查《明史·天文志》，嘉靖二十一年壬寅七月己酉朔，日有食之，嘉靖元年壬午二月壬辰夜，月食十一分七十八秒，其爲此兩年之事無疑。又查重光社及傅氏《明書》，嘉靖二十九年庚戌正月，太陰正交在亥宫，與距差圖合，而刻本誤庚辰。又，嘉靖四十年辛酉，歲星在降婁初宫，鎮星在實沈二宫，與五星交道圖合，而圖誤辛卯。蓋歲星九十三年始超一次，自洪武至今無卯年在降婁之事，故斷其爲傳寫之譌也。王廷評竟無干支，或亦以其疑而削之歟？嘗觀《元史》載耶律文正之《西征庚午元曆》，既以太祖庚辰年西征爲太宗，又以上元庚午爲庚子，夫以宋文獻、王忠文之博洽，而尚有如此之疎，況下此者乎？甚矣，此事之難也！

再考正德末，有漏刻博士朱裕、天文生張陞、中官正周濂等，皆曾上奏修曆。意其時有測算諸圖留傳於後，而作書者彙輯之歟？而今不可考。近代著述家多不明言出處，此亦學者一大病也。

又考王廷評《乾象圖》刻於萬曆己未，則此本必在其前，而圖有萬曆中星。又，利氏以萬曆九年始至廣東，二十九年庚子至京師，庚戌年卒，今有利氏圖，亦可以想見時代。

書鈔本《星度》後

丙午秋，余在金陵，收得俞氏書肆中刻本，内有星圖，各繫以入宿、去極之度。己卯客閩，復得林君同人寫本，録其副，此本是也。今年庚辰二月，養疴坐吉山中，閒暇無事，乃取二本詳爲校定，則各星下度分吻合，但寫本較小，又多合數宿爲一圖，仍依《步天歌》作曲綫界之，而懸象交錯之形於仰觀特親，豈所寫反屬原本歟？

昔鄭浹漈著《通志》，謂象緯之學書易而圖難，惟隋丹元子《步天歌》，句中有圖，言下見象，馬貴與《文獻通考》亦取其説。蓋自宋元以前，言占測者率宗《步天》。今考《步天》紀星，並以星之上下左右相附近者，連類舉之，其意俾讀者易爲識别，非爲曆家分宫分度設也。唐開元中，張一行造《大衍曆》，以儀象詳測，始著列宿、去極不同古度之端。至宋兩朝《天文志》，則中外官星每測有入宿、去極諸數，視唐加密，而廿八距星與開元異焉，乃今本又復不同。然則恒星東移，以成歲差，庶幾可信，豈非以事理之真愈辨愈明，亦愈久愈確？

吾所爲語諸人而患其未達者，無意中得此爲徵，良足自慰。然一《星度》耳，藏之三十四年，始得此寫本讎校。而刻本殘闕，既無作者名氏，寫本亦然。或以其前有『漢』『謝姓』等字，疑兹圖即係古傳，不知漢造《太初》，儀象未備，但知有赤道而已，今有距黄之度，其非謝姓明矣。又，古人測星，多紀整度，晉以後始有太、半、少之名，然未有密測其細分者。惟元太史郭守敬若思，以新製簡儀測天，用二綫代管闚，能得度下餘分，視古加詳。今本書所列星度，往往有一十至九十之分，與《授時》百分爲度之法合。考郭太史本傳，有《新測各星度》一卷，此其是與？愚欲依所紀度分，用《大衍曆》圖蓋天法列爲全圖，仍依宋志別作宋圖，與《崇禎曆書》恒星經緯表、見界諸圖互相參考，則古今星象之推遷，大致瞭然在目。

昔孔子病杞宋無徵，又曰能言夏、殷之禮。孔子雖至聖，豈能鑿空以措其辭哉？夫亦於斷簡殘編得其千百中僅存之十一，而有以推知其制作之綱要，卒以文獻不足，終不敢臆爲之説。於戲！此其所以爲孔子也與！晚年自衛返魯，然後樂正，豈非以遊歷之久，考訂之勤，且多古樂之源流次第，至是始歸於正？非夫子以己意正之也。後之學者，勇於信心，略於好古，耳目有未接，則直斷以爲無，理數有未通，則盡斥以爲謬，輕於立言，而成書甚易，豈其智出孔子之上哉？亦適以見其鹵莽滅裂而已。

愚生平媿無寸長，以生之晚，不及見前人，故於古人之隻字片語，皆不敢忽。當其未通，或積疑數年始能豁然，或闕之以待問，庶欲兢兢守吾聖門爲學之法，不致貽譏於『愚而自用』云爾。今老矣，聊志此，以告同志。

書徐敬可《〈圜解〉序》後

憶庚午人日，鈔得王寅旭先生《圜解》，中有錯簡，而無今序。於是敬可方南歸，拉予同行，多方勸駕，其意欲爲寅旭曆書補作圖注，以發其深湛之思，且曰：『此事非先生不能爲。』蓋即今序所稱諸弧相推之故，皆舉捷法，初未明言其所以然，人驟讀之，不能解者也。時余入都未久，欲稍需之，屬有他務，遂不果。逮明年，得黄俞邰太史書，則敬可亦溘然逝矣。傷哉！按，序敬可自題建子月，又言其年遇潘稼堂京邸，復得此書，則作序應在是時，豈敬可所藏原稿，反未入此序耶？

余嘗謂近代知中西曆法而自有特解者三家，南則王寅旭、揭子宣，北則薛儀甫，當特爲之表章。而稼堂尤拳拳欲余至吴江，共讎寅旭書，以壽梨棗。馳書相要約，而余適去閩。比己卯冬歸舟相造請，則稼堂有遊屐遠在羅浮。何相需之殷，相遇之疎也！長公文虎，出其家書目，有余所未見寅旭書數種。又知王有女弟，甚賢淑，頗能收藏遺帙。倘天假之便，能及稼堂酬此夙諾，即敬可亦當愉快於九原。而余且老病，終未知後此何如耳。雖然，作者之精神不没，珠光劍氣，出必有時，且安知後世遂無子雲也？

敬可歸後，余既嘗序此書，閲十有二年，乃於嘉禾友人張簡庵處得今序，而今又數年矣。日月易邁，有感於友朋生死之誼，聊記其略。

康熙甲申重陽後五日勿庵老人書於天雄署齋之八柏軒時年七十有二

書卓鴻臚手録《唐詩彙鈔》後

《唐詩彙鈔》者，吴興顧大司寇箬溪先生所輯，而鴻臚少卿卓公定庵所手録也。是選世尠傳本，賴此以存。後附明人詩一卷，亦多諸選缺載。中間雜以濂溪、康節數篇，蓋公隨意擇鈔以自怡者。字畫古勁，整潔而瀟灑。

戊子仲冬，余過邗上，從卓子鹿墟許得而讀之。鹿墟爲公玄孫，傳世五葉，歷年百數十載。洊更變革，家數遷徙，而手澤如新，楮墨完好，可謂善能寶藏矣。鹿墟選刻逸民詩，闡幽翼教，竹垞太史稱之，謂當與《谷音》《天地間集》並垂。鹿墟又嘗從大帥，開復閩疆，提軍轉戰，而以思母之故，飄然謝歸。遺産無贏，數傳一㸑，食指數百，徒手枝撑，而詠歌自如，門内雍肅。其於待守之際，豈不亦知所重輕哉？

余嘗見箬溪與唐荆川先生手書，往復言曆算，蓋好學深思能知其意者。荆川論曆精語，略見於周雲淵氏書中所舉，如鐵騎横陳於萬衆之中。而或反謂唐之學出於周，余竊不謂然。近聞唐遺書稍稍流布，庶幾足徵余説。賢者之貴有後人，信夫！而司寇自《測圓海鏡》《弧矢》《句股》諸刻外，所著曆法書不復可見，其亦有善能寶藏手澤或手録以存者乎？安得過吴興而一問之？

書《遜國傳疑辨》後

明之事，有爲前代所未有者五：得天下於群雄，而庚申君遠遯，更姓改物，元祀不絶，獲其太子，仍送還之，一也；一統垂三百年，無新莽、武曌、禄山之禍，及晉委中原、宋劃十六州、南宋棄汴之恨，二也；英宗北狩能歸，歸且復辟，三也；縱建庶人，曰『有天命者，任自爲之』，四也；靖難之師，天地易位矣，而讓帝遜荒，燕雖成其篡，而不成其爲弑，向使後無屠戮之慘，以視喋血禁廷者，豈不有間？五也。

近代文人，或疑《致身録》等書之後出，而並疑《遜國》之非真，抑過矣。老友宋豫庵瑾痛其事，爲作《遜國傳疑辨》若干卷。凡諸家述作有相涉者，輒録之。遊屐所至，邂逅耆儒老衲，往往能道昔日龍潛遺跡，必詳徵其實。深山破寺，不憚遠涉，或得以瞻拜遺像，覩手澤，則愴然以悲。人有自滇、黔、蜀、楚來者，輒從詢訪，或得其一事之流傳，一二語之題咏，則欣然如獲異寶，如是者積數十年。又聞西山有天下大師之墓，乙亥、丙子間，年已七十，乃芒鞋擔簦，從一蒼頭，走數千里，入京師往尋之。凡三至西山，果遇老僧霽崙指示其處，而猶以未得原碑爲憾。二十年前，收得書肆中《建文秘鈔》二册，不著撰人姓氏，近乃知爲金陵趙克庵稿，即多方鈔得全帙於克庵後人，兩家書皆成完璧。

歲辛巳，余卧痾坐吉山中，豫庵忽至，相見驚喜，蓋別來已十有四年。久闊既不能驟別，又酷暑霪潦，阻其歸興，遂兀坐余小樓中，取所著《傳疑辨》與新鈔克庵本，重加編纂。閲數月而書成，雖敝廬穿漏，不蔽風日，手不停披。飯窮山之脱粟，啜犓茗，齩菜根，不以爲苦也。時或高吟長嘯，若親承遜國君臣杖屨於山顛水湄，奉其光儀，聆其緒論；時而意氣勃發，鬚髮戟張，抵掌呼搶，若身與從亡之列有不共戴天之恨。旁觀者適適然驚，而豫庵亦不自知其何以然也。嗚呼！夫豫庵豈有所爲而爲之者乎？

事在數百年前，而聞風激發於數百年後，至性之相感，不可解於其心。又況其躬逢革除之變，義士忠臣滿天下，至於蹈湯鑊、縻十族而無悔，則豈不能共效死力，以全一出亡之故主，而乃欲斷其爲必無之事乎？且天下理之所無，而或爲事之竟有者，亦多矣。以秦皇帝禁衛之嚴，法令之酷急，而博浪一椎，及其副車，大索十日，而終不可得，此猶或謂有神術奇謀。乃若后緡以方娠之婦人，亦能逃出自竇，以歸於有仍而生少康，雖羿奡之雄暴，不能加害。蓋人定有時勝天，天定有時勝人。爲人臣者，出萬死不顧一生之計，以濟其主於必不可爲之時，固非事後所能遥測。而高高者亦將陰相之，有出於常理之外者矣！

吾觀豫庵勤勤焉著辨之意，直欲動天地、泣鬼神，而益思當日之身其事者，當更何如？故備著之，并書所見，使讀是書者，知豫庵爲此之非苟然，而有以破其疑也。

康熙辛巳中秋前太陰會歲星之日謹識

書《未斷聖教序》墨搨後

吾鄉倪觀湖、吴晴嵓兩先生皆善書法，余皆獲從之遊，而未有所得，至今媿悔。倪師嘗言：『右軍書似《左傳》，大令似莊周，北海、襄陽皆聖教之的派。』晴嵓則謂：『余近見能書者多，然能用古法者，觀湖而外，不多見也。』兩先生書法，各自成家，而其相賞於形迹之外如此。

《未斷聖教序》，相傳吴正肅公家物。蔣子季虎，少從晴嵓遊，學其書法，蓋嘗臨摹之。無何，得之於易米者，既幸舊物之幾失復存，而以猶未得其題跋爲憾。夫善書法者，每得古人之一點一畫，知其用筆之工，而區區致辨於題識、收藏印記，及絹素裝潢之新久，以別真贋，則贋者愈巧，漆園氏所謂『并其符璽而竊之』者，蓋有之矣。蔣子其善寶藏之，具眼者自能別識。余不善書法，不能爲兹帖重也。

《金陵雜詩》書後

人無所感於中，則詩可以無作。吾作詩，而不能生讀者之感，則其詩亦可無作。夫金陵固今古詩人憑吊詠歌之地也，吾友昝元彥，取六代以來事之足關哀樂者，繫之以詩。其閲世也深，故其懷古也切；其取材也選，故其寄興也長。麗而則，質而有文，怨而不怒，其有所感也夫。讀是詩也，其亦將有所感而興也夫。

書《地理集解》後

《地理集解》一書，集衆論而折其衷，略去枝蔓，獨標勝義，非深於此道者不能作也。惜前編論公位處太迂而鑿，宜盡芟之，則醇乎其醇矣。

今夫仁人孝子，求善地以安其親之體魄，福報原非所急。雖然，子孫者，父祖之遺也，吾之子孫，父祖之子孫也，地吉而子孫興，亦所以安父祖。初不必諱言之，然其要則在修德以承天休而已。廖公曰：『若是惡人與善地，禍福皆反戾。』故曰人傑地靈。今人或亦知吉地非德不能致，不知雖有吉地，而無德以承之，則亦不能享。譬若樹焉，欲茂其枝，必培其根。根培矣，枝茂矣，而其中仍有枯枝，則必其摧折蠹朽，而自絶於樹者也。自絶於樹，則根之氣液雖盛，而有所不能受，豈種樹者能豫定其花實之出於何枝，主何公位也哉！一父之子，一祖之孫，而興廢殊焉，亦若是則已矣！

根雖盛，不能生自絶之枝；地雖吉，不能蔭敗類之裔。而屑屑於前砂龍虎，穿鑿附會耶！吾願讀地理書者，信其所可信，而毋信其所不可信，斯不爲書悞矣。書以明理，而非明理亦不能讀書，又不獨此書爲然也。

《虎口餘生録》書後

邊大受，崇禎末令米脂，募人發李自成父墓。自成陷畿輔，執大受於家，將用爲犧以祭墓。會自成敗，獲免，仕國朝爲某官，世所傳《虎口餘生録》者，其所自述也。自成以一狡賊狓猖，覆明二百餘年宗社，所過誅夷屠滅，發人丘壠，禍延枯骨，而莫可誰何。大受乃於其威勢方張之日，與之爲難，獨行其志，洩天下忠臣義士之憤。且當是時，喪亂之餘，趨避者百方未能苟免，而大受萬死一生，終然無恙。讀是録者，知有命之在天，即自信可以不惑。

迺説者遂以自成之敗爲大受功，此大不然。夫風水之惑人深矣，孝子之卜宅兆也，必誠必信，勿之有悔。黠者乘之，遂操禍福以中人，謂人生之一切感召吉凶，悉由於葬親之故，而其害至不可勝道。以自成之兇虐狂背，雖不掘其父墓，亦終不免於敗。不然，張獻忠等之先墓，又誰知之，而誰掘之？楊憐真珈利宋陵寶玉，而發掘莫之禁者，或亦以此絶趙氏復興之望也。起輦谷不起陵，雖子孫莫識其處，藏之可謂固矣，然亦不復興。或以帝王關天運，異常人，彼魚朝恩遣盜發汾陽父墓，而於汾陽之享受毫無益損，抑又何耶？吾懼其説之不可以訓，而啓人不仁，貽死者無窮之患，故具論之。

書封吏部尚書陳太公《捐粟惠民録》後代

某昔令北屈，距高平千里，而近客往往爲述彼中風俗之厚，及所稱封翁陳太公者，心嚮往之。已入厠臺班，而太公之子司寇公爲總憲，獲朝夕侍。後某以母憂去位，服闋赴補，而司寇公又尋自冢宰還長臺端，以是服習於公最久，而知太公之逸事尤獨詳也。

當明之末造，盗起秦隴間，太公從其兄侍御公，築樓山椒，集鄰里爲保聚。甫及成，而寇鳳至，遂圍其山。計惟求援於州兵，可以紓難，而募樓中人，無敢應者。太公慨然自行，夜縋而出，所縋之綆中絶，顛仆李忠急下縋，以挈之還，則太公猶未甦也。家人甚恐，至昧爽而霍然起，了無所苦，若陰有相之者。於是賊環攻之三晝夜，不能入，則斷汲道以困之。公命汲井水，揚於樓窗示賊，賊智屈引去。樓中近千人，悉賴以全。已丑，姜壤之亂，其黨據州城，以書召太公，太公毁其書，賊怒，以雲梯、大礮攻樓甚急，樓且墮，會去王師至，乃解去。是時，樓因故壘增廓，來依者衆，全活益多。

嗟乎！喪亂之餘，孱懦齷齪之夫，受民社之寄，一旦遇倉卒而遁逃，苟免者比比也。太公以一布衣，篤睦姻任卹之心，遂挺然爲鄉閭捍大難，守一樓以支巨寇。當其孑身宵出，裂書峻拒，豈復計萬全，豫知有異日之尊榮壽考，與子若孫之揚顯哉？惟其至性過人，智勇並生，而事亦以濟。嗚呼！若太公者。固天下士大夫所當則傚，非獨如古所稱鄉先生，爲一鄉師率而已。余故讀翁《捐粟惠民録》，而並記其逸事如右云。

書《陸稼書先生誄言》後

憶庚午歲，晤先生於京邸，出所藏靈壽縣朱仲福《折中曆法》視余，余受而讀之，則摘録鄭端清世子載堉書也。仲福高隱，質行聞於鄉邦，不宜襲人行世之書爲己有。竊意其時鄭書初出，而仲福能博涉，輒摘録以自怡，如中郎之寶《論衡》，其後人不察，遂以爲仲福所撰耳。按，明三百年行《大統曆》，實即《授時》，而惟鄭書能深言立法之意。今得仲福鈔撮其要，本書益加條暢，當正其名曰《曆學新説鈔》，即可與本書並行不廢。先生深以爲然，因屬余爲序而欲付諸梓。明年，余客天津，先生以言事放歸，特維舟過訪余於館舍，取鄭書與仲福所鈔，詳加參閲，録余所爲序以去。

考端清本書，初名《黄鍾曆法》，又名《曆學新説》，進呈神廟，下廷臣博議，而禮臣覆疏，漫無可否。惟邢觀察雲路《改曆疏》中，頗援端清奏牘爲徵，曆官且譁然訐奏，斥爲干紀。乃今觀邢氏《律曆考》，則所見猶在端清之後，斯亦未可謂能讀其書者。蓋當時知曆之人，若是其希也。而靈壽一布衣，乃克潛心探索，落其實而取其材，固已奇矣。即仲福之珍爲秘本，録以自怡，或亦未遑多以示人。而後此數十年，乃復有賢大夫陸先生者，來尹靈壽，旁搜藏帙，爲之亟圖表章，校刻於其身後，則甚矣。人生平之著撰，精神所積，久而愈光，一時之顯晦信疑，何關得失？然則著書者，豈不當以百世可俟爲期，抑安可以人之罕知，而不慎其筆墨？嗚呼！是可以觀矣！

先生理學名臣，曆算非其專習，而汲汲不忘此書，其與人爲善之懷，是乃所以爲真理學與！其在京邸，斗室蕭然，圖書半榻，門庭如水，若未嘗居言路者。解組之晨，訢然就道，蓬窗卷帙，悠然故吾。人但知其直聲震朝野，而不知其養之有素，所操固自有本也。蓋自天津執别，東西南北，無復相聞，亦不知書之刻否？然不意遂成永訣，悲夫！因老友宋豫庵有哭先生文，重灑西洲之淚，謹附記其逸事。

馬文毅公《草書字彙》跋

自有書契以來，法因代變。至秦始有隸書，以趨約易，漢乃有草書，則其變已極。然有變而不變者，以其源皆出於六書，故漢曰章草，謂可施之章奏也。《史記·三王》事，褚少孫論次其真草詔書，使非有相承定法，即人可意爲，其可以通行上下乎！

顧篆文自許叔重氏《説文解字》分别部居，不相雜用，厥後真書撰次，代有其人。至家誕生翁，撰《字彙》，檢尋特便。至於草書，則僅有《草訣辨疑》，略而未備，非精於古法者不能詳也。馬文毅公以方叔、召虎之才，博覽多通，尤善草書，凡漢、晉、唐、宋、元、明諸家法書名跡，靡不單心畢究，辨析其同異離合於微茫疑似之間，略倣《字彙》分部，以類相從，取材富，鑒别精，書法家所未曾有也。

公既篤好臨池，公餘多暇，輒以自娱。其開府粤西也，將軍孫延齡乘滇警變生倉卒，圍公廨，脅公，既知其不可動，則幽公别室凡四載。公惟誓一死以報國，更無餘事，但日取平時所彙輯，重加整比臨摹，爛然成帙。其小楷標目，則公側室顧夫人筆也，顧夫人後亦從公以死。王師戡定，公冢子奉命迎公櫬，乃獲之於廢垣敗簏中。今公仲子池州使君賫兹遺墨，爰購善手鈎摹勒石，以傳無窮。後之覽者，當知公搦管時，固已視死生如旦暮，故能從容閒暇，不改其常度，悉出其生平所得，以與古人相質證。一點畫，一使轉，皆有浩然之氣行乎其中。其忠忱所積，刑於閨門，有以感天地、動鬼神。使呵護其不朽之手澤，以遺之後賢，則一展卷間，而公之生氣凛然如在。所以感發而興起者，在綱常倫紀之大，又豈獨使人知草書之有法度而已哉！

《共食園記》跋

郡太守佟青士使君，出示《共食園記》及其圖，某受而讀之，喟然歎曰：『仕、學之分久矣！使君其古之仕而學者與？』宓子之宰單父，或疑其少，然卒以鳴琴理者，所師友多君子也。使君起家宰洛西，年如宓子，所延致皆河洛間名儒，淵雅道素，以相切磋，亦如單父。使君在洛西十四年，與其人士若主伯亞旅、若父兄，與師之於弟子。既鼎新黌序，肇興學會，又以其餘力，闢官舍隙地而圃之，瀦水爲璧池，構亭臺小院，與賓客游處其間。考古斷疑，悠然自遠，按圖徵記，猶令人健羨神往，况久於斯園者乎？仝子車同於使君之遷楚守也，不勝主賓聚散之感，乃詳園之顛末而爲之記。使君亦眷眷焉，命善繪事者繪爲圖畫，以志不忘。

今夫學而後入政，人皆言之。顧學止辭章，或不適於用，驟膺民社，假手捉刀，簿領紛拏，日不暇給，以視洛西賓客何如哉？夫心有餘於事，則事治而不勞；事有餘於心，則心勞而政益以拙。清明在躬，萬事就理，惟仕而學者能之，而非詩酒優游之謂也。側聞洛西得使君而人文蔚起，至於今弗替。使君之以教爲治，以學爲仕，小試之爲宰，大用之作郡，兹竊爲吾宣慶矣！宣郡自昔多賢守，然惟盱江羅近溪先生以講學爲政事，設書院會館，以居學徒，致龍溪、緒山諸老來主講會，或相與探奇山水，六邑名勝，多遊跡焉，而郡乃大治。繼之者使君矣！兹使君方修復文昌臺、正學書院，汲汲以振興文教爲己任。其將大有造於宣，而異日争傳爲盛事，播之風謡，又豈讓所記之洛西乎？

跋《與石居記》

與石居，在寧東溪，溪上之東，又東距所居數十里，産異石，主人羅而致之庭下，朝夕與居，故遂名『與石居』焉。澗口某君爲之記，於是余適有入山之役。某君寓書天度，屬郵致其文，而文在姑溪友人所，未得致，并未得讀也。天度笑謂余：『子其跋諸？』夫余何敢豫跋某君文？聞之古之贈人也，必有先，先文以跋，或猶行古之義也夫。乃作而言曰：

文章家名能記者，則首柳州矣。爲文鑱削峭刻，與山水争勝，然大都多廣以南。或謂其山水靈秘，有以發之。其所以靈秘，則多石也。顧天壤之大，山水所在，多有其以石而靈秘者，亦何獨廣南？雖靈秘如廣南，獨不得柳州其人一至。而古今之爲柳州者，又或不得一遇如廣南之山水之靈秘。今柳州遺跡，多不可復尋，而其文特傳，豈非石亦有幸不幸哉？乃柳州亟稱廣南多石而少人，雖出於無聊抑鬱，發憤之所爲作，使當時其地有稍稍嗜奇慕古者流，爲之開擴點染，酬唱相宣，抑立言寧至此耶？以寧陽之産異石，而又有嗜奇慕古如主人者，能羅而致之，以與之居。吾知某君爲文，必不勝愛重敦勉之意，而非僅僅爲幽巖怪崿寫生傳幻如柳州而已。天度曰：『然。』遂書之以歸主人。異日者，使附之某君之記之末。

梁崇此《印譜》跋

唐以後，始有玉箸朱文。漢、晉公私印章多白文，以銅鑄。軍中印文多鑿者，取急用也。蓋當時以此爲信，略如今之用押字。又其用在内空，故刻深而鑿去聲圓，無意於工，自然入古。後人不講於篆法源流，而强爲剥損以求似，故失之愈遠。家先從叔楚白，諱士珩，雅善漢章，其論如此。以余所識程穆倩、陳師黄、胡省游，皆能以意倣古，庶幾得之，而穆倩則嘗從遊於漳浦，故其學尤有本末。

雲中梁崇此洪，年少多才，嘗過榆關，旬日題咏成帙，而特好六書，筆意古質，無篆刻家習氣。余於友人砦元彦所，獲見其所輯秦漢印章，雜以己所鋟，幾不能辨。而崇此方蒐討古金石文字，孜孜不已。極其所至，將入古人之室，不啻軼諸子而上之矣。

昔羅泌謂篆、籀並作於一時，而《水經注》古棺前和有八分，唐人《錢譜》太昊氏金尊、盧氏幣，其文有今筆。故《丹鉛總録》謂：『書契既作，字體悉具』『八分不始於秦，小篆不始李斯。』然則秦丞相獨以小篆名家者，工力勝耳！厥後李陽冰生於李唐，亦得其法。

金陵孫吴《紀功碑》斷而爲三，千五百年，人不能句讀。吾友周雪客、鄭汝器搨而合之，三段皆相屬，有文理，遂成完碑。崇此愼自愛，人豈有今古哉？

錫山友人《曆算書》跋

錫山《曆算書》者，友人鮑燕詒、楊學山之所作，而學山之祖定三爲之裁定者也。其書有步日、月、五星之法，有説有圖，以推明步算之理。

余嘗謂曆學至今大著，而其能知西法，復自成家者，獨北海薛儀甫、嘉禾王寅旭二家爲盛。薛書受於西師穆尼閣，王書則於《曆書》悟入，得於精思，似爲勝之。錫山書多本嘉禾，然如《月離表》法不與《曆指》相應，嘉禾與北海書深疑此事，而錫山諸子能以再加小輪與表密合，不啻青出於藍矣！寅旭與余同時在江以南，而不相聞知，不能相與極論，每用爲恨。潘稼堂太史屢相期至其家，悉致王書，屬爲校注，以事未果。錫山乃先得我心，可見吾黨中故自有人也。

庚寅之冬，偶有吴門之遊。學山同吾友秦二南，拏舟過訪於陳泗源學署，出示此書，余亦以《幾何補編》相質。約即往二南園亭下榻，爲十日快聚，乃又牽於事，一交臂失之。而鮑君適於其時病卒，尤可悼惜！余每思再過吴下，而忽忽遂餘二載。今行年八十，且多病，不知能復出與否。故以余鈔本，因廣文顧君歸之，而留其原本，并叙其因起如此。書凡五册，《溯源星海》二，《王寅旭野曆圖註》二，《三角法》一。火星論中，多采余説，其書係余客燕臺時，與錢唐袁惠子辨論而作。雖存稿本，未嘗多以示人，不知錫山從何得之，豈即袁君所授耶？然即此見袁君之虛懷與錫山諸君子之好學矣！此學甚孤，有從事焉者，或株守舊聞，各持一得之長而不相下。同方合志之友，古所難也，而又弗獲群萃州處，以相與盡其才。因序此書，重爲冀倖，庶有以使之合并而成就之乎。康熙壬辰臘月既望。

《蟄道人小像》跋

余獲交蟄道人，蓋自竹冠先生云：『道人花鳥得宋元人筆意，片紙走天下，好事者重貲以購，顧道人未屑屑應。』先生與道人友，相得最驩且久。先生曰：『今道人繞指柔也。』以余觀道人殊不柔。士挾一長，竊竊然附青雲、冀聲施者無不至，道人俯仰時俗，意所到必身赴，無所復難。酒酣，箕踞抵掌，慨慷激越，風生而濤怒也。睥睨千古，身後名曾不足當意者，尚何有當世？由先生言之，方獧道人之狂；而余猶狂道人之獧，是道人之穎處而或脱也，豈不以時哉？

《陽宅九宫書》題辭

近世相宅，率祖黄帝《宅經》，以八卦分東西四宅，余故嘗疑之。歲己未，於山陰友人得所傳幕講僧九星飛白之説，吉凶方位與八卦正相反，然其法盛行浙東，僉謂奇驗，亦如八宅家之信《宅經》。他不具論，姑以坎宅言之，在八宅則西三門不可開，在九星則離爲五黄關煞，然則都邑有東、西門者，皆爲相犯，而官衙南面，皆犯關煞乎？此不待智者知其不然矣！新安王一之著《婆心集》，楊長公著《理氣考正論》，皆闢八宅之謬，然未及九星者，未見《玉鏡》等書爾。周太常修，應天學，豫讖大魁三人，果符厥兆，金陵人至今能言之。然吾嘗見其《陽宅定説》，則亦未拘拘於東、西之不相犯也。説者謂古人理氣授受，别有奥旨，不筆於書，其果然耶？

夫向明而治，本之《易傳》，堯舜以迄近代，未之或改。至遷都立郡，城門衢道之横從，皆歷代名賢所區畫。乃學者漫不參究，而顧區區偏守乎俗巫之訛傳，以矜奇秘，豈非大愚？且夫知其一説，而不知又有一説，則無所復疑，而不更事咨詢，於是迷惑，拘礙室闥，以終其身，自誤誤人，貽害萬世。嗚呼！可哀也已！吾故特存此書，以告夫世之專信八宅者，非欲其舍彼而用此也，將使之破其所恃以生其疑問，庶幾能深思博考，而有以盡其理乎。

卓子任《山塘話别圖》題辭

卓子鹿墟，以丙子春暮與余相遇于江干，自誦所作詩，落落有奇氣，余固心異之。已，從亡友汪淡洋所，獲知其從軍之概。己卯秋，復遇之無諸城，爲余言閩疆開復次第，及金、厦門、澎湖、臺灣、鷄籠、淡水諸海道，歷歷皆如聚米。

夫自東南用兵以來，竄籍行陣，用戰績起家，不知凡幾。而軍興方懸賞格，招徠攜貳，波濤之民，鯢桓蜃變，幾以投戈就撫爲終南捷徑。其登膴仕，擁纛建牙者，往往多有。卓子一書生，提軍入險，親冒矢石，裹創轉鬬，爲士卒先。所向克捷，功在旦夕，乃忽憶老母待養，遂亟謝病以歸。口不言功，併所積勞。累加已授之職，一旦決然，棄之若敝屣。今其來閩也，涉揚子，過金山、虎丘，泛西子湖，觀潮於錢塘，溯嚴子陵釣臺，所至與吴越詩人搜奇弔古，轉日夕留連而不忍去。同遊諸子，各作圖畫詩歌，贈之盈册。蓋卓子既自忘甲寅、乙卯間事，而人亦不復知三衢八閩，爲卓子立功之地矣。嗟乎！後之人不於是，可知卓子也哉？

梅節母行略

節母姓鮑氏，鼎高祖南溪公母弟、黄州通守嶧陽公孫奭祚妻也。鮑，寧國縣著姓。父汝士，祖志三，皆名諸生。明天啓初春二月，訛傳將采民家女充掖庭，江以南盡譁。女有容儀者，輒昏以避選；其不及年者，則送之壻家。母以是來歸，年方二七，姑王氏女畜之，將涓吉以成禮。而奭祚幼失怙，姊壻已氏穛𥝠，以妄聽妖覡詛魘人獲罪於其族，族之人乘其兩兄之殁，脅而分其田。秋，奭祚往爲姊收穫，遭群毆，歸咯血，旬日不能起。垂涕告其母曰：『兒死矣！其忍以就木之餘，名少女爲妻乎？其速歸之。』母以語節母，節母不可，曰：『是何言？既受父母命來歸，又舁而返，不其辱我先人乎？其不能成禮，命也。倘有不諱，當侍姑老，死此數椽中，他不忍聞也。』言訖泫然。姑感其義，遂不復强。奭祚尋愈，冬十二月，告廟合巹焉。明年，疾復作，俗工誤投鍼，筋錯而攣，骨痿，兩足廢不用。母煢然上奉孀姑，退則謹候奭祚，動息涼燠，食飲藥餌，十餘年無怨怠。無何，姑及奭祚先後殁，産盡於醫，子女在繦褓，而外又無親戚可倚仗，母蚤暮紡織，縫紉衣襪，組履易粟，自忍饑以哺遺孤。非其力，雖絲粒勿以受。有繼之薪糗，則以女紅當其值焉。今年七十有六，蓋積五十年而操作，未嘗一日懈。

方崇禎末，旱蝗洊臻，米踊貴，盜起民流，雖素封家不能保。母以二十四稱未亡人，徒手育三稺兒，火不舉者屢矣！宗姻憫之，咸多方諷母，母以死誓，莫能奪。嘗大雪數尺，抱兒告糴於鄰，鄰貸之粟，且歎息傳語之，以謂歲月之遥遥莫可知也，而時事益艱，與其弗能終，無寧蚤爲計。母聞之泣，覆其粟雪中，去。每中宵倦欲，則益奮勵，以針自砭出血，曰：『若不憶告糴時乎？不自力燕所得食，長爲所笑矣！』雖冬夜無火，手足皸瘃僵凍不稍休。嘗曝被，或疑其重，詢之，則猶奭祚時物也。蓋朽絮敗麻苧，歲以相纍綴焉！

姑性卞急難事，母能得其歡。姑爲嫡子居守得疾，危甚。母泣籲神，口齩左股肉，右手持利翦翦之，雙目忽暗，若有助者。肉墮几上，躍而動，取寘栝中，猶蠕蠕不已。急縷切作羹，盛之瓶而楮羃之，加鐵焉，自持餉姑。遇环珓於門，卜之：『藥宜病乎？』曰：『死者即起，生者將逢其怒。』母含淚私祝以喜。至則姑舌缩不省人矣。擅而坐進一匕，遂能言，自索餉盡啜之，怒其少也，詬之，如环珓者言。輿而歸，自是彊健，又五年而卒。

初，奭祚病劇時，四肢盡瘇瘍，作楚呻吟達旦，醫謂不治，母亦刲股而飲之，諸苦如脱。兩創處皆無血，以香燼奩之，暳暳作蟬聲，皆不數日而瘢平。

嶧陽公有惠政於漢陽，生四子，孫枝衍盛，户部郎無華公其一也。不數傳，或有無後者。節母以一女子茹荼自立，昏二子，嫁一女，有內、外男女孫，與諸宗鼎峙。嘻！不可謂無天道矣。

論曰：甚矣，例之域人也！旌典以年未三十守貞，至將六十猶存而無改操者，許建坊，而志乃不傳生存何耶？豈非以令甲須覆覈，而鄉評歷久彌真，故無論男女，率以蓋棺而定與？且夫之死而靡他者，貞婦之所得自爲也。由是而其孤成立，或以大其宗，蓋有天焉。貞婦而得孝子以爲之顯揚，聲施後世，誠所大願。若以伶俜枝拄，僅能存一綫之緒於將微，此其事隱約而功實鉅，其爲難亦倍。綱常，天地之所以不敝，乃往往男子去之，而婦人存之，富貴者忘之，而貧賤守之，固立言君子所不欲聽其泯没者矣。康熙丙午、丁未間，《梅氏族譜》成，曾破例書母節孝事，衆以爲公。癸丑、癸亥兩修郡志，限于例，不獲載。當事者哀其苦節，貧不能上達也，特書額榜其間，且録其實，藏之所司，爲他年載筆地。某乃述其略，用告來者，俾有所觀感而興起焉。

康熙癸亥七月族孫文鼎述

祭施侍讀愚山文

嗚呼！維公碩德，表正邦俗。天不慭遺，騎箕胡速？公歷中外，風徽穆穆。洊涉清華，訏謨黼黻。令譽永終，宜家及國。存順没寧，反躬良足。所憾江城，隕兹喬木。麻姑之麓，宛句之濱。丹旐言旋，童叟哀吟。矧辱知交，誼重情親。惟公至性，實稟家學。嫡嗣旴婺，遠宗濂洛。贈公純孝，行媲曾史。亦有賢叔，因心則友。爰及於公，如醇益旨。一門之内，雝雝怡怡。少長無間，執禮敦詩。源裕流清，根蟠實大。發爲高言，度越時代。筮仕秋官，比附明慎。日暇心休，頌容嘯咏。特簡司衡，講學東魯。甄才興行，蒸蒸復古。分轄湖西，以教爲治。反側解散，噓之元氣。白鹿金牛，修廢舉墜。十載里閈，事叔如父。親串過從，交皆布素。把酒論詩，不知貴倨。林居平淡，若將終身。徵書異數，敦迫乃行。宏博登庸，優游禁苑。授筆大官，網羅靡倦。《明史》手成，七十餘《傳》。中州典試，矢志公明。正己率物，規約群遵。程式有則，高懸國門。嘉命重申，帝典斯述。聞望攸隆，竚公啓沃。寵注日新，玉樓遽召。歲豈龍蛇，厄乃吾道。尤可痛惋，伯子明經。才奇年壯，績學修身。憂勞不起，地下從君。酷哉彼蒼，不弔頻仍。憶昔追隨，時聞緒論。目擊道存，宣昭義問。感公念舊，更篤友生。才彦後起，公借以名。短翮乘風，俾就騫騰。方蕲聯步，仰佐休明。何公弗待，竟赴修文。嗚呼！公殁京邸，奔訃同官。名儒英俊，爲公視含。元老巨公，致奠作誄。述行銘幽，千秋洵美。生榮死哀，俯仰奚愧？讀君遺筆，晝夜通知。翛然去來，何慮何思？惟善其生，乃善其死。生平所獲，此足觀已。嗚呼！橋崎雙溪，山來北郭。顧瞻前後，一何曠邈？江河之逝，汩汩波翻。公今復往，孰砥其瀾。能無對此，出涕潸潸。嗚呼！公文在世，公愛在人。靈爽於昭，公其儼臨。釃酒陳辭，鑒此微忱。嗚呼痛哉！

祭汪仲熾文

嗚呼！真友希逢，精修罕遇。至詣闇成，中道窘步。天耶人耶，孰明其故？能不傷悲，涕零如雨。於惟仲熾，學有淵源。恂恂鄉黨，行顧其言。在昔盱江，六邑有會。寧特承流，恃君數輩。舉世滔滔，諱言學道。性命微言，聞皆失笑。君能肩荷，善尊所聞。道勝而腴，耆艾聰明。厥貌如愚，懷珍被褐。玉醴薰蒸，竚餐金液。嗚呼！難信難行，實惟兹事。弗求胡獲，弗行奚至？余實凡庸，聞道若亡。如蠶自縛，欲出無方。君洗以善，道存目擊。而今已矣！疇箴予溺。君嘗語余，及是偕行。勇絶諸緣，往即良朋。昨歲書來，謂將北上。匪榮鷄肋，用息鹿鞅。從此棄家，就余柏梘。跡溷樵牧，其樂靡厭。捧函三歎，慚余鹿鹿。豫擬合并，導我迷谷。寧知永訣，天乎何速？嗚呼！天不愛道，而獨君靳。魔豈道生，分或有定。遥遥燕臺，爲程數千。憑軾安驅，尚怯風前。君乃徒行，重跰至彼。廷對雍容，文辭洵美。强固精明，良足徵已。歸程多暇，寧乏舟輿。乃亦曳履，坐憊長塗。干將之鋒，以剸虀甕。連城夜光，甃砌爲用。半生勤毖，崇朝而畢。臺成一簣，里半九十。天實爲之，咎將誰執？嗚呼！數君學行，醇備靡虧。離塵遠俗，皭然不滓。逍遥去來，可謂全歸。哲嗣敦樸，克傳詩禮。君於守待，亦罔憾矣。獨此區區，未畢君志。垂成輒止，使我心痗。我有穉孫，締好君門。而我之慟，匪以朱陳。憶余去省，適君旋里。命兒視君，君曰必起。江水悠悠，飯含未視。心淚幾何，而能堪此。嗚呼！雨雪楊柳，年光旋變。宿草欲青，淚珠重濺。君之精進，厥終尚艱。作輟如余，復何冀焉？静言思此，能無涕漣？我聞道人，機有生熟。縱有隔塵，志堅能續。君今觀化，兹因不昧。用陳蕪辭，庶鑒微意。尚賜提撕，警余墮廢。嗚呼尚饗！

哭從弟中伯文

嗚呼痛哉！我中伯遽如是終耶？以君之學通經史，才擅雕龍，萬斛文源，倚馬可待。取青紫固當拾芥，即不然而書記從軍，亦得稍展其抱負。顧乃白首諸生，屢困場屋。又以才高見嫉，龍性難馴，至覓一館穀之地而不可得，天乎何厄君之甚耶？

十年以來，獨行踽踽，遇益窮而守益堅，終不肯受人憐、因人熱，惟往來於荒村里塾，如木鐸之周流。後生經其指授，皆以能文，然皆意至而來，興盡而返，未嘗終數時淹也。邇者國家右文，興復古學，謂比偶之表判不足用，而改用詩篇如唐試帖之制，竊意君得意之期，其在斯乎。而吾家之義塾適將落成，吾方欲延君爲學者師，以大興詩古文詞，以復我前輩嘉、隆間之盛事。君亦磨礪以須，取唐人排律而註釋之，將以便初學，特來告我，云已註成數首，不旬日即可成書。而言猶在耳，遽爲天所奪。嗚呼痛哉！

君多怪少可，而獨暱就余，蓋氣味相同，非獨以群從親也。吾雖十年以長，而所資益於君者甚多也。吾既老，不能出遊，城郭中亦不時至，所比鄰朝夕相依，君一人而已。每君之出，則徬徨如失手足。而不謂竟先我而長逝耶！吾有言誰與聽？吾有疑誰與析？吾有作誰與定耶？家課誰與興？後生好學者誰與倡率耶？嗚呼痛哉！

君一生獨行其意，至死不回。孔子所謂『志士不忘溝壑』者，君其有之，亦何憾哉？獨是君所爲詩文，走筆千言，隨手散落，庶將收拾其僅存者，謹爲護持，以待表章，是余輩後死之責矣。吾耄而衰頹，不能自哀其集，安能爲君？然此意不敢忘也。庶存此意，使後之人爲之乎。君其不昧，尚鑒余衷耶？嗚呼痛哉！

王太夫人祭文代

名世埏生，必稟母德。如彼楝梁，厥産山澤。山澤虚涵，以毓國楨。鞠育教誨，功並生成。天佑碩輔，亦佑其母。眉壽考終，遐福亶厚。惟太師母，世冑名門。上下和敬，家無閒言。中饋克相，儀始壼内。其稱未亡，徽音克煒。惟我夫子，時方數齡。惟侍御公，友于情殷。勇割愛息，以爲母子。母實恩勤，出腹如己。織紝誦讀，形影相依。撫摩顧復，曾無瞬離。有時稟命，暫歸省侍。母輒倚閭，盼望垂涕。慈仁深浹，義方是圖。以母節操，爲師楷模。於是侍御，起家經術。鴻辭麗藻，藝林傳述。訏謨底績，敷奏登庸。兼三不朽，爲時所宗。師受母訓，力紹家學。早歲蜚聲，巍科踵綴。薦歷清要，典試兩闈。取材鄧林，甄拔靡遺。辰告遠猶，文章經國。美在其中，發於事業。爲川舟楫，爲夏霖雨。在周旦奭，於唐皋禹。凡兹勳德，淵源胎教。又嗣貞母，薰陶有道。良金産南，復入良冶。質醇氣備，能無鏌邪？客歲之春，喪姚太君。師歸襄事，母時八旬。方幸瞻依，朝夕寢膳。含飴高堂，兒齒善飯。帝思良弼，起公於家。晉位中丞，馳驛拜嘉。孝子依戀，忍去慈幃。母曰君命，往哉勿疑。庶幾顯揚，以忠成孝。誰期婺星，遽隱西曜。在母懿德，比貞松柏。天年上壽，寵命三錫。倏然去來，無疾令終。五福既備，疇則能同。我師苫塊，亦侍嚴親。省覲悲歡，用慰趨庭。惟是蒼生，殷勤待澤。眷注方隆，爲母銜卹。某忝門墻，休戚匪殊。聞哀愴悼，能勿漣如。王程罔稽，未遂奔哭。聊申蕪辭，以佐芻束。絮酒在尊，楮帛既陳。母其有知，尚鑒遥忱。

祭劉母文代

嗚呼！天奪吾母矣，乃復奪吾伯母耶？吾喪吾母，無以生爲矣，乃吾母未葬，而伯母又繼之，亦何辜於天耶？

世之結交者衆矣，惟我起潛長兄磊磊落落，少所許可，而獨與吾善。其視吾猶一人也，視吾母不啻母也。吾升堂而致敬，伯母之愛吾不啻子也。吾兩人真如一母之子，吾兩母真如一人之母也。兄南行而見吾母，吾母見兄如見吾也。兩母時相寄問，雖千里如一堂焉！吾羈北方，不得時時侍吾母，獲侍伯母如吾母焉。吾之不德，吾母見背，而伯母悲矣。兄之所以哀吾者，靡弗至矣。吾方風木銜悲，經營宅兆，庶幾於服闋之後匍匐北行，稽顙痛哭於伯母之前，以訴吾母之勞瘁，而今已矣。嗚呼！豈不痛哉？以兄之賢，養生送死，無所不竭其力。誠孝之感，用致良槥，以奉二人。而又分其餘，以及吾母。『孝子不匱，永錫爾類』，寧惟吾子若孫銘之世世，凡有母者皆感之也。有子如兄，伯母其可以含笑於九京矣！又況二難競爽，孫曾環列，振振繩繩，伯母之令德壽考，親見後裔之盛且賢，夫復奚憾？獨是吾之不孝不德，昊天降割，吾母之含而不及視，既不可以爲人矣。吾母之窀穸未定，而伯母繼徂，竟不獲泥首繐帷，拊棺一慟，抑又何以爲心乎？

嗚呼！我母之劬，惟伯母知。吾失吾母，猶伯母依。天之厄我，相繼我違。如痛重灼，心魂驚飛。音容匪遠，展哀何時？燕山北首，黄河東之。河山有窮，此恨無期。和淚瀝哀，靈其鑒兹。

先王父研銘有序

嗚呼！此先王父所遺之研也。先王父棄小子鼎十有一年矣。憶先大人教小子初學爲文時，王父年且八十，每旬三課，王父命題必二。塾中晨起，注水研池，拂几席未定，班班然聞叩門聲，則童子以題紙下手書也。亭午，童子至，問課畢否。自屬草至文成，督促者屢相錯，大風雨無間。脱稿呈塾師閲定，亟持去呈大人，再呈王父。王父嚴，不輕假許可。余小子置文研北，屏首侍閲，一二語略合，似首肯者，覘知望外矣！已色和，進而教之，發揮題旨，出所藏刻作以示，令諷誦畢，徐與辨定當否。小子益自喜，聞所未聞也。已命筆蘸研間，於所課文中，間作濃淡點幾十數處不等，或句住處加之一圈，文首加點一二，亦或一圈，最難得文尾作大字不滿十，寓激勸，如是而已。爾時小子奉而退，拱璧不啻也。是時大人於小子亦嚴，終歲閉之家塾，從一先生，別無他同學。門無雜賓，酬對益簡，日授書有程。新奇可喜，龎雜之好，不得至其耳目，惟專習所業，求得當塾師暨父、王父意。已而鼎泮游，時年十四，王父撫之曰：『余家於宣，固衣冠族。余先世則農而士，及余之身，而老一經，貳巖邑，無所發舒，爾父又老諸生。爾勉之。』自是以後，稍稍能自課，所以督課亦稍稍緩。每月終則裒集所爲文，上之大人，大人上之王父，以取進止。歲甲午，王父没，大人畀此硯余小子。大人以家多難，薄遊四方，不數年亦相繼没。悲夫悲夫！余小子煢煢在疚，護遺書，奉此研周旋。十餘年來，所成就大略可知也。爰泣而銘之以自勖。

銘曰：石一片，自爾祖。爾何修，繩厥武。德惟一，罔不吉。吾師乎，介於石。

静室銘有序

余仲弟文鼒素耽静，其讀書城南静室，余嘗爲文送之。室遠城可半里，址高埠，與城堞相望，左右諸岡錯峙。前有澗環之，深二丈許，俯澗外平處，迤而上。附城隅皆市廛，闤闠千餘家。支木橋跨澗，纔一人通，而爲郡東南入出孔道。橋之南道左叢薄間，籬落周布，圃畦縱衡，一僧食力無求人，人亦罕至。竹木四映，仄徑斜回，松風乍鳴，積葉恒滿。屋數椽不高，頗整潔。屋内金蓮花共佛三，自外無長物，頗閒雅。而弟與懷叔下榻其中，柴關晝掩，窗虚日明，琉璃夜懸，研席如水。又頗窅然以遠，寂然以深。余過而樂之，謂弟曰：『室静，洵不負人，尚勉之，於兹室其毋負。』乃作《静室銘》。

銘曰：動自静來，静由動顯。苟無動者，静亦何有？離動得静，動者汝心。安有離處，愛静求静。静即是動，以有著故。至人無著，亦無所静。無静之静，是謂常静。儒者習静，當于動中。存不動體，食息提撕。乾惕戒慎，日與動俱。此中惺惺，動且不動。而况其静，是謂主静。主静立極，天地爲室。

日晷銘

寅賓出日，寅餞納日。化國舒長，唯君子之錫福。

又

赤位知時，黄周紀歲。歲圓象天，位方法地。準以垂綫，方圓易置。觀此洗心，益我神知。

又

度紀周天，珠懸一黍。亦中亦西，自我作古。以貺哲人，惜陰爾許。

星晷銘

日軌歲周，天行時改。用星推日，知其所在。無愁長夜，有斯不昧。

又

以星測日，圖南於北。在夜知時，孔昭無忒。惟君子之闇修，萬邦爲則。

又

黄道右升，赤經左歷。天步環周，中宵不息。伊誰喆人，仰思繼日。在闇而章，與天無極。

又

吉人爲善，唯日不足。繼之以夜，媚我幽獨。

又

盤運如天，標常指日。北斗南辰，視掌斯秩。火滅脩容，相在爾室。

雜銘有序

余既銘王父研，因念古者盤、盂、几、杖，蓋無往非省存也，矧余小子乎？作諸銘如後。

座隅

天依形，地附氣。渺余躬，參二際。呼吸氣，舉足地。俯仰間，求自對。

又

座擁群書，南面不啻。息心其間，群書可廢。敢謂坐忘，庶幾集義。

又

布袍適體，瘠土可耕。澹泊寧静，毋揺爾精。無求謂富，無辱斯榮。

又

窮萬卷，何如守一言？矜衆長，何如祛一短？

花瓶

召祥者和，解凍惟春。相彼花瓶，寓目忘嗔。

筆

筆之未下，筍中之竹，節節悉具。當其時下，水出瞿塘，滄海東注。欲下未下，神凝目睇，引滿審固。意之所至，急以筆從。如形有影，隨其曲折。變化萬端，而無弗罄。今與筆約，但適爾性。無枉爾徑，爾權斯正。

又

心正，筆正。古人有訓，作字必敬。

又

言可行，斯德音。行可言，無汗顏。

課所

賦名六合，斯之謂愚。何以攻堅？悉鋭一隅。十二力取，十五勢舉。留彼三分，以還樸純。

研

惟不動，爲動君。惟不用，用以成。渾且厚，拙且恒。深有功，於斯文。

墨囊

天之蒼蒼，其色邪？日月星河之相摩，而益新其德邪？千言萬言，用子少許已足，何不竭邪？惜當如金，賣當如璧。彼叨叨者，凌雜斗筲，又足爲子褻邪！

又

知其白，守其黑。不可窮者五色，而莫我能忒。

又

生於火，成以水。火水合體，生生不已，與斯文乎終始。

格眼

格者合也，格者至也，格者各也。各至者合之，而罔不至也。

又

或印之裏，圭角渾成；或映之外，峭厲嶙峋。印者從物，模有時圮；映者從我，所謂絜矩。

銅水注

不溢故容，不傾不溢。惟爾之骨重神寒，故淵泉而時出。

硃匣

維朱與墨，天地之雜。二者相得，其用乃出。千古之人才，於焉黜陟。聖賢之經傳，聽之批閱，敢勿敬乎斯一點一抹？

筆筒

筆偃蹇，爾則植之；筆縱横，爾則束之。静倒向天，動順向地，吾寫吾意。

書篚

庖犧立象，一畫盡意。虞帝傳心，十有六字。溯流見源，由本貫末。反約何從，博學詳説。

又

遺書飽蠹，何以對父？棄實阻華，不負書邪？

又

能作自己觀，許爾判斷古人。能作古人觀，許爾判斷自己。

又

亦有書淫，亦有書癖，涉獵徒勞，寸陰可惜。

又

以悦耳目，差賢博弈。以資筆舌，身心何益？

算盤

交深則食，留極乃逆。當其動，可以數得。數窮萬，一弗窮。寂不動，籌策安從？

又

後位十，當前位一，一有十也。下位五，當上位一，一有五也。後之上位二，當前之下位一，一有二一也。是故上位二，二各有五也；下位五，五各有二也。二者氣也，五者行也。二、五交，萬化出也。一者，太極也。二者，二其一；五者，五其一；十者，十其一。通于一，萬事畢也。上位二，而用者一也；下位五，而用者四也；數有十，而用者九也。一常不用，惟不用，故常用也。

又

嗚呼！天地莫違者數也，而况於人乎？

尺

累表致遠，覆矩鈎深。不爾自度，物安從正？

等秤

千鈞之衡，至萬鈞而失，則見大難也。銖兩之制，至累黍而窮，則取精難也。

斛

盈於量，人則概之。虚可受，人則益之。

斗

愚聞之師：斗者，天之號令。惟其信，所以神與。《虞典》曰『同』，《魯論》曰『謹』。同非一家一鄉之所能知也，而敢弗謹與？十升之器，不知於故府之法何如也。雖然，此余受之高、曾，可以自信者，其可竇孰甚？

方倉

平方積百，立方容千。忽微差謬，廉隅不全。

鏡

圓盂無方冰，直行寧曲景。莫負爾須眉，惕然常内省。

扇

寒動不生寒而生温，熱動不生熱而生清，斯其爲大復而大勝邪？吾於是而得養生。

又

高視疾揮，爾乃過眉。雖則過眉，人之所指。澄神平氣，清風徐引，事半功倍。

又

有其具，舒之捲之。苟無矣，舒捲奚施？

又

備吾忘，質所疑，紳若笏，爾兼之。

茶具

七椀風生，蕭然氣清。俯仰太空，纖翳不侵。

酌具

微醺毓神，三升益膽。天地絪緼，太極未判。

藥裹

於戲！夫孰知安樂之爲賊，而瞑眩之爲德？

又

醫國於民，養體於心。標本之間，聖賢所欽。

又

藥猶兵也。佳兵者，不祥之器。

竹屏

不能立，其能行？不能堂，詎能室？

棋枰

制勝不敗，置身局外。

吉閣研銘有序

觀行堂主人雅好古翫，而自負精識。所藏罏、研諸器，每自詫爲希有，雖賞鑒家不輕以示。一日，出一古研，曰數百年物也。蓋古之善書者愛之，以之爲侚，而復出於人間，故其蝕乃爾。研之長可四寸許，闊如長五之三，高如闊七之四。足缺於蝕九之二，硯之面與池幸不深蝕，楞郭特周好如故。試之墨則大發，墨異於常研。於是有善爲研者武氏，一見驚喜，爲之作紫檀牀以薦之，就其缺足齟齬坳垤，巧輳無隙，如完研焉。主人謂余：『盍銘諸？』余惟文字之具，研爲最壽，顧以惜之之深，而至以爲侚，乃遂以蝕焉而至於缺，蓋塵薶者不知其幾何年也。然今以蝕且缺之故，信其爲先代之珍，益爲人間所寶重。黄帝曰：『生者死之根，死者生之根。恩生於害，害生於恩。』此足以觀矣。且夫恩且害者，人之所以目研，而研無所知也。故其天特全，不以蝕損。研之旁有行書字三，中一字漫滅不可識，識其上、下兩字曰『吉』『閣』，因命之『吉閣研』，而爲之銘。武氏曰：『以吾所見研之奇古，吾倣而作之，皆可亂真，惟此研之蝕痕不可以僞。』武氏者溧水人，雲名，字長龍。能鐫碑，不用書丹，臨其字刻之，形神不失累黍。

銘曰：蝕者形，不蝕者神。惟爾之無害無恩，超然於死生。

周卷庵生壙銘有序

此卷庵自卜壽藏，而婺源鄭東山所阡也。地名某，在某原。初，卷庵元配劉孺人早世，浮厝三十餘年。康熙乙酉，始移葬兹山。卷庵及其繼配徐孺人，各存壙於其左右。卷庵姓周氏，名之祚，字永錫，行十。考諱某，生幾子，卷庵其長。年十八，隸宣城縣庠，爲博士弟子員，越十五年而餼學官。又三十年，以明經領歲薦，楗户讀書。所居闤闠若山谷，惟教授生徒、訓諸孫是務。晚更好形家言，既卜葬其先人於姑山之麓，復自營兹圻。是年二月，卷庵七十，徐孺人六十有八，並康强善飯。迺豫爲藏，屬余銘之，可謂通矣。

銘曰：古爲徒，塵莫攖。經既明，貢大廷。豫佳城，達死生。宜蒸嘗，百世芬。

葛仙公贊有序

文脊山直郡南，綿亘數百里，而居其最中央者，柏梘山也。柏梘山深處，爲仙人臺。一峰拔地起，臺居峰顛，正方而平如棋局，四面陡絶，不可得上，他峰遥望，庶幾見之。相傳峰腰舊有古樹可緣以登，有葛仙公者，曾以采樵至其上，見兩人對弈，試觀之。餓，弈者食以棗一枚。及還，視所置斧，則已長合樹中。亟歸家，子孫皆不能識。遂復入山，不知所終。蓋或以爲仙去云。梅勿庵曰：自宋以來，余家祖墓多在柏梘，距仙公所居數里，至今其後裔安土順則，渾渾然葛天氏之遺民，其餘麻蓋遠矣。因爲之贊。

贊曰：猗葛公，居仙村。謝囂塵，契至真。感異人，火棗吞。迥遥興，乘白雲。臺嶙峋，至今存。竚笙鶴，賁家園。似丁威，羽翮翻。武夷君，錦縵陳。垂至言，還樸醇。

觀行堂箴有序

蔡子璣先，築室於其先人舊廬之南，而名其堂『觀行』。寧都魏叔子記之，南豐甘楗齋爲之説，番禺□□□歌之以詩，無錫張秋紹作賦賦焉。蔡子曰：『惟諸子之言益我至矣。雖然，願有箴也。』以屬余，余不獲辭。

箴曰：君子制行，惟基之厚。亦如作室，期於克久。是故仁者，必念其先。臨淵履冰，庶幾象賢。爾蔡世德，難更僕數。近逮耳目，自曾王父。厥德伊何，亶厚匪薄。拯阨釋争，每捐己槖。爲善於陰，不欲人知。如彼飲醇，既醉而思。里有鬩牆，公爲償金。屏語跽請，各動以誠。兄弟咸感，翻然深悔。久益自悟，終敦友愛。惟公長者，尤敬詩書。道遇縫掖，必拱而趨。惟德天眷，子孫逢吉。積石之藴，長河斯溢。以兹篤生，乃祖二白。義抗權閹，智擒妖賊。贊晝薊遼，出守於雲。鋤猾折璫，直聲錚錚。乃父抑庵，亦起甲第。文高紙貴，争傳弘製。性恥巧宦，遠謝奥援。不辭邊邑，西宰甘泉。甘民孑遺，鋒鏑之餘。抗陳兩臺，浮糧用除。仍有積逋，鬻産爲代。身當疲驛，虎吏斂退。流移既復，溝瘠更生。報最得擢，善後經營。入爲郎署，遂典名郡。分巡通、薊，皆成美政。晚節歸休，頌容杯斝。視膳多暇，寄情風雅。乃祖乃父，皆爾親炙。實本爾曾，德音其貊。爾欲觀行，其則不遠。立身揚名，孝德無忝。觀爾之行，在爾子孫。宜兄宜弟，以作之型。愛其親者，於人無忤。敬其親者，於人無侮。尚善所推，强恕而行。須留渾厚，勿恃惺惺。和氣致祥，乖則召戾。恂恂怡怡，温恭是貴。帝德克讓，鬼神福謙。毋以賢智，爲天下先。

出好興戎，亦云自口。尚慎旃哉，如瓶敬守。言人之過，當如後患。尚慎旃哉，隱惡揚善。聽人之言，必觀其行。見人之行，必觀其心。論篤行浮，色仁心鄙。乃如之人，不足觀矣。觀人既爾，觀我亦然。願以此心，時時反觀。行固有本，觀亦有法。格物取友，斯能省察。相彼止水，須眉畢照。心平氣静，乃觀之道，爾觀既止，爾行必盡。並懋知行，克念作聖。觀清行止，立身之寶。裕後承先，富貴壽考。梅子作箴，以代禱頌。願寘堂廡，奕葉斯誦。不文之言，與堂共傳。登斯堂者，尚省觀焉。

梅文鼎全集

績學堂詩鈔

序

沈起元

於舉世數百年所莫爲之學爲之，而其端至微至密，其事至實，不可以豪釐差，不可以意匠營度，而獨孜孜焉，自少至老，竭智慮以窮其術，而非有所慕利於其間。斯其志趣，若逃空虚者之乎廣莫，遊寥廓者極於青冥。其視世之呫畢歌吟以弋瑣瑣之名者，豈直蛙聲蚓竅而已哉！宜無復有所置意。

今夫天地古今之所以爲天地古今者，氣與數而已。數肇於氣，而即以定氣。故數也者，古帝王以之明天察地，紀物蹟而覈事變，三代之實學在是。後浸失傳，流海外爲西人得，轉以踸踔乎中國，可歎也！

余昔年入京師，聞宣城梅先生精數學，以安溪相國薦，聖祖仁皇帝召見，蒙殊寵，然未聞以詩鳴也。今先生之孫御史大夫循齋先生以先生所著《勿庵詩集》見示，屬余擇其尤以壽諸梓，且命題其後。余伏而讀之，矍然起曰：『此固先生之餘事也，何乃復進於古若爾耶？』昔之論詩者曰：『有詩人之詩，有才人之詩，有學人之詩。』余謂才人以氣雄，學人以材富，詩人以韻格標勝，然律以古之作詩者，則皆無是也。古之作詩者，要唯言其所不得已，與言其所自得而已。非是二者，詩不作可也。若先生之詩，則言其所自得矣。唯其自得，故絶無規橅之迹，而自進於古，其才氣格韻，雖韓、白無以加。以是知善詩者，不徒求之詩也。蓋先生之學幾于道矣，窺秘于圖書，溯源于黄帝、堯、舜，參稽于四時日月星辰，極變于方圓高下。斯其神之所凝，心之所遊，翛然于塵垢之外，居寂寞而玩高明，適其趣者山水，寫其樂者兄弟友朋，以是而而爲詩。詩，心聲也，宜若幽谿邃壑之泉，瀉之萬仞而上，其清也若空，其甘也若醴，其奏也如金玉之鏘，而挾之以天籟乎！

余讀先生詩集，更念先生之治數學也，不足以炫世，世亦莫問，告焉而莫喻者。而當所與往來酬酢者，猶有穆尼閣、方素北、方位白、陳獻可、章穎叔、李安卿、薛儀甫諸人，同聲相應于千里之外，斯亦奇矣，何至今日而遂寂寂耶？以是歎前賢之用心敻乎遠矣。此余讀先生之集而更爲之睪然耳。

時乾隆歲次壬申三月，婁東後學沈起元撰

原序

施閏章

吾宛陵梅氏，自聖俞先生以來，世以詩名。往叙述之衆矣，最後得梅子定九詩。定九有志於君子之道，目之爲詩人，則瞿然謝不敏，余蓋心異之。

夫日月星辰，天之文也；山川艸木，地之文也。天官、五行、曆律、度數，則所以經緯天地而妙其推測者也。吾處天地之間，俯仰上下，心迷目眩，漫無闕度，比於蟄蟲寒鳥，徒自號曰『文人』『詩人』也，亦奚益哉？定九砥礪學行，探本知類，於象緯曆算之學殆由性成，數計心通，能自製器以準象，間取西洋之學發揮討論。南中言西學者數家，質疑送難，皆歎遜以爲莫及。嘗手列其所見曆學諸書凡數十種，多人所未見，猶欲廣搜秘本，以資參互，屬余網羅，可謂好學深思者也。昔房玄齡等重撰《晉書》，《天文》《曆律》《五行》三志專屬李淳風，爲能深明星曆，故可觀采。今國家方纂修《明史》，使得定九參與其中，修《天文》《曆律》諸志，即未知視淳風何若，當有可觀，惜乎其不獲與也。

平生既罕徵逐，中年早鰥，遂不復娶，日夜枕籍詩書以自娱暢。其溢而爲文，振筆風發，校藝則冠其曹；又溢而爲詩，清真静遠，稱心爲言，無時人餖飣裘馬之習。《易傳》有之：『君子以言有物而行有恒。』夫詩不足以盡定九，而其詩已卓犖有出於人，是可以知定九矣。

康熙己未陽月中浣，同里弟施閏章拜撰

原序

曹　溶

有本之學，其積也不易。專一以入之，博涉以辨之，持久以畜之，然後群美畢匯。溢出而爲詩，則其氣厚志完，無體不備，上足追配昔賢，而下以度越餘子，非猝然之效也。淺夫執詩論詩，講求縱極工，曾不出聲律、章句之外，殆類刻楮摶沙，用力多矣，歸於糜散無所成而止，不工者更何論焉？余持此相天下詩，誚其迂者，不啻戟手而起，余終不變其説，意宇宙大矣，必有足當之者，果見之梅子定九。

定九深於律曆，著書至數十種，四方稱之，獨未有知其善詩者。夫萬物本於天，難測亦莫如天。以天爲之宗，則神明所相，理數舉萃於一源，他藝能均不勞而自致。定九不以自足，窮探廣索，晝緝夜思，爾古人一物不知以爲己責，將經術經世，靡不本躬修以驗諸行事，而況於詩乎？癸亥之春，告余橐其稿入燕，燕多詩人，其引爲同調，連日夕倡和，尚未可知。而《明史》脱稿有期矣，天文、五行志，專家豈必能多，一聞定九至，有不薦之於朝，使參預其事，成一代不刊盛典者乎？恐從此定九得行其學，不復能多作詩如在江南時矣！余於觀天之道，懵然無所窺，徒取其詩序之，以志推服之久。若世之知定九，不能先於余，然必有重其學因重其詩者，則其不迂余之論也有日矣。

檇李弟曹溶拜撰

原序

梅庚

江以南家世稱詩，庶幾人人有集，宜莫先余梅氏矣。余蚤孤，趨庭無所承誨，然少嘗致力於是，長而行四方，與學士大夫相劘切，即未敢謂有當於古人，抑且囂囂然不肯苟同於俗下。從叔定九嘗謂余曰：『通三才爲儒極，子之才，毋徒流連光景，比切聲律已也。』顧余性簡脱，於儒先之書，未能覃精力索以通其意。或授以陰陽算數，初不甚了，亦旋復失之。

定九博覽多通，少善舉子文。戊午鄉試於南中，得泰西曆象書盈尺，窮日夜不舍。旦日，且入闈，余篋而置諸它所，則艴然曰：『余不卒業是書，中怦怦若有所亡，文於何有？』余笑而還之。嘗言西法詳密，實勝《授時》諸曆，又自爲書，以折衷其所未盡，而手製測晷，妙逾西器，其冥悟類夙授也。比多客遊，則又時時爲詩，大率意有所獨造，而旁暢於文詞，非塗澤以爲觀者，如《畣金長真臬憲》《寄青州薛儀甫》《送章穎叔還山陰》諸作，言之灑然。余固無與於象數之學者，讀其詩，亦時窺其仿佛。其他清真静遠，稱心爲言，施侍讀愚山嘗亟稱之，而嘉禾曹侍郎推爲有本之學，則以其神明内藴，詩固不足以盡之也。

先太中用詩學起家，厥後名輩相承，蔭映江左。逮我先公懷文抱質，而盛業未究。余季父嘗欲裒爲《家風集》，溯自有宋，訖於明季。頃從祖瞿山亦有事於《梅氏詩略》，蒐採略備，固以屬定九及余助成之，逡巡謝未遑也。嗚呼！浮華競而實學衰，定九疇昔之言，固將刊華就實，以刷文人之恥，余寧不謂然？然而家風未扇，名德無聞，庸非吾黨之責乎？因叙而及之，述媿也。

同學姪庚拜撰

原目録

識

梅穀成

右《績學堂詩鈔》四卷，先大父徵君公之所作也。先徵君著述等身，雅不欲以詩名世，而生平所存已不下二千餘首。沈光禄子大以爲先生名德碩學，千古傳人。昔揚子雲猶以詞章爲雕蟲篆刻，晚年深悔其所爲。先生固不肯爲詩人，而讀先生之詩者，亦宜異於詩人之詩也。故集中所登，非關至極而藻采雖工，概從姑舍。夫然後讀斯集者，千百世可以想見其爲人也。其曰『績學堂』，蓋以我聖祖仁皇帝有『績學參微』賜額云。

孫穀成敬識

續學堂詩鈔卷一

己酉

雨坐宛津讀友人黄山贈行卷子感而有作

陽坡山前山雨急，陵陽山市漁舟入。咫尺敬亭看未能，爛醉狂吟思石室。有客獨探黄海奇，歸來示我贈行詩。勝事仙才兩驚絶，愁中使我開雙眉。我聞軒轅有丹井，到彼能無發深省？大藥何當赤縣成，步虚辭和天都頂。

二月二日吴雨若招同沈方鄴魯玉蔡玉及吴不移家耦長姪集飲街南草堂限仄律分得集字

斗室臨高城，林嵐氣遥集。耳無闤闠喧，目有圖書給。美酒乍開尊，新詩遂盈什。相逢同醉歌，誰問修名立？

考坑道中

高嶺易爲雲，深谷易爲雨。還金曾未成，何以辟寒暑。腐齒丁壯年，況多行役苦。引分庶怡情，歷境忘艱阻。終當餌黄芽，松喬以爲侣。寓目周八荒，飄飄樂輕舉。胡爲狃故常？棲遲眷儔伍。

雪中家從叔瞿山過飲山居

青山閉户孤居慣，書卷時開逸興多。覓句每於閒處得，逢君何意雪中過？寒花萬樹看圖畫，濁酒盈尊起和歌。泥滑只今愁去馬，荒村莫惜醉顔酡。

山門歌贈楚山人

山到清明春正好，閉門門内生芳草。楚山人忽逐春雲，相邀重走山門道。山門石室石峥嶸，嶔崎洞壑含幽靈。酌酒酒盡興不盡，披裘恍惚來瞿硎。陟嶺穿巖掃丘墓，過此誰能便歸去？一步十步重回頭，回頭失却峰頭路。爲君歌，莫徘徊，處處青山雲一堆。君如不厭着山屐，石室岧嶤盡日開。

南崎湖人家寄宿

錯水田間路，依山湖上村。林嵐風過静，鷄犬客來喧。秋漲遥連漢，春船曲到門。武陵何處覓？今信有桃源。

半山上人七十初度

半公説法心清净，山河大地毫端應。揮毫落紙世争傳，已知光焰垂千年。學者只求人目好，逢迎意悴形枯槁。不信疾徐甘苦分，官止神行進於道。吾觀公年今七十，清癯瀟灑金仙質。有時扶邛恣遊賞，匡廬泰嶽曾孤往。前日黄山風雪中，瓢笠歸來野鶴同。如公壽者相已空，心空無著壽無窮。桑田海嶽從遷變，願公常住依鄉縣。長在敬亭宛水間，長爲山川駐好顔。

同倪觀湖先生登柏梘山絶頂望仙人臺

峨峨方石臺，千尺凌晨烟。昔聞山中叟，曾此逢飛僊。碁局觀未終，倏忽更歲年。樵斤置叢條，木皮合且堅。崖樹既摧朽，無人能攀緣。我來陟嶺半，俯視兹臺巔。再尋蛟路登，所見唯青天。瓊宫到非遠，意欲乘風旋。下界溺埃塵，安能久遷延？庶同五嶽遊，免此情内牽。雲車策風馬，願言長執鞭。

白雲山觀陳孚吉作畫一名嵩山

白雲山頂扶邛道，憶昔扶邛恣幽討。人道嵩山似此奇，果是登臨衆山小。重來對汝心盤桓，欲晴不晴雲漫漫。陳子長歌拂素楮，筆峰掃蕩開晴嵐。巖半青松幾千尺，水閣幽人敞虚室。我欲呼之同上最高臺，下視浮雲弄白日。

寄玉礎王六有序

玉礎與余妻兄陳三孚吉交三十年無間。兩人皆善畫，一以平遠，一以馬、人、物，皆擅名一時。居比鄰，晨夕共也。嗟呼！孚吉先往，不可復作。我思玉礎，何以爲懷？感而寄此。

山城新霽增惆悵，憶爾虚簷孤嘯時。圖就玉驄應衆賞，經營彩筆與誰知？郊原木落故如畫，溪上雪消看更奇。同坐同行人不見，獨逢佳處共君悲。

寄溪帶軒主人三首

回溪帶層薄，結宇成高軒。茂叔蓮敷池，淵明柳近門。涼飈溪上廻，瀟灑遍丘樊。鸂鶒雙雙鳴，振鷺亦翩翻。中有岸幘人，濯足臨潺湲。長吟命柔翰，烟光相吐吞。修名在身後，意適餘安論？愛此眼中景，庶幾永勿諼。

筆陣賈深忌，文彩生憂虞。誰能結舌瘖？淳樸憶古初。丹青有至理，景物供馳驅。春花與秋樹，氣候歷已殊。點染異朱素，柯葉紛垂敷。始知手腕間，能與大化符。始知立象意，書契徒區區。笑問老摩詰，渾沌能余圖？自當棄言語，浩然觀太無。

幽居不在深，巖户不在奇。小築依周道，宛然水中坻。楮墨集朋好，茗酒時追隨。雜坐忘主賓，醉醒無嫌疑。但見青松陰，曾無赤日威。我亦掩蓬户，屏跡南山陲。悠然在人境，浩歌常自怡。況偕素心友，晨夕門外溪。何時相過從，臨風思依依。

衆芳館和先季豹先生石刻韻

窈窕瞿硎室，委蛇萬仞溪。中有曠世士，好古凌梁齊。攬興留詩篇，大雅絶群蹊。古調斷難續，雲鳥春無姿。華館依曾城，烟光何紛披？捫蘿得奇文，清風欣紹衣。一唱再三嘆，嘆息日晷移。榮名瓊樹華，柯葉同其歸。安能起高躅？至道心偕棲。

喜平公歸自新都柬寄索畫

病起看山山勢好，溪橋醉醒一題詩。相思白嶽人歸處，正是蒼崖雪霽時。路轉層雲峰出没，冰澌古澗石逶迤。心閒好景供圖畫，肯寄荒齋慰別離。

夏涼即事

多病畏蒸暑，幽棲還閉門。涼風集朋好，樂事在丘園。

用元韻寄酬俞潤口先生先是倪觀湖先生家瞿山耦長有丁山之約

林烟深處啟柴門，遥憶丁山山下村。青眼千秋憑蠹簡，素心幾輩破苔痕。論文明月當軒静，把酒飛花入座喧。有約何當同著屐，著書傾篋慰相存。

題畫贈羅仲開二首

坐吉山頭雪作堆，虚窻驚見老梅開。新枝古幹清如許，已覺春風拂面來。

一樹梅花一卷書，幽人對此意何如？偷閒獨自成玄草，多少門前問字車。

宿家仲宣齋中

幽棲何所羡，雅意托丘園。剪燭宵成賦，含飴日抱孫。家聲奇字舊，古道濁醪存。不用孤居愾，青山在蓽門。

戲題杖首雙龍二首

濟勝有君無絶險，羊腸鳥道一時平。登臨快意休輕擲，變化先愁風雨生。

扶老賜鳩煩刻削，靈株天性異凡容。較書遮莫誇黎火，杖首今看雙燭龍。

寄懷不次兄金斗二首

南山鬱崔嵬，珍木生其幽。盤根覆百畝，叢柯直以修。度谷有高枝，遠揚離其儔。華實輝中林，文彩施別陬。梁棟既天性，匠伯紛相投。靈質念所生，芳芬翔故丘。柔條托根下，頗異蓬蒿流。干霄徒有志，勁挺誰見收？清風惠好音，一本意何周？感兹媿扶植，晚成庶爲謀。

黄鵠初試羽，瞻雲思八荒。志意良在遠，六翮苦未長。翹首見中天，逍遥鳴鳳凰。饑餐日月華，渴飲金玉漿。朝發扶桑顛，夕至崑山陽。求友雙青鳥，結交瑶池旁。卑棲曾不忘，顧盼生輝光。天路浩無阻，白雲亦有鄉。何當豐羽毛，萬里同翺翔。

偶成

丈夫志翀舉，三山猶借途。况乃争失得，耳目徒區區。所畏顔鬢改，歲月日以徂。鍊鉛苦無藉，中夜起踟躕。天道無適莫，栽培意豈殊。庶幾守初服，永矢以勿渝。

讀裘簡臣《盆荷詩》有作兼呈馬逸老

杪冬咨祈寒，冰雪盈丈許。大勝因大復，亢害爲甚暑。波竭泥遂塵，澤國焚焦土。魚枯金石流，况乃禾與黍？婀娜官舍蓮，托根誠得所。高齋絶外闃，驕陽詎能侮。灌溉時復勤，盆池藉安堵。虚室生微風，幽香作迴舞。新葉自卷舒，疎花共軒舉。君子有餘閒，悠然命毫楮。對兹佳卉清，唱和成至語。誰言簿書劇，獲此雲霞侶。二氣豈無偏，噓植真能補。野人捧新詩，歎息重仰俯。願以濂溪心，沛爲郇伯雨。廣厦更千間，蒼生庇寧宇。

正月杪雨中喜姑溪唐祖延徐爾典過訪

細雨庭花發，柴關晝不開。十年違燕笑，百里破蒿萊。往事堪回首，春風有放懷。床頭新濁酒，歎息共深栖。

春仲上渡道中遲觀湖先生入山不至

林薄依道周，晨露午未晞。游目青峰端，飄飖引我思。側見負薪人，出市行復歸。籃輿期未來，長望心躊躕。

同道士登文脊

山水負奇嗜，登陟饒勝情。相將梯石磴，盤曲歷遥岑。山空絶飛鳥，飢虎號深林。窄徑瞰危崖，苔滑足難任。逡巡棄短杖，連延仗葛藤。興愜失險阻，意堅遺死生。賤子感高義，微軀安足論？

與汪雨公飲酒旌陽二首

何用中山千日期，酩然便是太平時。門前風雨急無賴，説與醉人渾未知。

醉倒山城風雨驕，山城内外生江潮。與君却憶西溪筏，橋上相逢破寂寥。

次韻和瞿山醉月樓看雪兼以索畫

霽雪曉山浮，光輝併一樓。百壺真不醉，十日只應留。寓目成佳句，揮毫足卧游。輞川逸興在，不負此中幽。

次韻和家瞿山素五天延閣看雪

百里弟昆聚，登樓意念深。飄飖遊遠目，次第起狂吟。萬井寒光眩，群山朔氣沉。只愁風雪住，好景過難尋。

偶成

浪説仙源隔，休疑至道深。任情依日用，觀物見天心。和氣生微醉，清風起獨吟。浩然此時意，大藥不須尋。

題西溪圖贈汪元佐

潺湲橋下西溪水，橋上觀魚數其尾。一葉中流巢父眠，不羨垂綸洗雙耳。壁張此圖聞潺溪，門内門外清流湍。寄語橋西溪上客，爆栗烹茶仔細看。

西溪酌汪雨公適洪天度至

君不見，返照入山風露滋，巵酒飲君君莫辭。人生所難聚知己，良夜淒清及此時。君家山南我山北，逢迎却憶鍾山側。石城城邊佳氣濃，入眼秋山看不得。敝廬偃蹇各歸棲，山市黄花增太息。太息一杯復一杯，西溪橋上幽人來。幽人著書户常閉，班荆茅店欣追陪。自是吾儕多意氣，豈有揚雄問奇字？濁醪易盡談未深，倏忽長庚向西墜。溪山不厭再相尋，來日相逢白雲寺。

同阮次星洪天度陳孚吉汪雨公王禮北諸子訥如德生崇宗諸上人游白雲寺追和蕭太府石刻韻二首

蕭森秋色在林丘，竟日招攜愜勝游。紅樹漫須驚短鬢，青山自可傲滄洲。林開溪筏分行下，地迥烟嵐一片浮。極目車塵看不見，武陵風物此中留。

風埃原不到林丘，況共良朋策杖游。弔古墳高香火宅，題詩秋滿蕙蘭洲。寺尋曲磴山鐘寂，茶煮清泉石乳浮。莫以滄桑多感嘆，君看斷碣祗今留汪公祠今廢爲墳，故三句及之。

天度雨公招同孚吉禮北諸子雅集見示白雲樓唱和詩仍用前韻奉酬時二子贈余小石

心閒隨處是丹丘，載酒山城續舊游。騷客久知饒勝覽，高吟重咏憶芳洲。攜來怪石烟霞合，看去危橋螮蝀浮。良會年來真不易，從判累日爲君留。

題畫

秋氣浄纖埃，縱目愁榛莽。結廬山水間，臺高不敢上。愛此門前溪，波平時獨往。操檝寧未閒，不作江湖想。

題畫

縹緲三神山，凌虚參斗牛。伏靈巖上松，歎息不可求。仙人鍊丹室，誰知委道周？弱水深未深，飛梁卧紫虬。試問往來人，出户能不由？

又

縱有漁郎至，山扉不用關。浩淼自春水，人在白雲間。

又

崖石浄於鏡，春風不長苔。留與神仙扣，雙鐶當自開。

西津渡别汪雨公

我愛溪山起常早，雲深失却行歌道。獨坐蓬窗衹自吟，伊人忽至開懷抱。更酌西溪酒，同上西溪橋。日出溪上山，一一看岧嶤。丈夫意□青峰色，咫尺烟光遮不得。閉門相與期千秋，分手斯須休歎息。

庚戌至戊午

春過家楚山池上

動有經年别，悠然百里思。緑楊驚歲月，清鏡媿鬢眉。曳屐春山日，挑燈夜雨時。相看一回首，雙淚欲如絲。

柏梘山逢採藥者爲之作歌

雲中農父斸山稗，稗熟含嘻稱世外。不解有疾那問醫，桂蘭枯死棄蕭艾。良卉天生用有時，長鑱方蕢羅神奇。雪霜榛莽自初古，炎帝非逢誰更知？世人愛甘不愛苦，珍熬屬厭還相賈。寧知酖毒變膏粱，方書異類資攻補。南北陰陽薰與蕕，入肆出肆憑雙眸。此物微細功力鉅，伸於知己隨所投。吁嗟！越人倉公不可作，用汝殺人如刈藿。孝子疇能讐俗工，忍使桂蘭名被惡。不才何似臨山櫟，匠伯不顧全純樸。

過訪家素朗讀書處

斜日苔階過，虛堂散客襟。慇勤尊酒意，真率十年心。山色捲簾近，書聲閉户深。但令幽興在，無用歎知音。

舟泊皖城遇雨二首

皖口黄梅雨，曾無半日晴。維舟依港曲，高卧聽江聲。風定濤還怒，潮廻岸欲平。柁樓新燕子，怪爾掠波輕。

一卷時欹枕，江天只獨吟。船窗風雨意，樽酒醉眠心。棋局篙師共，漁歌賈客音。人争楊子席，顧影一開襟。

重過皖江呈陳默公先生時方有事於皖志二首

迎江江寺再維舟，江雨江風事事幽。勝地圖經歸太史，野人高館識荆州。如君琬琰千秋業，顧我迂疎五月裘。孔李非緣曾世講，懷中漫刺敢先投。

芒屩何當倒屣迎？慇勤握手慰平生。元龍盡説高居穩，孺子深慚下榻情。點筆江波窗外動，論文牛斗檻邊横。此時家學名山擅，野客閒吟許細評。

浮山大師哀辭二首　有小序，即方文忠

某晚學，未獲侍浮公法席。前年承自青原致書，徵象數之學，時以草稿無副，未敢馳應。又聞精舍方成，將歸憩

息，私心竊喜奉教有日也，無何訃聞。癸丑夏，舟泊皖江，望君子之舊廬，而亦不能至。因作短章，用伸哀悼。

太空無留雲，逝水無停淵。天地有始終，况乃天地間。誰云盛名累？委順皆自然。生死既同條，洞觀無始先。吁嗟我浮公，往來胡憾焉？所歎哲人萎，疇與傳無言。教體見真一，豈必逃枯禪？遺書在天壤，誦之增涕漣。

大易含參兩，靈秘開馬圖。柯葉同本根，昧者歧精粗。維公學海宗，涓流念狂愚。惠然垂遠問，下徵微末書。便欲溯大江，面命鍼其疎。塵累若相牽，歲月忽已徂。負此雙目明，不見當世儒。臨風歌一言，遠寄同生芻。英爽發昭明，鑒此忱區區。

復柬方位伯

方子精西學，愚病西儒排古算數，著《方程論》，謂雖利氏無以難，故欲質之方子。

象數豈絶學？因人成古今。創始良獨難，踵事生其新。測量變西儒，已知無昔人。便欲廢籌策，三率歸同文。寧知九數理，灼灼二支分。句股測體綫，隱雜恃方程。安得以比例，盡遺古法精。勿庵有病夫，閒居發疑情。展轉重思維，忽似窺其根。和較有實用，正負非强名。始信學者過，沿古殊失真。辟彼車與騎，用之各有神。篆籀夫豈拙？弩啄日以親。援筆注所見，卷帙遂相仍。念子學有宗，何當細與論？

柏梘山二首

谷險紆成徑，雲開近見山。岩花春後好，石蘚雨餘殷。響答樵人斧，烟生衲子關。岱華紛馬跡，誰勝此中閒？

巖犬吠深匿，藤橋客過稀。木皮蒙竹屋，澗户啓繩扉。生計無營足，山蔬不摘肥。相逢問城廓，祇似昔年非。

癸丑冬喜不次兄旋里

溪干輕雨浥征衣，有客籃輿江上歸。經術自兹當世用，琴尊肯與故人違？山邨春近梅花發，巖户寒深桂樹稀。耆舊相看君努力，家園風物已多非。

陪不次兄謁祠墓二首

從君無少長，歡集意如何？光耀知先澤，趨蹡慰索居。獻酬忘日夕，枯朽藉吹嘘。祠宇松楸色，春生寒雨餘。

廿載長爲客，能無丘壠悲？迴溪曾未改，豐碣有餘思。世德君能紹，家聲起自兹。慚余守鄉邑，蓬矢用何時？

拜九一公墓口號同天章爾止暨五弟

古木蝯爲室，深箐鳥不過。四朝存墓道，一徑入煙蘿。大後心何已，承家事豈多？相期爲不朽，年往莫蹉跎。

題畫二首

木落寒江秋水静，危巖千尺絶纖埃。停橈獨坐踈林外，時有輕雲渡水來。

閣起釣竿焚筆研，夢魂無復向人間。從教振海風濤壯，野客扁舟意自閒。

重過梧軒感作短歌贈徐爾哲昆季

湖上青山山下村，水田漠漠垂楊深。憶昨褰裳來信宿，主人道舊開清尊。酒酣更酌湖月蕩，觴政初行歌始放。徐公群從擅風流，吾家阮籍亦豪宕謂家叔仙林。輔嗣清言一座傾王非石先生時館梧軒，痛飲不知天在上。十載重來客鬢改，梧軒花樹依然在。故人驚對念存亡，歎息人琴淚同灑時令伯惇甫先生暨非石、仙林俱已化去。勸君且莫悲疇昔，竹几蕉窗書卷積。人生最樂弟昆賢，况復家學承淵源。竚看努力青霄立，慰爾高堂華髮年。

綱籐阬夜雨

霤懸山雨急，風定石泉鳴。萬壑連爲瀑，千峰撼欲平。虚堂漁艇似，短燭月華明。恍忽乘槎去，全移世内情。

贈中伯弟三首

逸足無遥途，健翮豈近舉？野馬培長風，蟻封閑皂圉。豈不樂宣遊，歲月其吾與？春風變鳴禽，倏忽易寒暑。所以古志人，荼蓼甘自茹。

荼蓼茹有時，男兒生有爲。燦燦荆山璧，濯濯連城姿。琅琅薦天廟，輝輝光陸離。豈不貴自然，抱璞誰能知？他山有礱石，攻錯以爲期。

攻錯美日新，長貧安足訴。懷寶而被褐，聊以愜吾素。炫服豈不榮，速成豈不慕？國工愛其璞，執玉敬爾步。南山有文豹，七日隱朝霧。

盤峰僧舍 四首

望處群峰合，登來積靄微。凌虚懸曲磴，鑿石想雙扉。谷杳樹還閉，山空僧獨歸。林端忽鷄犬，野客與遄飛。

大地苦初熱，春光宛在兹。久居看自足，未到説應疑。茶熟剥園筍，窗開俯藥籬。潺湲鳴小閣，竹梘起涼颸。

松石坐塵外，臨風指顧豪。層巒環翠疊，遠水入雲高。郵雜千畦麥，河縈萬圃桃。舟車連道路，來往自滔滔。

日觀波瀾駭，峨眉烟霧重。尋常虚夢寐，眄睞愜情悰。風過一天静，機忘太古逢。何當遺世累，朝夕此扶邛。

飲家卓公舍爲之作歌同聖占

萬事真堪付杯酒，有酒從君傾百斗。人生聚散風中柳，少年昨日今衰朽。雪夜良朋酒一卮，相看共憶少年時。嚴課高齋晨授几，細語疎鐙宵對棋。世態何由入懷抱？置身共許青雲早。那知流水逐年華，蹉跎坐令朱顔槁。多君意氣凌千秋，汗漫曾爲萬里游。詩成慷慨歌燕市，意到跌宕看吴鈎。吁嗟！丈夫豈肯懷鄉井，壯心幾載向人盡。秋風不是爲鱸魚，五斗誰能易三徑？大笑不如歸去來，舉世何人真愛才？昭王賓客空荒臺，千金駿馬皆塵埃，富貴於我何有哉？

宿觀湖草堂讀賀武受集二首

風雨近深夜，壺觴初罷時。開緘相歎息，烈士有遺詩。磊落江湖氣，淋漓憑吊辭。挑鐙重擊節，慷慨見鬚眉。

麟閣人安在，滕王址僅存。蒼凉身外事，浩蕩手中尊。未握乾坤極，誰超今古藩？生平爾牢落，欲慰不能言。

送姜學在歸吴門

午橋雨過杜鵑啼，歸客扁舟發宛溪。下瀨熏風吹去棹，到家緑樹徧長堤。伯兄稚子經年别，畫舸名園幾處題。難忘敬亭山下路，清秋遲爾共扶藜。

汝舟弟城西書屋二首

著屐尋春春雨後，春城駘蕩柳絲長。小樓曲巷無人到，消得清尊盡日狂。

相對銜杯忘日暮，窗虚醉眼就攤書。不知市上有何事，得到青鐙一卷餘。

欲曙

華鐙明滅鷄長號，東方欲曙須女高。掩卷太息引大白，人生百歲何其勞？眼前萬事已如此，千秋意氣原吾曹。屈指自古幾英傑，未遇既遇皆蓬蒿。君不見，昨日飛來風裏絮，今朝落盡溪干桃。丈夫用志必有托，身外失得隨所遭。

績學堂詩鈔卷二

己未

家瞿山招同諸子集天延閣奉餞施愚山先生往遊天台

敬亭秋色雨溟濛，江郭千家煙樹中。卮酒論心輸我輩，名山作賦有群公。何時杖屨從幽討，是處川巖思不窮。雁蕩天台今獨擅，摩崖題字葉初紅。

贈當湖陸亦樵

當湖有客鬢初艾，早持佛偈遊方内。縞帶結交齊魯閒，扁舟遠涉瓊山外。負笈悠然宛水來，逢迎正值黄花開。名勝閒過謝竿牘，友朋歡對遺塵埃。祇今道上紛裘馬，騎鶴揚州稱達者。過眼黄金身後榮，役役爲人憂大夏。羨汝逍遥無所營，不宦不昏人累輕。南北東西恣幽討，竹杖芒鞋非世情。我亦疎慵厭餘事，因君堅我尋真志。何當大笑出柴扉？遠游自適平生意，莫令世上知名字。

送章穎叔歸山陰四首

一氣兆溟涬，胡然分兩儀。晶明爲日星，至教儼在兹。卓哉古賢聖，晝夜能通知。文字沿誦述，耳食稱無疑。戴履昧高厚，塊處同醯鷄。志人深憤悱，伏讀仰而思。秘册勤手鈔，鋭欲探淵微。此意良愧君，下問忘愚癡。

古籍曾秦炬，遺文存有無。援神證曲説，樊然生異趨。天道幸非遠，求端理不迂。立表見其景，數度徵相符。占測語不詳，末流增矯誣。泥文如待兔，空守道傍株。順天以求合，庶幾逢本初。相期一乃心，雜學非通儒。

七政有凌犯，逆留皆失行。今以數求之，良由軌道生。薄蝕驗九服，視差曾未平。踵事成密率，誰言古未精。未可忽天戒，三才同一情。耆儒推檇李，能兼兩法并。《象林》存古占，西測詳從衡。舟行入嘉禾，寧辭共發明檇李陳獻可先生年過八十，著述甚富，余惟見《象林》《度算》二書，及所製矩度器，皆精核無倫。

聚散原非偶，行藏寧豫謀。俯仰視天地，運處誰自由？所冀學有獲，深造唯優游。君歸依子舍，高堂有白頭。率婦奉脩脯，或無輕遠遊。儻來衢婺間，枉道重咨諏。刮目擬相待，努力紹前修。道器豈上下，根堅華實收穎叔婦翁官婺源。

贈魏在湄先輩

憶我方成童，道古慕黄耇。宿學陳蘧人，忘年交握手。爲言金龍山，授經人不朽。明祖駐徐州，舟師相距久。雲中忽老儒，揮河河逆走。我軍成上游，形便獲群醜。深夜謁夢寐，謝緒拜稽首。草莽宋孤臣，崖山聞失守。望絶蹈湖水，遺言幸無負。帝曰咨爾神，忠貞古難右。汝其王金龍，廟祀黄河口。魏子舊諸生，捫碣酹杯酒。撫時增慷慨，深信兹事有。我懷蘧人言，今見蘧人友。蹉跎感歲華，四十衰蒲柳。而公神愈王，翛然遠塵垢。將無禀氣異，德全全所受。古意爲君歌，視今良在後。

耦長母劉太君七十二首

誰言芝無根？采擷每神仙。誰言醴無源？和氣蒸爲泉。吾宗有貞母，敝廬纔數間。既矢共姜志，還欽柳母傳。鞠子見成立，斐然名大賢。花發在三春，苞孕惟冰堅。

滄洲垂諫草，石室傳良書。不朽寧在言，經國多訏謨。所以書帶人，接武爲真儒。母也見而知，良與世情殊。教誨惟義方，富貴徒區區。庶幾敦實學，令名常似初《滄洲摘草》，先大中公集名。公生禹金公，有《鹿裘》《石室》諸書，公之孫朗三先生，有《書帶園草》，皆行于世。先生，耦長父也。

贈龍潭董道生

舊説龍潭勝，今過處士廬。迴溪通曲徑，密竹護幽居。美酒留賓客，高言見古初。阿戎才更好，文史足三餘。

金長真觀察見委西席晋謁二首

開府才名舊，甘棠化雨新。江邦依廣夏，前席竚楓宸。吐握羅英俊，東南盡主賓。尚憂葑菲棄，采擇到荆榛。

絳帳寧吾事，迂踈實鮮宜。下交驚異數，遠道賁多儀。深慰荆州願，難詶國士知。自慚經術淺，何以侍皋比？

觀察偶詢曆法爲作測算之圖古詩四章以當圖説

古道竊深慕，升降難具論。《尚書》肇帝典，敬授有遺言。永短稽日影，虚昴辨初昏。至今求歲差，援爲推步根。羲和命叔仲，南朔判寒温。賓餞宅東西，里差亦可原。猗歟帝垂衣，庶務簡不繁。幸兹欽若意，千秋聊復存。寧徒象數該，伊維道義門。其敢稱縫掖，仰俯昧乾坤。

至圜生萬有，先天觀太無。杳冥恍惚中，變化成須臾。乾健日西運，列曜紛東徂。錯行旋左右，遲速各有途。在昔先知者，積厚遺書圖。六曆雜真贋，可稽唯《太初》。自兹代改憲，七十家有餘。天道故遼遠，千載週盈虚。微差近難睹，世久乃見渝。所見今巧曆，恒覺古人疎。能忘創始勞，萬事有權輿。

九重孰營度？屈子昔言之。歐羅析渾圜，五緯異崇卑。層層儗剥葱，晶瑩如玻瓈。西士賨斯術，守之不復疑。徐公加密測，後出乃稱奇。遠鏡瞀長庚，弦望亦有時。如輪圍太陽，五星具可知。列曜居其天，行度各有差。互入復相容，天能非所思。數得理亦諧，妙合真吾師。

星輪有大小，逆順歸自然。舊率頗荒略，占經傳會傳。九土分星埜，粵自始封年。封建既無稽，南北多所遷。國名代有更，疆域寧久沿。而據甘與石，珍彼得魚筌。今以七曜理，展轉推大圜。大塊成黍珠，中處了無偏。精氣互灌輸，光景交迴旋。藐躬洵微塵，戴履亦相連。尚守大易訓，終日以乾乾。

署中夜坐有懷周龍客施虹玉

悠悠江水懷人遠，咫尺官齋見面遲。絳帳笙歌名習静，青鐙書卷重相思。春風到處桃花放，野興應多蠟屐隨。更憶洪厓曾北上，郵筒幾度寄新詩謂秋士也？

寄懷吴子遠淮上二首　時新移居

官舍棠花紅欲開，懷人千里一登臺。練湖風雨輕離别客秋相晤丹陽，匆匆數語，黯然而别，淮水烟波獨往來子遠歸自淮，未幾即移家往。敢忘丁寧書問意兩辱手書，重蒙勉勵，堪驚老大鬢毛催。青溪鐙火冬春共，此地思君首重回卯辰間，同客秦淮八月。

半鐺丹藥一囊書，處處行窩樂有餘。久客長淮多素侶，新移家室好安居。高齋夜月論心静，過閘春船鼓櫂徐。何日溯洄從杖屨，相將世外狎樵漁。

清明見柳條有感懷山中諸弟子姪

忽見楊枝欲斷腸，始知羈旅易悲傷。衰顔半百翻爲客，令節清明獨憶鄉。梅隴桃花初綽約，大勞春水未汪洋。此時攜手穿雲望，應念懷歸天一方梅隴、大勞，二山名，先人丘墓在其上。

二月廿九日寄書五弟是日爲弟生辰，予生辰亦此月

寒食初過晝漸長，園池草樹鬬年芳。繁花紺映蕪菁岸，嫩葉紅舒薜荔牆。兩字平安將遠意，雙魚珍重溯江鄉。桑弧蓬矢劬勞日，獨坐封書淚萬行。

雨後東家白也菜市

園林疏雨過，新緑定交加。野鳥平添語，畦蔬倍長芽。吟成舒遠目，酒醒到鄰家。爲圃何年遂，相依小徑斜。

送金在五入都補選二首

清才美政著皇州，公子翩翩第一流。省侍江邦依子舍，馳驅京國聽鳴騶。卷書朝爽開油壁，杯酒旗亭脱蒯緱。更有聯鑣吴季子，新詩驛路好賡酬。

生隱堂前好雨過，此時難别意如何？明窗習静伊人近，午夜徵歌雅興多。小立名園花照耀，劇談高館樹婆娑。從知帝里相思日，郎署風清看芰荷。

庚申

二月冒雨遊水西故人趙元生以肴核至

三年勝地虚良約丁巳、戊午間，舍姪耦長曾有水西之約，二月春潭祇獨遊。山雨驟飛遲問渡，溪光欲霽競登舟。幾回自笑煙霞癖，却喜相逢水石幽。載酒招邀穿竹徑，梅花深處共淹留。

烟雨亭雨中春望

白雲山下曉雲低，煙雨亭中春雨迷。曳屐岧嶢尋古寺，移尊宛轉上層梯。千家粉堞波光映，萬疊林巒樹色齊。望裏承流峰隱見，何當旭日此扶藜？

三月六日周雪客蔡璣先招同閩藍公漪歙程穆倩施虹玉鳩兹湯與三瀨水陳一游錫山顧天石句曲孫凱之鍾山張瑶星集觀行堂分五微

華堂良宴會，令節正芳菲。勝地名賢集，雄文大雅歸。虚窗羅萬卷，旭日敞雙扉。並作蘭亭集，同搴董子帷。園花初灼灼，庭樹自依依。歲序仍修禊，歌聲復采薇。深杯傾白墮，往蹟説烏衣。感昔悲京國，憂時憶釣磯。楸枰移永晝，拇陣送斜暉。掌故徵文信，清言握麈微。更燒銀蠟短，還促羽觴飛。共信千秋在，誰知六代非。興酣無主客，爛醉已忘機。

春日步出青溪尋東園故處同虹玉黎莊璣先諸子

青溪故有張麗華墓、魏國公東園。與舊院相望，今皆廢爲圃，相傳正德南巡，釣魚於此。

駘宕春光徧石城，踈林曲岸鳥嚶嚶。花還周處臺邊發，草自麗華墳畔生。舊曲曾邀清蹕駐，東園猶有上公名。百年歌舞餘蔬圃，日暮題詩無限情。

濟北王子側中翰訪余於觀行堂與紀伯紫施虹玉飲酒賦詩夜分乃去余偶被寒謝客明發讀諸公作病良已亦得一律

時子側遄歸新城

快雨崇朝清几榻，名賢千里慰相思。微軀偃蹇踈良晤，宿疢消除藉好詩。庭樹葉新鶯語滑，江帆風穩燕飛遲。正憐客裏春歸易，那更相逢遽別離。

又五律一首爲子側贈行

先是子側遊宛陵，余來白門，未相見也

宛水春遊樂，秦淮夜飲遲。逢迎如巧避，言笑失追隨。風雅君家擅，江山此處奇。如何一相見，祇有送行詩子側，爲阮亭先生弟。

追和王東亭雪中坐開元寺觀家瞿山宛陵圖景

二月將半雪數尺，谿谷積素成高陵。北風怒號陽坡道，旅懷獨對開元僧。竗畫嶙峋卧遊具，新詩傲兀才人能。憶余是時正行役，飢人滿目徒哀矜。

喜魏冰叔徵君來白門即送之吴興用王璞庵韻

思君擬入翠微遊，何幸相逢江上舟。雅望四方歸霽月，高文一字即陽秋。樓窗夜午占朱鳥，酒琖天清對白鷗。不盡連床旬日意，遲遲應爲埜人留。

午日同諸公泛舟秦淮

同遊者，南豐甘楗齋、叀素、梁質人，寧都魏叔子，泉州丁雁水、韜汝、黄俞邰，漳州王璞庵，黄岡杜于皇，侯官藍公漪，揚州程穆倩，婺源吴季六，溧陽陳二游，徽州張貫玉，休寧施虹玉，宣城王四及，主人則歙張永孚，上元蔡龍文、璣先、鉉升、五玉。

秦淮水滿垂楊緑，畫船簫鼓聲相屬。桂館平臨朱雀橋，蘭橈直泛青溪曲。溪流瀲灎接江城，闌干處處俯彫甍。釵頭艾虎穿簾墮，屋角榴花照水明。揮杯永日都忘倦，醉來恍惚仙槎轉。船裏鐙連岸上光，風前影動烟中豔。燭龍夭矯迴天漢，千點繁星看一片。火齊五色琉璃屏，晃耀金波雙眼眩。勝地芳辰不易逢，况復朋來萬里同。爲語嚴更且休促，明朝馬首各西東。

一研齋詩爲吴介兹作二首

齋在魏國公東花園，地爲鄒滿字故居，原名節霞閣。介兹有櫟園先生贈研，顔其齋，以志不忘。

江城盤鬱水田紆，季子頻年此卜居。地是上公休沐舊，閣爲高士嘯歌餘。沿籬野徑閒懷古，繞屋清池獨釣魚。知己難忘存一研，潸然題作擘窠書。

相看意氣自蕭疎，半畝何妨且著書。長鋏依人非遠計，高吟抱膝有閒居。門迂好種先生柳，巷曲偏勞長者車。我亦乘秋歸柏梘，青山紅樹認吾廬。

閒吟

世事滄江水，滔滔日夜流。不知江上月，猶似古時否？籬菊安霜露，園梧識早秋。閒吟觀萬物，此外復何求？

觀行堂主人邀同余公沛鐙下看菊

一夜西風江水乾，鍾山萬井入新寒。籃輿此日還書屋，小圃黄昏理藥欄。叢菊尚開三徑好，朱花似點百年丹。移歸簾幕爲清供，與客持螯秉燭看。

寄懷桐城方素北四首

撰述承先澤，名山業在君。逾垣逃薦辟，避地托耕芸。世德三朝著，遺書四海聞。况多群從美，丙夜一燈分。

花盉岡前路，逢君金粟庵。高懷欣邂逅，奇賞愜幽探。江閣陪舒歗，鐙船快合簪。聯床還累夕，襆被過城南時魏叔子在白門，素北與余皆相就語。

良書開百代，能決古今疑。夾漈何多讓，鄱陽未足奇。流通高義見，嘉惠後賢思。曆譜吾曾學，憑誰助棗梨？素北著《古今決疑》，姑孰太守楊公爲捐俸授梓。

君別長干後，荊同伯子班。遥傳皇甫叙，一破隱侯顔別後晤田伯于秦淮，因附訊位白。無何以《中西算學叙》郵至，余方病，爲之霍然。秋水東西屋，晴江大小山。稻花清絶處，許我溯柴關素北群從，各有隱居，與稻花相望。

寄方位白五首

屈指相尋過曲巷，驚心別去又三秋。多君著撰棲南畝，媿我飄零但白頭。小阮遊還依幕府，阿戎才已慰箕裘。一尊何日重歡聚，悵望長江天際舟。戊午秋，與舍姪耦長晤位白喬梓于□府巷。是歲，耦長遊燕。南畝，位白隱居名。

中丞廷尉有淵源，群從于今家學傳。握手秦淮先後至，知名皖上弟兄賢。慇勤兩月書頻及，珍重千秋序一篇。相訊年來將北轍，可能聯轡帝城邊。田伯、素北俱今夏得晤長干，余刻《中西算學通》，位白序之。

唐虞絶學是羲和，昧谷嵎夷測驗過。君繼浮山開午會，曆師尼閣擅歐羅。太陽五緯重輪抱，黄道春分差數多。我亦中西兼考訂，誰期與子共編摩。穆先生尼閣，位白師，其新西法，爲《崇禎曆書》所未及。

私淑青原虚此心，遺文一讀一沾襟。《炮莊》罕識通微玅，《物理》誰能質測深？遠索著書扶後進，坐乖良晤負知音。終當拜展先生墓，仰止高秋楓樹林。文忠公書來索觀小著，余因循未往。

《天經》《新語》各爲工，今古諸家尠會通。此事能兼推宿學，伊人難老在山東。數資圖譜乘除省，法授新西思議窮。幾欲遺書相討論，憑君爲我一參同。青州薛儀甫先生著《天學會通》，發中西兩家之覆。

九日

出門峰遠近，繞屋水潺湲。秋樹和煙澹，晴雲共鳥還。呼兒斟白酒，與弟看青山。玆樂違三歲，悠然憶竹關。

喜晤彭躬庵先生即送歸冠石先生別號樹廬，有《冬心詩》一卷

曾向《冬心》見樹廬，人間萬事一編書。相看此際天難問，却喜耆年鬢未疎。浩蕩秋空涵日月，清泠江水辨龍魚。布帆風滿君歸去，萬里行雲自捲舒。

將歸宣城留別秦淮友人

九月江南楓葉丹，歸心此日在征鞍。遲遲總爲奇書戀，渺渺何知客路難？雁過長空瞻顧闊，魚依深沼泳游安。清風百里隨行笈，一笑還山天地寬。

留別蔡璣先四首

一載羈棲觀行堂，堪驚病裏歷年光。余生賴有歌吟在，起死非關藥物良。蘭入深叢花自若，鴻遵磐石意相忘。思君自此如江水，日日東流千里長。

春和坐眺清涼寺，秋爽行遊聚寶山。懷古總歸詩思逸，看花常共酒尊閒。異書借讀精讎校，佳客遥過快往還。善病如余唯伏枕，因君忘却鬢毛斑。

龍溪群從總翩翩，好古如伊倍可憐。名理特張元晦幟，雄姿欲著祖生鞭。能持高論傾時輩，每刻傳書表昔賢。善謔亦徵才氣好，與余相對獨淵然。

巖户優游耽僻嗜，天涯翹望是同心。敢言絶學安孤陋，何幸良朋慰賞音。妙會誰能旬日了，精思轉愧廿年深。一編從此留天壤，流水高山在玉琴。

贈别黄徵君俞邰二首

千頃樓前竹，風來萬个清。霜寒良友意，歲宴遠遊情。酒舫思桃葉，歸舟望冶城。江南花放日，君已在承明。

當代藏書擅，牙籤埒絳雲。富能徵四庫，異不數三墳。國論多偏黨，儒生狃習聞。待君成信史，編纂莫辭勤。

寄懷青州薛儀甫先生四首

聖教日以遠，六藝同榛蕪。今惟九數存，斯民日用需。流俗溺估畢，實學翻爲迂。豈知參與兩，恒爲萬事樞。仰俯欽至教，禮樂生苞符。所以古人言，三才通爲儒。自非精探索，何以藥虛無？君子任名教，而無章句拘。著撰極高深，事理兼陳敷。當世有同方，千里良非孤。引領青齊間，渺渺瞻長途。

大地一黍米，包舉至圜中。積候成精測，寧殊西與東。三角御弧度，八綫量虛空。竊觀歐羅言，度數爲專功。思之廢寢食，奧義心神通。簡平及渾蓋，臆製亦能工。唯恨棲深山，奇書實罕逢。我欲往從之，所學殊難同。詎忍棄儒先，翻然西説攻。或欲暫學曆，論交患不忠。立身天地内，誰能異初終？晚始得君書，昭昭如發蒙。曾不事耶穌，而能彼術窮。乃知問郯者，不墜古人風。安得相追隨，面命開其矇。

西曆譯先代，傍通稱十事。爰及殺青時，未見彰斯義。將毋靳廣傳，私之以爲秘。乃若兵家謀，亦復資巧思。我讀守圉書，重下徐公淚。神威及曠遠，良哉攻守器。當時卒用公，封疆豈輕棄？執轡果何人，歷險失騏驥。國論歸黨同，嘉謀阻深忌。會通及師學，要眇益人智。法制殊不悉，知君有深意。趵突自重淵，紗理參天地。運轉如督任，徵奇于焉至。用兹爲灌溉，農畝將蒙利。何亦不盡言，悠然窮擬議。願君發藏笈，慷慨憐同志。臨風實跂予，莫惜微言寄。

《通考》述占驗，未及曆家言。亦有《續文獻》，闕略不足存。邢公考律曆，將決《授時》藩。古法語不詳，安能探本根？豈知法沿革，踵事有淵源。西術肇《九執》，札馬顯前元。《回曆》自洪武，凌犯實專門。分科兼肄習，年年陳至尊。利氏術加密，轉爲疑者喧。以兹重發憤，搜羅不憚煩。中西數十家，一一爲討論。一葉泛長河，乃欲窮崑崙。問途豈不遥，賴君爲張騫。合并果何時？悠悠勞夢魂。

賦得閉户著書多歲月

白雲多處有山村，滿徑松杉薜荔門。黄卷頗容消歲序，紅塵那許到丘園。身化巖壑聰明壹，道在希夷筆墨尊。幾度文成還命酒，春花秋月對羲軒。

辛酉

元旦恭謁典膳公像

春風吹雪到山村，曙色寒光映短垣。盥櫛晨趨環少長，庭階森列肅蘋蘩。家聲誰可孫謀慰，歲序同瞻遺像尊。稍喜兒童知拜跪，自慚衰白負深恩。

雨不得就霞蒸弟飲漫成代簡

午夜無眠老態成，時時欹枕待鷄聲。東風忽送簷前雨，春水遥知溪上生。遠涉經年勞夢想，嘉招咫尺阻逢迎。明朝霽色尋山徑，連袂高歌尊酒清。

寄高汝霖金斗

雨歇修林鶯語頻，封書寄與遠遊人。山村漸插禾苗徧，肥水應嘗麥飯新。問字已知多益友，成家更喜托芳鄰。歸來執手看顔鬢，我亦東西南北身。

錫山陳集生書來索刻近著

長夏高歌溪上邨，松風一枕卧潺湲。故人寄訊迴清夢，江閣相逢憶白門。玄草未成空閉户，修名欲托愧傳言。挐舟爲語張平子，乘輿何當惠水源？

金陵雜詩

金水河邊秋葉紅，五龍橋下水如弓。何年尚食遺宫箸？拾得黄金泥淖中。

迢遞天街舊内通，千官朝會午門同。衹今斷礎横周道，龍鳳飛鳴鏤刻工。

鍾山北倚内城紆，道是當年燕雀湖。萬户千門何處所？還憑宫瓦説皇都。

玲瓏殿瓦是琉璃，奪目晶輝四照奇。幾片青黄遮草屋，斜陽相映各參差。

闕門相對正陽開，兩觀峥嶸亦壯哉。丹堊巋然飛閣墮，蟬聯荆棘上高臺。

宫殿樓臺廢作營，却嫌高屋礙行旌。名材總付牛車盡，瓴甋蕭條野草生。

過涉園用主人扇頭韻

書屋繞清波，唯應問字過。度橋人境遠，入座野情多。幽徑穿垂柳，深扉帶女蘿。滄州君獨擅，吟罷興如何？

過白沙劉正也書屋止宿

相對鬢成絲，深杯勸肯辭。漫須談往事，且共賦新詩。屋角梅花古，庭前楊柳垂。圖書堪卒歲，况復有佳兒。

贈了公

與君同歲生，今亦老同態。儒墨雖異趨，十載但歡對。暑閣聽煎茶，冬園看曝背。禽語辨深竹，花香雜蔬菜。雨過溪橋静，月高林影碎。咫尺望山城，人烟連靉靆。相視每忘言，行坐得無礙。上人無世營，平等斷憎愛。媿我尚塵埃，舉動招瑕纇。寧惟事後知，率多當局悔。疎鐘開梵唄，撫時增感慨。何時盡遠離，與君學三昧。安禪禮法王，入道永不退。

讀新安吴祇庵先生傳

野服芒鞋四十年，浮沉山市意悠然。思君何處尤堪憶？皎月和風花鳥天。

讀王文成集

聖學晦章句，世味群汩没。市井襲衣冠，揖讓行争奪。大哉君子儒，崛起在東越。拔本塞其源，起死鍼人骨。其如忌醫者，巧諱膏肓疾。良由事標末，依倚爲深窟。無端失所恃，姦臟一朝發。相率肆詆譏，造語誣明德。白璧寧受點，費汝青蠅力。再拜讀遺文，使我心中怛。寧惟事業奇，譚笑奏偉伐。風流果人豪，如春噓萬物。又若秋無雲，千里見皎月。事理歸一源，康莊誠四達。德教溢嶺表，絃歌治仿佛。生榮死亦哀，遺愛尚鑾粤。流風被來兹，於今曾未歇。自愧服詩書，而乃牽情識。景行仰高山，私淑嗟無及。繼此庶磨礪，願言守成法。夙習勇袪除，恬淡尊天爵。

壬戌

午日爲季弟尊素製日晷并繫以詩六首

多種加時法，赤道以爲宗。里差有南北，低昂勢不同。叀術取衡度，聊以擬形容。誰與明斯理，寂歷游鴻濛叀音胃。

鴻濛一黍米，廓然涵太虚。積氣爲光耀，運行常自如。永短類燈影，明晦隨方隅。所以古至人，冥意觀元樞。

憶同師邵子，秦淮創斯器。復因山陰何，斟酌新其製。歲月忽遷改，回首滄江逝。何當息諸緣？相將爲久視吴子遠，號師邵，丹陽人。何奕美，山陰人。

疇昔學《授時》，與子及和仲。運籌常夜丙，孳孳同講誦。已乃得西書，唯余兩人共。過此誰復知，人世真如夢。

生平耽曆算，瞚息廿年餘。敢謂窺奇秘，庶幾祛矯誣。技成果無用，俯仰聊自娱。有得憑誰語，惟君讀我書。

至理何精粗，讀書有深淺。試觀晷徑寸，周天詳發斂。優柔以厭飫，心靈將自顯。專一通神明，三才無浩衍。

簡舊稿二首

行年今五十，乃復數行墨。鼓勇逐少年，遲速争晷刻。豈忍效嚬笑，殊難任胸臆。生平厭支離，聖道妄窺測。安能違素心，俯仰事邊幅。辟如海中犀，陸走就羈勒。自謂範馳驅，終不中程式。投筆苦未早，念之增太息。

筆研久當焚，精力况衰朽。低徊念髫年，雙親初白首。殷勤授我經，兹意將終負。逮養已不能，那用縈華綬？庶令書種存，逝將家學守。遥遥望來兹，不知誰爲後。以兹重蹉跎，出處兩無取。豈敢名薄技，千金珍敝帚。

題矩算

南燭有高枝，鳴蟬咽脩林。户牖何軒豁，苦茗時自斟。端居清衆慮，庭蕉生緑陰。奇器嘿無言，萬象亦以森。微風來西南，冷然開我襟。

讀栗亭詩有懷東西洞庭

我友湯聖弘，昔家太湖裏。語我洞庭山，東西接天起。今日誦新詩，選勝一何美。安能續快遊，鼓棹乘春水。放歌縹緲顛，濯足漁山趾。坐聽胥江濤，泠泠清吾耳。

癸亥

病間有作八月十二日曹塘

營魄銷垂盡，憧憧仍故吾。衆慮何當冥？曠然心顔舒。古人耄進德，將毋稟賦殊。圭璧成琢磨，形衰志豈渝。陰陽不能寇，天遊恒自如。悔往抑何爲？努力收桑榆。

龍眠陳滁岑先生寓書以江南通志星野屬訂

東南文獻尊耆碩，圖譜周咨更腐儒。荒野安從闚秘典，尺書遠慰到繩樞。離群十載時虚度，卧病兼旬骨乍蘇。起步中庭秋月迥，臨風懷舊重踟蹰。

雨不得往幼龍兄代柬二首

風雨重陽後，銜杯興若何。黄花霜裏豔，詩思老來多。客至供鷄黍，門開繞薜蘿。幾時乘霽色，過汝聽懸河。

相看俱老大，詎浪憶他年。痛飲花時酒，狂歌醉後篇。齒將蘧瑗化，白尚子雲玄。有子堪娱日，偕耕郭外田。

劉子懷之弟讓以從戎尹臨桂卒任觀察簡公哀其以死勤事也爲殯于龍安走書告其家劉子往返經年載柩以歸皆觀察爲之經紀余悲劉子之事高簡公之義作詩咏之

百粤荒榛道，崎嶇萬里行。淒涼扶旅櫬，迢遞歷歸程。衡浦漳烟滿，羅江烽火明。使君生死誼，欲述淚先盈。

昆山遇雪

山居愛雪每登樓，極目層巔想勝遊。偶趁春晴過絶巘，俄逢飛霰到神丘。沿籬下見千峰冷，啓户平看積素浮。梵唄淒清人境隔，置身今在雪山頭。

甲子

江上望九華山慨焉有感

曾聞九子山，險怪類西岳。攢蔟金芙蓉，峥嶸發華萼。我來江上看，烟光喜澄廓。奇峰縹緲間，一一青如削。百里勢不絶，蜿蜒相迴薄。扁舟不可停，所見乍前却。參差互出没，靈異難遥度。振衣思高顛，攀躋一何樂？長歌入杳冥，凌風瞰大壑。身輕生羽翼，虚無行碧落。平生慕至道，幽探性所託。于役曾未休，天遊攘六鑿。福地儻依棲，曠然解塵縛。敢忘夙昔心，敬與山靈約。

送海寧范文碧入都

畸人生東海，屐齒遍山川。飄飄扶竹杖，孤雲翔遠天。詩成命斗酒，獨酌意悠然。擘窠作大書，落紙人争傳。汗漫遊秦晉，慷慨涉齊燕。荆楚暫爲家，去住了無牽。谷神得玅旨，自信能長年。浮華盡劃除，相對如枯禪。叩之曾不窮，博聞心若淵。時以出塵理，助成及物緣。今復適京國，忽若凌紫烟。江城送君别，高歌還自憐。泛梗隨長風，洪波相與旋。於世誠無求，素位胡憂煎。媿我慕采真，亦受還丹篇。服食良簡易，所難俗慮蠲。舉目望神州，往往多飛仙。何獨守窮巷，跼蹐成華顛。

陳照江招集借園同諸子得能字

雙扉開曲巷，花徑集良朋。微雨秋無恙，深杯客亦能。遠遊思屈子，長嘯憶孫登。共信還丹有，相將説五陵。

雨花臺同武修聯句

小步憩層巒武，秋原霽色寒。風飄江外白定，烟樹雨餘丹。城郭千家簇武，笙歌六代殘。憑高無限思定，未覺酒杯寬武。

長干僧舍和武修韻

江雨送秋寒，秋光尚未闌。青藤垂古屋，丹卉映雕欄。好領銜杯趣，無言行路難。放懷天地外，白眼任相看。

寄懷山陰何奕美

石頭城下雨初晴，莫愁湖畔晚潮生。懷人欲買剡溪棹，放眼山陰道上行。

白雉爲鷹阿戴務旃作

碧落廬前白雉鳴，烟巒響答倍淒清。乍疑陳寶祠邊响，不作殷王鼎耳聲。純素自安山澤性，榮華肯與世情争？珍奇多少樊籠翫，羡爾翱翔物外輕。

十月三日同陳二游蔡九霞曹滄波郝仲知王璞庵蔡鉉升放舟秦淮

載酒泛冬晴，秦淮雨後平。雕欄隨處泊，霜樹幾株横。人與滄洲静，歌宜子夜清。迴橈鍾阜見，長望不勝情。

題傅濟川小影濟川善地形，著《三會正眼》

疇昔宛溪湄，招題共棲止。朝聞頌金經，晝出看山水。别去曾幾何，歷年餘一紀。爲君題像者，多爲人人矣。刹那成古今，歲運疾于駛。自愧守蓬藋，徒然衰髮齒。君遊一何健，燕齊環杖履。風塵留好顔，視昔轉豐美。無以贈君行，呵凍聊書此。他時能復來，細論《三會》旨。

潛庵湯公屢辱詢及欲以明史曆志屬爲校定且曰徐公健庵蓋嘗稱之余于兩公曾無通問

史志兼蒐采，千秋數晉隨。圖書聊自適，姓字訝人知。深恧周諮意，初無獨到奇。閒花山徑發，把酒一題詩。

乙丑

董樵谷先輩自文登來宣展姜貞毅公祠墓會吴中亦建雙忠祠祀公兄弟因復往吴賦此送之

西山今日存遺老，盛典重逢慰遠遊。殘雪敬亭扶竹杖，春風吴苑放輕舟。生芻萬里交情見，俎豆雙祠直道留。此去簪裾群屬目，瓔瓢野服傲滄洲。

贈董樵谷三首

海濱一樵父，木食草爲衣。結廬西山巔，與世長相辭。橡栗不常給，豐歲猶苦飢。妻孥併日餐，歡欣無怨咨。荷笠時出遊，道逢馬上兒。袨服鬬新異，馳逐誇輕肥。古貌人稀覯，瞥見驚且疑。去去勿復道，隱顯塗相違。孤居習海市，峥嶸曾幾時？惟兹一寸心，滄桑終勿移。

魯連蹈溟渤，皭然遺物累。於趙復何求？不去圍城内。談笑責垣衍，片言失秦帝。浩氣折其衝，匪直齒牙利。從來遠引人，豈獨能忘世？在昔姜黃門，踰垣謝長吏。騶儈起投閒，攫金紛攘臂。親交壁上觀，屏息仍多畏。西山樵者知，黃冠出城市。立爲白其誣，排解誠高義。人間多不平，安得如公輩？

陶唐命羲仲，賓日宅嵎峽。惟君棲不夜，開門東海涯。不須登日觀，夜夜聞天鷄。初陽湧扶桑，方圜常異闕。雖無風與霾，光彩日增奇。因知曆家理，清濛氣所爲。昔我推句股，測量通中西。嗜癖苦難同，引領唯青齊。伊人忽以徂，有懷將質誰？邂逅慰平生，薛公君所師。兼聞令嗣賢，家學曾未弛。何日因君往，抵掌開雙眉。

姜兹山將歸萊陽瘞貞毅公遺齒遂遷母櫬來敬亭爲之作詩

炎歊方鬱蒸，暑雨亦載塗。萊陽姜伯子，千里從征車。問君安所之？逝將歸舊廬。豈曰懷鄉土？蓼莪悲有餘。痛父尊君命，易簀有遺書。歸骨必戌所，理勿旋故都。伯子泣遵教，敬亭攜厥孥。所傷遠先兆，魂魄長嗟吁。惟公性忠孝，平生敬髮膚。墮齒廿有四，什襲同琲珠。古人斂棄爪，慎終理不誣。齒堅亦骨類，播遷曾與俱。爰諏窀穸期，奉齒東北徂。將用族葬儀，祔瘞先墳隅。豐碑題馬鬣，齒墓從兹呼。一抔依贈公，公其罔憾乎？惟公又有言，縲臣棄鄉閭。丘壠違三紀，中心甘茹荼。何忍爲同穴，恬然婦與夫。伯子念兹慟，我母誠何辜。淺土非所安，或乃憂沮洳。墓祀雖今禮，人情寧獨無？是用虔告公，迎母亦來居。兆域遥相望，名山同一墟。或無恫先志，聊以慰區區。兹行涉江河，頻煩易舟輿。精誠一死生，倐阻忘艱虞。兩事皆義起，質俟良不孤。仁至斯義盡，禮俗焉能拘？寸心求所安，古今成斯須。至性苟無存，豈得爲通儒？

謝脁北樓

陵陽之山，平地削立一千丈。數年之前，猶見崔巍傑閣居其上。綺疏豁達凌虚空，雕甍縹緲出塵坱。此閣實在太守衙齋内，百里川原皆坐對。開簾柏梘峰嶙峋，撫檻麻姑雲靉靆。一卷相看興欲飛，萬井人烟繞翠微。嘯傲滄洲成卧理，至今人説謝元暉。元暉政簡精神暇，題詩常在高樓下。哀響静聞獨鶴唳，清光遠見迴溪瀉。有時杖屨恣幽尋，閒探好景入青林。埜浦仙巖周所歷，五馬雙旌盡日吟。謝公去後青蓮至，敬亭雲鳥同高寄。開元麗句紹南齊，物外逍遥風未墜。作賦登臺繼者誰，都官疊嶂咏新詩。自驚三紀去鄉邑，林壑初知郡府奇。更有盱江來作守，譚經勸學光前後。高閣何須晝掩扉，訟人感泣歸淳厚。藹藹春風覆六郊，經營百廢下忘勞。版築涇川千雉壯，蝃蝀西津十仞橋。士戴良師民恃母，爲政風流世希有。紀遊徧勒磨崖字，躋堂笑進郫農酒。兩水雙橋秋復春，城郭亭臺幾度新。千年勝地留芳躅，踵武嗣徽屬後人。君不見，敬亭山囷囷輪輪之氣，直接陵陽三峰起，孫陽欲過驊騮喜。一朝題咏滿江城，重尋舊碣烟霞裏。二三賢大夫，庀材艱慮始。懷古正情殷，幸得承風旨。竚看飛樓似昔時，百尺丹梯雲外倚。

贈吴舫翁

先聖既往微言絶，諸儒祖述存餼羊。精深平實推濂洛，千秋洙泗道重光。無端沿派岐朱陸，立説紛紛徒往復。夷考鵝湖講席初，兩賢所學原非殊。爾後學者成門户，轉令二氏笑吾徒。君不見，禪那律教分宗旨，曹洞臨濟亦如此。又不見，丹家内外書汗牛，北真南祖疏源流。師承往往多睽異，未肯操戈向同類。如何吾道喜相攻？詆斥儒先稱道義。舫翁先生來敬亭，黄冠野服譚遺經。舌鋒如濤文似瀑，勇肩名教爲干城。幾年結廬棲泰岱，致齋虔往先師拜。一杖孤行軍壘中，闕里上丁逢釋菜。作書千言告聖賢，至誠香爇高罏内。由來名理盛西江，多君特立無依傍。媿我行年過五十，支離困頓空芒芒。讀書妄欲闚元始，日用躬行無一是。安得如君汗漫遊，遠離熟境從山水。習氣庶幾能滌除，悠然静會吾心理。

績學堂詩鈔卷三

丙寅

汪栗亭招同諸子集棲真山分韻

霞標倚曾城，天際矗孤秀。屐屧出郊坰，咫尺見巖岫。陂陁帶畦圃，縈紆涉溪溜。麓近失前矚，林壑紛避就。迴複歷重岡，半嶺闢靈鷲。虛室坐軒敞，鐘磬寂清晝。靈源湛龍湫，泠泠鑒裒朿。羽觴既以飛，嘉旨錯芳蔌。歡極轉成歎，眷焉念朋舊癸亥，曹秋岳侍郎曾此同遊。憶昨此登眺，命侶亦花候。卉木互嬋娟，芝蘭同一臭。憑陵探奇奧，徵討益疎謬。渺渺行雲流，日月忽如驟。丹臺留子明，至藥當誰授？庶幾勇樹立，不亡以爲壽。

穀雨試茶應督學侍讀李公教

桃花爛熳水萍生，桑田緑滿鳴倉庚。遲日山園乘野興，縹瓷小啜心脾清。由來詞客多煩慮，每恨酒醒無麗句。聊嘗苦茗勝醇醪，閒愁澼滌歸何處？天生靈草性神奇，烹之有法采有時。氣如蘭蕙質松柏，風霜荆棘從相欺。君不見，陽羨之茶中泠水，物類相須各千里。一逢鴻漸著爲經，修名天地齊終始。

題匡廬彭蠡圖爲文江李醒齋學使

君不見，神禹昔導南條水，東迤北匯爲彭蠡。表裏江漢納百川，洞庭其兄震澤弟。沐日浴月涵太清，遥峰出没蒼波瀰。於中廬岳尤崔嵬，烟霞淖約離塵埃。瀑縣高空倒銀漢，雄視九野吞埏垓。崑崙南迴亘南紀，一迴一度名山峙。回雁高曾枝葉繁，仙霞天目雲仍耳。庾嶺以還此大宗，包絡巨浸摩蒼穹。大孤馬當扃牖户，金焦到海環垣墉。由來灝氣鍾清淑，廬陵起衰真不俗。鵝湖鹿洞輩相望，至今講席尊儒術。我公家世本承明，躬膺帝簡疊持衡。南宫已重鷄林譽，秦苑仍高雁塔名。江邦巖谷多寒畯，水鑑光澄竿牘擯。深沉鐵網舉珊瑚，略去驪黄賞神駿。雨霽山城春緑齊，芳菲桃李正成蹊。披圖仰止情何極？極睇匡山彭水西。

次韻麻陂潭和袁中江

澄潭收衆壑，千尺俯沉冥。徑轉山容幻，雲蒸水氣腥。空濛霑積翠，窈窕接遥青。丹竈軒轅近，松根采伏靈。

仙源早發

山色澣初晴，遥峰出郭明。路從春草入，人逐曉雲行。石筍空中蔟，蓮花天際横。浮丘容我輩，絶頂聽吹笙。

芙蓉庵即事

太乙諸峰雲亂生，芙蓉嶺下水澄清。松亭小憩聞鸞鶴，未到丹臺身已輕。

黑龍潭上有石如枕在危峰立石之顛

石枕神工琢，天然青靄間。雲中應有客，高卧聽潺湲。

自斧山踰芙容嶺

烟開衆岑殊，林轉孤峰矯。遠矚紛岐嶷，逼視藏奧窔。短衣攀斷崖，微睇俯高鳥。磴紆望不極，瀑喧語難了。遂踰千尺危，坐對諸山好。參差互出没，咫尺判昏曉。汨塵悲來遲，尋真思去蚤。

松谷庵

奮屐出曾險，策杖凌仙掌。倏忽躋崇顛，飄颻愜孤往。下闞迷來逕，岡陵卑伏莽。磴道多欹危，潛谷乍開爽。叢篠啓荆扉，虚堂沃幽賞。棠梨共馥郁，夭桃亦疎朗。山深春到遲，入夏始温壤。登仙有遺蜕，誦唄仍金像。新筍饜夕飧，孤鐘驚夜響。淒清露氣濃，悠然失塵網。

由太乙峰登石笋矼即事

淺碧殷紅間緑苔，香生衣袖洗塵埃。群仙欲引登真屐，故遺琪花滿路開。

登始信峰

孤標斗絶出曾烟，冰雪姿容太古前。松作龍髯垂翠壁，人騎羊角負青天。萬山屹侍寒暄異，半嶺中分日月懸。坐聽霓裳空外奏，雲開冉冉揖群仙。

軒轅峰煉丹臺

昇仙無昔軌，躡雲留今峰。翠巘矗流霞，丹崖被長風。蒼然峙終古，蔚㞘飄寒空。短樹競詰屈，修草争蒙茸。境寂遺凡慮，山峭煩天工。罏鼎多渺説，金火寧雷同。褰裳詢至道，邈矣懷高蹤。

蓮花峰絶頂

鳥道盤空穿石罅，孤邛宛轉出松根。丹梯直上群峰伏，赤縣迴看萬象尊。真界從知離衆域，微軀今已近台垣。飄飄便欲乘風去，坐對天都日色昏。

奉答潘稼堂檢討兼送歸吴江二首

曆譜源經史，學者忽如遺。刳心事良難，逢世非所資。逖矣西儒術，耳食尤深疑。苟未明實理，其肯去町畦。元本著幾何，引伸析豪釐。三角總萬形，要眇稱難知。夫君述作雄，而復能精思。迺識才人心，善入無幽奇。余亦耽癖嗜，一卷恒自怡。音稀人尠聽，碎琴徒爾爲。區區二紀勤，今日逢鍾期。

卑棲依故山，耳目域偏蔽。所恃思慮通，書册苦難備。金嶺有耆宿薛儀甫先生居青州金嶺驛，道遠不可至。一椷疏所疑，聊質平生意。雙魚既以達，滋焉聞厭世。溯洄空欲從，兹意終安寄。誰知槃澗寬，近在吴淞澨吴江王寅旭先生頗精曆算。投薛亦有書，深問徵十事。已矣今復徂，遺篋唯奇字。浩歌觀古今，能傳曾幾氏？寧無人與書，寂寞荒江涘。藏弆得君子，手澤無遺棄。還蘄共表章，鄭重貽同志。

丁卯

吴綺園招同栗亭方鄰雨公家瞿山耦長施汜郎集寓齋陪郡司馬曹實庵即席拈韻時曹有曆學之詢

江城新雨霽，春光自駘蕩。延陵多好懷，召客集書幌。棐几羅芳尊，軒楹啓閒敞。高言四座清，陳編亦共賞。豈敢耽宴遊，德藝貴相長。君子當代英，詩格黄初上。論交折輩行，彦會車騎枉。識韓方在兹，登龍夙嚮往。迂疎世所遺，殷勤被弘獎。顧余誠謭劣，妄欲窮垓壤。受《易》憶童丱，河圖倚參兩。深維觀晉理，闇索方圜像。敬授讀《虞典》，璿璣制攸昉。載稽《月令》星，乃與羲和爽。諸家疏歲差，文繁終惚恍。咨諏曾末由，學淺意徒廣。傍蒐及史乘，天官代依倣。古曆雜讖緯，六天皆臆想。《太初》但草創，四分益曭𦞦。積候稍精密，漢曆惟《乾象》劉洪作。岌焯鳴晉隋晋姜岌《甲子元曆》，隋劉焯《皇極曆》。《大衍》繼洪響唐一行作《大衍曆》，諸法漸備。《紀元》與《統天》宋曆十餘改，惟二曆稱最，步算漸昭朗。許郭起元初元郭守敬、許衡作《授時曆》，集中曆之大成，行亦最久，影測判尋丈。始信通經儒，能辨疇人罔。爰徵西國傳，談天如視掌。譯用賴吴淞，析義乃吾黨西學之入，始于隋開皇己未，唐有《九執曆》，元有《回回曆》，明亦兼用，至徐文定公譯《曆書》，其説始暢。自媿居方内，闚管見盆盎。以斯重發憤，九數披榛莽。心神似有通，宿疑時豁袒。於世故無禪，棄置殊難彊。展轉三十年，迴思成悵惘。爲君聊復陳，悠然一俯仰。

戊辰

上少司馬金悚存五十韻

郇伯行春日，姬公作洛年。黍苗霖雨渥，吐握碩膚傳。謀斷兼房杜，風徽軼許燕。高言紛若綺，華琯總如椽。弱冠承明直，良書中秘研。錦袍被蜀襭，蠟炬送金蓮。望愜司成座，才優秉憲銓。羊城遺愛在，劍閣德音宣。陳臬平反允，分藩額例蠲。棠陰通宛歙，河潤洽伊瀍。治行中邦最，徵車北闕旋。雍容襄禘袷，温栗飭宮縣。洊陟西臺長，爰參密院權。折衝紆借箸，廟算裕籌邊。轉餉昆明沚，銷氛鷄足巔。負嵎殲晥晥，奏凱鼓闐闐。丹陛還元老，歌鐘銘甸川。建牙庚福浙，憑軾汔垓埏。白傅難方駕，眉山差比肩。文於經國著，道果濟時全。庇宇巖阿静，耽奇嘯咏偏。辭知尊雅頌，畫欲契方圓。玄白慚揚草，驅馳媿祖鞭。寧能闚要眇，惝解別星躔。仰止情何極，迂踈守特堅。掩關聊尚志，挾策敢求憐。濟美壎篪擅，仁聲江漢駢。甄陶成善俗，蒐拔盡英賢。自分蓬蒿賤，奚當束帛先。下交寬禮數，幽賞進言詮。報玖方無地，垂青復自天。姓名芬齒頰，枯冷起噓然。初遂荆州愿，言乘越水船。海潮秋浩淼，湖月夜嬋娟。漫刺容長揖，盤餐損俸錢。咨諏忘腐鈍，餽問感纏緜。馥郁梅花塢，清泠楊柳泉。郊原安衽席，浦溆恣洄沿。鷲嶺香光迴，吴峰塔影連。熊旂明旭彩，畫戟嬝晴烟。上壽禎符集，揆辰麗景鮮。旄倪群抃舞，冠蓋接蟬聯。照耀公門李，栽培匠伯楩。顔非丹已駐，生以道長延。候暖禽魚喜，風和卉木妍。溢陬欣祝誦，壺嶠注神仙。甲子添籌數，台衡側席專。都俞惟贊贊，德業更乾乾。幸附菭岑末，爲賡棫樸篇。傾葵觀大澤，化日樂漁畋。

南屏山尋張司馬墓

木落早霜催，荒墳在草萊。千秋亡國恨，四野暮猨哀。正氣還晶宇，丹心照夜臺。應多精爽見，檣櫓御風雷。

答别陸鈐佚三首

當世言經學，淵源推甬東。藏書啓天一，南雷精折衷。名賢相後先，奮起乘長風。之子蹔雌伏，氣若秋天虹。摛辭爛綺霞，析義開鴻濛。作賦紀圜丘，著辨明三江。頗正酈元《注》，能令《禹貢》通。我觀錢唐潮，道院欣相逢。贈我以新詩，出水初芙容。自顧實譾陋，癖嗜人無同。推許過其分，慚恧填心胸。

玄暉吟北樓，澄江映千古。高巒繼青蓮，昭亭鎮平楚。千尺桃花源，沿回溯深阻。川原出有時，顯晦難自主。安吴有古城，義旗此搘拄。卓哉忠壯猷，英風思石柱。未得名詩篇，舊蹟徒四五。君子多雅懷，景物寄仰俯。咏歌滿沙城，洪音發鐘吕。誰言今昔殊？勝事高文補。溪山表清奇，來者成遊譜。

因君念梅溪，彈指俄四載。暮春山色佳，歷此探黄海。招攜五六人，倡和音猶在。君時處官閣，高言何磊磊？姓字祇今通，聲氣久相逮。我讀梨洲詩，知交數蘭茝。殷勤及沈梅梨洲與家朗三、沈耕巖先生相善，詩曆累及之，松筠志無改。邂逅豈徒然，崇論得深解。四明峰淖約，文脊亦瀟灑。南條地脈連，江流勢同匯。人生類轉蓬，去住各有待。安得長追隨，晤對捐疑殆。

吴烈婦戴氏哀辭代

正氣扶兩間，成仁以取義。慨慷與從容，自古較難易。壯哉烈士操，乃於巾幗備。夫喪彌四旬，百折成初志。當其慘裂時，家人謹防視。慈母及尊章，引禮巧寬譬。貞烈固同歸，心跡豈軒輊。忍死奉高堂，寧不靈帷慰。兒心不可轉，有死更無二。本願殞夫前，懼增病者劇。庶兹骨未寒，相及黄泉内。觸柱既未能，投繯屢勿遂。絶食食黄金，指環吞九事。剖鏡嚥玻璃，多方蕲早斃。胃敗神明清，七日無聲氣。臨革乃一言，翁姑孝養未。人誰不有死，死或鴻毛似。節烈重泰山，或激崇朝意。展轉終不渝，爲難將幾倍。由來忠孝心，始念人人是。須臾多變更，中懷自潛異。何況稱未亡，亦且符旌例。乃知至性堅，匪因名譽致。艱貞光日月，勁節風雷厲。詎惟婦德昭，永令臣子媿。浩浩錢唐流，矗矗吴山峙。乾坤有毁息，綱常此維係。

送張碩忱歸武林

金輪寸疊鳴宵漏，華琯尋舒矚遠天。顧我平生耽隱賾，逢君遲莫慰周還。牙琴在昔知音僅，慶鐻還誰絶技偏。宛水清泠秋日迴，一尊分手意難傳。

九月下浣喜重晤魯駿若先輩三首　是日適值揆辰

萬物役人智，流水年華逐。誰能無一營，采真樂邁軸。伊人秋水湄，逍遥遺寵辱。誠堪黄綺儔，寧惟幽賞獨。浩淼南漪波，威夷北山麓。不知滄海更，但有高眠熟。七十古衣冠，顔色嬰兒渥。省躬實浮沉，汎愛徒鹿鹿。何當湖上峰，和歌遊遠目。榮名棄土苴，至道全淳樸。

邂逅憶疇昔，攘攘闤闠中。相視各凝睇，姓名聊復通。神交愜素心，執手懽初逢。豈繫形貌殊，將無氣類同。方欣鄙恪消，質難資磨礱。離别忽以遠，湖山西與東。八載此重覯，年時驚飄蓬。君壽且康强，周旋滋益恭。汗漫慚靡成，斯須爲老翁。黄芽種非遐，丹山塗未窮。庶奮魯陽戈，黽勉追高蹤。

朱陸生同異，聖緒乍明滅。終年論辨新，未有躬行決。壇坫沿盱江，純素謝緇涅。舉世何紛紛，獨矢固窮節。師道日陵替，餼羊留往轍。稱觴五六人，擎跽禮無缺。諒哉目擊存，理性匪謄説。相彼原泉清，汲久食愈洌。和順爲英華，飲醇各心折。自兹長駐顔，古誼啓來喆。

己巳

施汜郎小照

梅放山窗啼百舌，山城黯黯飛春雪。雪消春雨轉霏微，把酒開書總愁絶。展君畫册雙眉伸，梧桐百尺何鮮新。伊人箕踞在其下，苔茵坐嘯無纖塵。小鬟却立囊琴畔，似解君吟能送難。數卷縹緗家學存，石床春甕羅清翫。因憶余方童丱時，辟兵卜築雙溪湄。侍講賢書初入仕，醵賀相從鄰里爲。爾後雲泥將二紀，圖經編纂論交始。砥園先生篤舊誼，忘年下問談傾耳。吁嗟往事難重陳，西州有淚徒酸辛。却羡烏衣能踵武，如君文采尤彬彬。君不見，寄雲樓下遥山碧，群從歌聲出金石。新詩題向黄山椒，觀潮時著錢唐扆。從來經術有淵源，萬事爲之及盛年。名教寧妨行樂地，日休心逸無華顛。莫如余輩甘衰朽，有志無成祇自憐。

三月三日送賈鼎玉

江城雲物正春分，柳囀鶯嬌此送君。回首明湖同令節，高歌藉草醉斜曛。扁舟吴越頻分袂，匹馬幽燕好勒勳。壯志相看雄劍在，未須兒女惜離群。

寄贈雪松上人

皎皎雲巖雪，亭亭石磵松。謖謖發遥響，歷歷明寒空。孤標絶衆緣，貞幹成虬龍。萬物有榮落，清真無始終。之子遊方外，誅茅飛瀑中。夜梵澹塵慮，山鳥依晨鐘。千峰羅几榻，洞壑開巃嵸。冰心沃炎燄，鶴骨支鴻濛。可名非常名，思君道所通。青蒼鬱相望，崒嵂柴扉東。古木森霜崖，何當策短笻？一卷趺高顛，劇論乘天風。

登燕子磯同蒲庵大師劉承哉分賦

片石欹横矗大荒，江天雨霽望中長。乘風檣櫓來空闊，隔岸烟巒接混茫。亭立山椒供嘯傲，洲連港口識滄桑。問情輸與安禪客，瓢笠行吟一葦航。

進鮮橋

石橋在燕子磯側，唐家山下，江舟自此達鍾山，相傳先朝進鰣魚水道，相近有鰣魚廠

鍾山通曲港，橋有進鮮名。求野存先典，沿流指舊京。渚喧官艦泊，磯晚市燈明。正是鰣魚候，扁舟無限情。

舟過維揚張山來惠新刻六種

扁舟渺渺過蕪城，長夏薰風放棹輕。久别故人重握手，相遺書卷慰平生。名山著撰原家學，通邑交遊足友聲。披讀泠然炎暑失，扣舷高咏斗牛横。

送徧如同宗歸華陰

君住華山仙掌下，余家柏梘白雲中。問途川岳三千里，徵譜淵源百世同。宿雨連床增慰藉，新晴鼓棹壍西東。知君未戀希夷峽，意在長揚作賦工。

爲徐敬可先生題箑即送歸南四首

燕臺楊柳正新晴，歸客圖書一棹輕。雲物故鄉逢久别，船窗茗椀聽流鶯。

客中送客事尋常，淡泊相遭味獨長。珍重遺編能早寄，廣陵中散意難忘『惟淡與泊，有時相遭，天風沉寥，群籟簫簫』，敬可題余小像中語也。敬可有王寅旭先生曆學諸書，約相寄訂。

癖嗜知希付古今，逢君塵外領遥深。何當棐几經旬對，笑問環中《四易》心《徐氏四易》，敬可所著也。

落落同心天地内，合并寧憚遠追攀。憑君好寄楊雲語，待我三吴山水間敬可爲余言楊道聲，余亦素聞其人。

劉承哉將歸宣城爲作揆日之器併得一詩

桑弧良有志，故鄉亦足懷。覩兹物候殊，能不早旋歸？扁舟溯會通，兼旬涉河淮。山色過江好，日月俱清佳。秋風起石頭，知君顔色開。

庚午

寄懷馬彝庵濟南

湖上桃花載酒時，吴山高館共題詩。却看聚散流光駛，忽漫風埃邂逅奇。萬事人間成夢覺，百年吾道有鬚眉。久要自是君家學，莫忘良書慰遠思。

茹衡州紫庭季福安調御招集張園時兩君皆將之任

同易堂梁質人，金陵馬洛聞，吴門劉繼莊，山陰楊可思，宛平劉德柔、德問，新安蔡瞻明。

高柳青藤暑不生，雨餘泉石坐來清。地疑江國增鄉思，天放吾儕作好晴。旨酒乍能消永日，軺車其那又長征。却言邊徼淳風在，南嶽東甌無限情。

日晷

旭日升扶桑，萬物斯並作。茍非夜氣存，其能平旦息。歲功成發歛，玅理在坤復。所以古哲人，朝夕守乾惕。主静以爲君，健運見天則。寬綽有餘閒，作德惟心逸。

梁質人將之衡州賦贈

通人見未然，賢者多隱憂。寧同儕俗論，戚促惟身謀。憶昔君遠别，飄然事遨遊。八載覯金陵，彊圉作噩秋。我時正越行，爲君遲輕舟。示我一編書，乃是西邊籌。至計誠非迂，遐荒費冥蒐。天下方偃戈，詩酒群優游。桑土慮何深，未雨思綢繆。相逢復薊門，羽檄傳氊裘。已事良足徵，有志何當酬？巨室勤丹艧，大木恒旁求。匠伯或閒觀，代斲徒悠悠。浮雲接天飛，渺渺望齊州。衡湘萬里程，君去我還留。片語贈臨岐，惟君慎所投。懷寶而被褐，庶以紹前修。

辛未

寄贈楊安城襄平

皂帽支離木榻穿，居人盡識管寧賢。雲消長白山前屐，魚美松花江上船。耆舊過從推祭酒，家庭酬唱有詩篇。他時鶴髮還吴會，應憶淳龐絶塞偏。

寄祝少司馬李厚庵五十三首

海嶽匯靈秘，運會挺英喆。邃啓古皇扃，高步儒先轍。經術蚤受知，名高志逾潔。翼翼循墻心，蹇蹇匪躬節。一籌佐休沐，攙搶埽鯨穴。始信下帷人，實效理無缺。文真經國用，衝惟尊俎折。袛今官政服，翱翔紆九列。啓沃眷方隆，蒼生願還切。元化贊訏謨，納揆儲稷契。自兹達期頤，陰陽藉提挈。

易象肇河洛，理數相爲根。京焦詘輔嗣，授受尠專門。卓犖宋諸子，圖學承淵源。近代亦有作，賾隱紛掀翻。君子折其衷，至義簡不繁。朱邵旨爲伸，不廢子雲元。二篇序卦位，雜互兼討論。憂患文周心，潔淨庖羲言。會通成獨契，前聞益共尊。在昔寡過儒，韋編同歲年。既窮天地心，已探知命原。豈假參同術，伏食希高騫。

簫韶邈古音，璣衡遺確制。曆紀援鐘律，牽傅失真是。伊人讀《易》暇，疏剔各盡致。《吕覽》及《周官》，博辨析疑義。推步兼西術，高文發奇秘。末學誠迂懶，九九徒癖耆。溟渤憐涓流，諮諏折行輩。謂言考據繁，流通實非易。摘要陳簡編，庶俾經生視。以兹策駑鈍，獲於公餘侍。請益志方奢，中道饑驅累。慚愧負甄陶，微願何當遂。旦夕讀良書，肅容拜提誨。華祝遲樞趨，臨風寄遥思。

題抱雪圖并序

《抱雪圖》者，昝子茹芝思其親而作也。尊公，僅齋先生之啓手足也。爲康熙庚午冬，于時大雪數尺，是歲南之寒凍甚於北，三吴兩淛，江河盡冰，斷行舟焉，數十年未有之奇也。蓋先生誕日萬曆癸丑冬亦大雪云。先生居恒對雪，輒如有所亡，嘗恍忽記憶在深山草閣，積雪千丈，二三老友，龐眉皓首，執手送别，依依不能舍。遂翩然踏雪而來，至今若失歸期爾。又嘗曰：『吾去之日，必不於夏、於春、於秋，其在冰堅氣肅時乎！』兒時遇雪輒啼，曰：『兒欲歸去也。』至是先生見雪，訢然擁被起曰：『吾生也以大雪，今去亦大雪，吾行光潔中，至樂也。』言訖而瞑。嗚呼！跡先生生平，行芳履素，涅而不緇，所謂度白雪以方潔，殆其人歟？氣類相感，理固宜然。然則昝子之圖是也，豈惟風木之悲，抑亦羹墻之慕矣！

人禀陰陽精，於類各有合。衆人登春臺，熙熙逐生滅。貞操不泥滓，獨守歲寒節。西北氣尊嚴，飛霰于焉集。纖塵絶太空，宇宙但純白。君子愜生平，愛此寒光潔。一笑謝人間，浩然返真宅。披圖仰遺軌，炎歊生凛烈。冰心藉寶傳，永以啓來喆。

十月十四日問水亭看月懷皆元彦同北固作

萬井寒烟迴，高臺霽雪明。河冰連岸下，海月帶潮生。病骨驚時序，鄉心慰友聲。遥憐江國路，歸客獨長征。

壬申

贈吴胥巘二首

地圓占北極，周遭九萬里。徑冪比恒星，千億非能儗。配位稱三才，藐藐抑奚恃？我愛莊生言，天地一指耳。巧曆雖難盡，果蓏亦有理。輪法齊星行，大小互相似。寧惟善籌策，良由共根柢。所以古喆人，六合掌中視。爲學及盛年，鋭志誠足喜。原泉出靈巖，鬚眉鑑清泚。涓涓日夜流，放海猶未已。相彼乘槎人，崑崙近如咫。

古法改逾精，小異歸大同。學人守師説，中西各長雄。誰知歐邏言，乃與《周髀》通《周髀》『七衡』之説，言北極之下，其人朝耕暮穫，今西人五帶分里差，略似其指。結髮受經史，此事疑在胸。往者不可作，欲問將焉從。積久思慮專，徑轉千山窮。欣欣雲霧開，昭昭發我蒙。獨見期共明，其人亦罕逢。勉旃慎前路，惟恒日有功。妙悟生熟復，不離書卷中。

送胥巘歸黄山兼寄懷謝象新

丙寅四月，同胥巘之叔綺園、兄東巖，袁士旦，舍姪耦長遊黄山，至湯口，余以事遄歸。謝象新家黄山之麓，不相見亦五六年矣。

黄山三百峰，朵朵開青蓮。軒轅鍊丹臺，松根流紫烟。行遊得導師，羽衣何翩躚？肩隨五六人，安期與成連。高歌經石笋，琪花紛鮮妍。片雲作山雪，初夏寒披氊。百里俛平疇，午日皎仙源。因思測量理，交羅寶網圓《楞嚴》言諸佛國土，交光相羅，如寶絲網，曆家空中諸綫相交相錯之形似之。清寂遺衆慮，觸景成詩篇。湯口一以別，迴首意茫然。好古有謝客，卜築兹山前。子家亦山陽，歸去相周旋。會須擲一切，續此幽探緣。趺坐天都頂，澡浴朱砂泉。那知大藥成，且令俗累捐。著書傳吾黨，悠悠忘歲年。

次韻酬王衛侯見懷

生事餘殘帙，差無始願違。故山多入夢，倦客蚤思歸。冰泮懷春棹，潮生坐晚暉。新詩能好我，高論媿探微。

送馮武若還沁州同阮于岳袁中江李萬資張遠亭

相送長安道，重逢已四年。顧余還旅食，喜爾未華顛。祿薄殷憂少，才多警句傳。參軍真俊逸，酬倡有新篇吾友周黎莊亦官晉幕，每遇銅鞮，輒多倡和。

癸酉

三月五日贈别劉北固三首

形影相依已數年，無端分手暮春天。幾回欲過西窗語，舉步將行意惘然。

夢覺繩床旅雁聞，預愁難别衹因君。如何問水亭中立，我反孤吟獨看雲。

我欲先行君已悲，君今先我事難知。縱令後約能無爽，白首還堪幾别離？

題意園圖贈朱林修

秦淮分北流，帝城跨而峙。派别古青谿，蜿蜒高城裏。古淮至冬涸，溪流冬逾美。寒潭澄以泓，清泠客塵洗。伊人有遠懷，結廬水中沚。負淮而面城，軒窗豁然啓。青青隔岸柳，亭亭依檻梓。客至羅琴尊，開書訂前史。酒酣時縱歌，千言成寸晷。那知闤闠間，幽居勝如此。占斷青谿流茶邨詩：『占斷青谿是此樓』，鍾山亦如咫。還思古人意，大隱每朝市。我來思卜鄰，謂可終老矣。誰爲君作圖？老友鷹阿子。境象增寥廓，憑君意中擬。野興何蕭疎，四座春雲起。因觀畫者意，天地誠一指。惟有意無盡，斯語多妙理。廣厦千萬間，意匠經營耳。微言題簡端，要歸誠正旨。我讀繡水詩，驚歎故人已王安節《輓鷹阿》詩，甚悲楚。憬然重對兹，芳規存片紙。願君寶愛之，相與千秋砥。陳蹟從廢興，淳意無終始。

甲戌

贅老人歌爲老友陸寅降作

我聞漆園説枝指，又云天地一指耳。仁義多方皆贅疣，何况區區藝能美。工倕摺指曠塞聰，决疣墮贅成大通。能外其身身不壞，知身爲贅喜憂同。辟如止水一漚起，俄焉漚破仍歸水。以水視漚誠贅疣，七政麗天當亦爾。更爲放眼觀太虚，大圜兀浮漚不殊。吾汝形骸大圜裏，大小雖分贅而已。老人老人爾勿悲，不須自惡形支離。如君少壯真爲贅，交遊譽問勞心思。春花秋月撚髭斷，棐几晴窗運腕疲。君今漸近無懷意，忘機息影原非癡。支離其德全生旨，逸我以老斯其時。

贈劉望之先輩二首

望之有《春王正月解》，以改月爲是。又《桓王論》言《春秋》托始平、桓，著周之始失諸侯也，其大誤尤在伐鄭，故特書示貶。而申公《詩説》，言桓王屢歲用兵，伐滕、薛、杞、唐諸小國，周人苦之，賦《何草不黄》，因以知諸國貶爵，皆周王所黜，而《春秋》書之，尊王命也。又《詩論》三篇，言《詩》亡爲先王詩教之亡，《雅》《頌》失所，而《禮》《樂》從之壞，故《春秋》作焉。王自有《風》，非東遷降也。又本《詩説》及子貢《詩傳》，言《魯頌》作于僖公，僭也，其實與《東山》諸什並《魯風》耳。《風》無《豳》，《豳風》者，《雅》詩篇名，周公追述祖德，詔成王也。夫子自衛返魯，然後樂正。蓋參考他國樂章，以正魯失，故《雅》《頌》始得其所。今齊、魯、韓三家之《詩》並亡，獨傳《毛詩》，毛公所傳，蓋即未經正定之《詩》，故其篇目，與季札所觀無異，非孔氏《詩》也。

經史本經緯，末學岐源流。《文賦》咀其華，《儒效》無一收。聖籍理平中，詁訓煩優柔。漢宋人代典，聚訟生矯揉。之子紹家學，淹通恣冥蒐。《詩》傳宗端木，改月信《春秋》。筆削肇平、桓，至意良可求。周人賦《何草》，侵小兵未休。博引申公《詩》，兼明貶爵由。伐鄭非天討，周始失諸侯。詩亡王迹熄，私淑一言留。《國風》降《黍離》，謬解何悠悠。豈知詩教失，禮樂湮荒丘。《閟宫》頌史克，守府空綴旒。退魯進《豳風》，《經》爲孔氏修。大義同尊王，志在爲東周。沿誤黜毛萇，寧惟盲左浮。窮經歸實用，膏肓賴以瘳。舉措爲事業，鴻文開遠猷。真闕述作心，慇勤萬世謀。胸非貫全史，墜緒誰能紬？

運移國是棼，勢激群情怒。公戰怯危疆，私鬭先門户。吾鄉獨聘君，中立無攀附。尚志薄青紫，力學耻章句。忠孝懷古誼，草茅關世務。論兵捫蝨譚，石畫出暇豫。公卿争折節，廟算借前箸。修攘諳幾宜，小試資防禦。尤精昭代典，六官存掌故。識大有成書，列朝詳考據。子舍依舊京，編纂侍朝暮。手稿落人間，闇誦靡缺誤。年來史局開，鴻博盛辭賦。豈不寬網羅，何時畢撰著？君移侍講書，深衷托毫素。匪紆局外籌，實切褒譏懼。作史十難并，一一披情愫。紀載裨因革，憂時更遠慮。遺編滋抱痛，金門仍却步。憶昨遊燕薊，《曆志》謬參預。巨艦涉洪濤，聊爾一篙助。良朋數甬東，多識亦韋布。安能集兩長，腹笥徵參互。傳聞酌信疑，虚公蠲黨護。大義明千秋，衆論衷平恕。徽猷藉表揚，湔雪慰呼籲。寧惟先德光，文成殆其庶吾友寧波萬季野熟于有明三百年掌故，爲今史局諸公所資。

次吴街南韻送劉望之歸百泉二首

望之精史學，遠遊不返，垂四十年。今忽旋里，仍以家累，孑身北去。己未、庚申間，史局初開，余曾寓書愚山侍講，言作史必資考訂，吾鄉如劉望之，僑居中州，距京非遠，宜迎致以備諮詢。而望之亦有《答愚山書》，娓娓數千言，具言《明史》事宜，惜浮沉未達。《鹿巷劉氏家乘》，向爲鹿鼇公增修，其書不傳，僅存者，吾友景威手鈔舊稿，望之續成之，嚴整簡核可式。山左孔樵巒明府，嘗屬其甥杞縣令爲望之治裝，以遂首丘，區畫甚至。聞余在京師，特過致詢，望之歸未，雅意諄諄，殊令人感也。

史局移書感歲華，懷人渺渺各天涯。難歸杜甫聞聲久，乍返丁威慰藉加。鹿巷門庭嚴譜牒，鼇峰棲隱認桑麻。故山丘墓良朋意，肯謂蘇門自有家。

依舊支離涉大川，舟車迢遰意悽然。忍看耆宿晨星在，難忘編摩手澤傳。獨往祇今途不畏，重來可信約能堅。家園書種吾儕事，結伴青春待汝還。

梅隴雙峰歌為丁翁士芮作

梅隴直上雙圭峰，大峰列嶂摩蒼穹。小峰天柱支鴻濛，飄若仙人行御風。天梁天際裊長虹，乾畫連三紫氣重。霓旌絳節驂飛龍，袍袖飛揚倚碧空。四山環立森垣墉，蓬萊宫闕雲霄中。鳥道千盤一綫通，山庭軒廠開心胸。丁翁結廬峰之麓，於世何求遺寵辱，妻自采山身種朮。憶初策杖來山谷，終日看山看不足，翁家山稻釀新熟，冬筍香貍佐醽醁。彈指年華十八遷，薄遊燕越餘霜顛。翁今筋力更强健，七十如嬰妻亦然。君不見，桃花源，秦代桑麻上古田。人間萬事既遠隔，耳目寧澹天真全。安能卜築兹山偏，訢然日與翁周旋。茅屋依巖三四椽，密爾靈區息衆緣。振衣高步登層巔，洗滌神灌斟天泉。時復盤桓松石邊，俯聽磵響凌蒼煙，復樸飲醇忘歲年。山稻，稻之别種，種于山椒，不藉水田，自然暢茂。亦有秔秫二種，味甚美，尤宜釀酒。香貍似麝，肉甚香。

贈陸生維馨即送其歸吴門 二首

寒雨柴門迴，青鐙衆慮無。相看文思逸，不信遠懷孤。白髮雙親健，南歸萬里塗。雲霄應自致，色養慰桑榆。

惜别燕山道，回看忽二年。山邨勞跋涉，晨夕重周旋。奇字余何有，天真爾獨全。臨岐無以贈，片語是精專。

讀興化李氏先蹟紀略得詩四章呈李萊馭 萊馭，名挽河，興化相公玄孫，陝西巡撫諱喬之子

祖德述康樂，奕葉垂芬芳。善繼本親承，深衷斯闡揚。先生文定裔，抑抑流輝光。忘年交後生，識度何汪洋。示我一編書，約徵家乘詳。遠矣先澤深，休哉餘慶長。巨浸發高源，到海猶未央。王謝若崔盧，前代誰能方？曾不諱隱約，益令潛德彰。興起良在兹，豈獨誇文章？再拜盥手讀，屏氣肅衣裳。

世廟持英斷，聰察尚玄理。如神惟辟威，高居握天紀。碩輔濟柔中，殊眷全終始。歸第彩鐙送，納涼西苑裏。密勿參訏謨，削草成上美。首揆隆慶朝，勳業尤光偉。于時俺答來，款塞煩議擬。盈庭築舍謀，一言

衷國是。至計服群疑，邊燧寧四紀。身退及功成，先幾羨知止。尤難雙白存，衮玉承甘旨。至樂備尊養，王溥差堪比。孝德釀元和，遺規在孫子。

遺規戒守謙，妨賢謝科第。天道誠不遠，恩榮還數世。卓犖沮脩翁，高搴淡聲利。篤生司馬賢，踵武繩先義。持衡鄒魯邦，網羅稱得士。河洛復旬宣，開塞禹功繼。轉餉入關中，軍儲能不匱。醫藥救夭札，胔骼掩棺槥。歡聲滕建牙，顒觀渤海治。秦盜方戀棧，勦撫事良易。曲突沮成謀，驅賊蔓鄰地。大功惜未就，拂衣遂初志。出處感興亡，俯仰一長喟。

友于溯淵源，迺自洪武初。争徒篤天倫，而不懷所居。退讓成内則，于今十世餘。洵美封夫人，孿跽嚴舅姑。先生述母儀，使我重嗟吁。和易本胎教，撝謙成乳哺。德配况賢淑，恪順相其夫。君年今七十，嬰兒顔色愉。相對忘町畦，所養固已殊。誰謂儒官卑，休疑儒術迂。君觀家法良，運會曾弗渝。惟孝施有政，仁義言藹如。高文昔欣賞，芳型兹步趨。先公遜宅風，因君想令模。由來身教先，承風實起予。

乙亥

觀湖先生八十四首

縹緲敬亭峰，摇曳官湖波。湖濱學易人，白髮朱顔酡。荆扉俛漣漪，倚杖看嵯峨。長隄柳青青，紅桃徧山阿。小步出前岡，横橋披薜蘿。微酣欹竹冠，新詩行且歌。西蜀君平簾，百泉康節窩。笑問磻溪勳，何似雲烟過？八十方爲春，熙熙游太和。

一畫兼衆妙，逢原會溟渤。君子善名理，觀天析毛髮。至哉九數功，隱賾亦昭揭。歐邏數萬程，賓餞異出没。巧曆絶恒慮，箋疏吾才竭。踵事生新智，循循蹊徑越。創獲歸平實，易地驚超忽。浩淼三神山，啓塗思故筏。敢忘善誘初，古義每相發。大象函三極，陰陽配日月。

流止察融結，乘生能澤枯。俗術何紛紛，小黠歸大愚。苟非衷至道，憑誰破矯誣？伊昔從登陟，高深信所如。幽探貙虎叢，目縱青雲衢。久淹實滋懼，德薄阻洪圖。引分聊自安，至意良已孤。昭亭鬱神秀，盤陀留奥區。君今所願得，人定天相扶。自兹培本根，華實看芬敷。

天人理貞勝，環中看倚伏。誰能遺世榮，兄弟老巖谷。邨落憶追隨，小徑平疇緑。先生田種秫，小山花覆屋。童稚盡知書，耒耜安淳樸。庶同彦方里，詎羡彭澤禄。鄉邦數文獻，望古有高躅。山川故鬱葱，晨星歎耆宿。願緩遥輿駕，爲示先民鵠。觀刑良在兹，來者資陶淑。

輓倪樂翁高士三首

樂翁賞余測器，有知己之言。比余復來觀湖，欲與深譚，而前兩日已捐館

故舊晨星盡，憐君避世真。灌園三畝宅，皂帽百年身。教子閒驅犢，談經輟負薪。悲哉今論定，丘壑一遺民。

七十身無疾，全歸亦未哀。所嗟兄耄耋，誰復共尊罍？句讀傳鄰里，兒孫有俊才。好留詩卷在，不逐劫同灰。

知己天涯遠，千秋取信難。虚名余負累，薄技爾深觀。徐劍空懸札，遷書亟報安。悔來遲信宿，未共子期彈。

蓮華峰頂補作

群峰六六海中蓮，攢蔟尊高爾獨偏。謾訝俯看無衆巘，已知迴望入諸天。垓埏指顧黄輿小，宇宙空明白日懸。多少詩人工擬議，青鞵幾箇到層巔。

贈吴街南

街南先生隱南郭，拄杖方袍冠以簭。蒿目將迴萬里瀾，抗懷雅負千秋略。前此十年贈我文，勉以性學殊慇勤。余耽象數慚躬行，未敢於道稱有聞。噫嘻古聖不可作，遥遥墜緒宗閩洛。姚江後起成代興，承流末學貪彈駮。原其初旨因捄時，矯枉過正誠有之。拔本塞源議良是，詩書禮樂原非支。即如程門譏翫物，讀史何嘗廢佔畢。作字甚敬諱求工，不聞藝累周文公。古人立言意有在，後儒沿説生拘礙。自非淹貫識根宗，學術何年泯異同？吴子談道離窠臼，飜然一洗諸家陋。文咀六籍包群英，書法鍾王追篆籀。闡義期教俗尚移，禮問能疏馬鄭疑。坐言起行歸實用，讀書論世尤恢奇。我於吴子未能窺涯涘，但見吴子之學未有止。著書不肯名一家，庶幾討論求公是。行誼弗愧祖洲甥，名理姑山出藍矣。指授不欲忘淵源，家學時稱夢華子。秖今齒已逮從心，孳孳猶仝志學始。從玆亹勉及期頤，優入所臻誰復知？君不見，昔者西河年過百，翛然出作文侯師。上壽斯文關氣運，豈止鄉邦賴羽儀？

丙子

同諸公論詩有作

五字《風》《騷》近，三唐格律精。江山留古調，雲物變新聲。光燄生工力，温柔出性情。終當還正始，時論未須争。

次韻野桂和張魯庵使君

春桂瓊瑶色，秋花恐不如。香親芸閣簡，開憶故山廬。月下誰分種，雲中想荷鋤。使君耽野興，几案任蕭疏。

采石磯

不上層臺又十年，偕登此日興悠然。松梢帆影來天際，雲外山光落檻邊。戰伐只今成往蹟，烟波何處弔前賢。題詩賴有群公在，午夜高歌月滿船。

舟中懷皆元彦諸子

燕地三年别，官齋握手初。群賢江上舫，之子枕中書。雨過篷窗静，春深岸柳舒。和歌君不見，好景正愁予。右元彦

白髪壯心已，滄洲感慨多。聞君經百戰，所至定悲歌。板子磯前壘，濡須江口波。牙檣偏後發，吟眺興如何？右卓子任

遲日春江道，同舟有伯兄。颿開隄草緑，花落浦潮生。尊酒酬江月，芳洲多遠情。懸知吟嘯處，雙榜雜流鶯。右昝仲緒

汪磴仙小影

識君將二紀，穆然飲醇意。六籍羅几榻，望古每高視。新詞手自書，波磔理微至。幽居近市廛，未覺深山異。對兹方外容，神明特冲粹。我聞一切智，含藏第一義。君真會心者，寧須盡吐棄。才多光弗耀，超超自遐寄。

長干寺喜晤王耕書出詩稿見示

宛南峰崔嵬，宛北水漣漪。沿洄百里間，山澤成分岐。吾汝况善遊，會合曾無期。憶昨歲涒灘，燕市承須眉。相看各老大，異地慰閒思。揭來五載别，重逢江水湄。箴規孝友言，縱衡行笈詩。登臨慕古先，節烈徵幽奇。卓犖寫胸臆，不尋浮響卑。志意良獨遠，真樸生淋漓。尤深風俗感，欲障川東之。每從壁上觀，慨發蒼生悲。此事根天性，安問流輩知。平生卹緯懷，亦忘貧賤羈。闊迂恒自憐，迺有君共斯。同心不在多，勿云結交遲。

題朱字緑濯足圖

物理歸逝波，陳迹復何有？自非情性真，泉石亦塵垢。伊人濯雙足，寄意良已厚。思親珍體膚，跬步念所受。寧惟慎毀傷，素履知無咎。涉川會有期，潔清以爲守。

績學堂詩鈔卷四

戊寅

六月朔日叔弟調公六十初度二首

萬事逐年華，雲物相鮮新。所貴守初服，庶以全吾真。弟年耆指使，閱歷多艱辛。而無時俗競，山邨安樸淳。磽田歲苦饑，濁醪時進脣。顧我數齡長，志亦甘窶貧。爲學苦無獲，徒然攖世塵。適俗違本性，所願無一申。鋭欲慕前修，疑者或見嗔。力薄意空遠，疲役損形神。枯槁類秋冬，皤然成老人。喜爾醉能歌，欣欣猶若春。

酌君初度酒，眷然念童稚。受經稍後先，伏臘偕嬉戲。于時村巷中，家塾亦鱗次。我祖得孫晚，撫教意曲至。睠兹清暑晨，良讌高堂置先祖母六月六日誕辰。介壽盛冠服，宗戚忻然賁。几筵何秩秩，樂部奏歌吹。我父獻康爵，叔父晉羹胾。吾汝厠坐隅，餕餘懷果餌。時於疇勸間，訓迪承徽懿。歲往事多更，轉瞚及衰瘁。居然稱父兄，繞膝兒孫侍。雖無嘉旨供，聊可共歡醉。敝廬三數間，守兹良不易。庶令婚嫁周，耕讀紹先志。

和又起兄自壽詩

舊廬柏梘山，數世安其地。居因食指析，廿里邨棋置。卜築依陵阿，川原各殊致。耕讀争所尚，習久或龐易。積重趨難返，俗乃比鄰異。奢靡出逸豫，沿流味攸自。眷言砥狂瀾，綆短但深喟。伊人宅水湄，啓户山蒼翠。茂樹鷄犺茁，小圃瓜蔬莳。鷹灘聞遠聲，溪發高源至。轉溉稻田滋，襏襫勸農事。門庭絶飲博，兒童謝嬉戲。林泉豈獨别，隴畝留真意。賡君七十句，使我興遥思。眉壽衆攸羡，歷練人欣企。願以質直言，村落善曉譬。毋忘一本親，努力先疇治。姻睦迓天和，樸淳敦古誼。既裕衣食源，漸進詩書義。庶承祖德長，衰門更浸熾。

隆吉姪六十二首

梅氏稱詩伯，唱和始《塤篪》。吉山尤錚錚，陶韋庶兼之。尚志謝軒冕，承先敦孝慈先大令陵峰公暨處士吉山公、别駕嶧陽公，有兄弟倡和詩，名《塤篪集》。吉山著撰尤富，有專稿行世，即隆吉祖。多君兄弟賢，末俗無磷緇。

居約守遺訓，内行良不虧。

在昔君盛年，與兄相切磋。吾仲忝文社，受益良已多。同學餘十輩，期許將如何？彈指歷三紀，相對朱顔皤。所幸後昆良，家室固無它。守待存一經，優游養天和。

貴溪道中永平張農山文學翻然有歸農之興宿松朱字緑大令時與同舟聞其言而稱善爲作贈行之章以示勿庵遂亦有作四首

直沽思昔遊，海壖過一水。乘桴亦有懷，涉川未濡軌。薌溪今溯洄，溪雲接天起。羡爾念躬耕，欲樹前修址。

同行紫陽裔，意氣特相許。所期鵬絶雲，未擬鴻遵渚。江皋馳遠目，眉宇共軒舉。投閒丁壯年，搔首更愁予。

名與身孰親，至訓誰能忘。逝將謝羈紲，一卷擁匡牀。不學公孫豕，寧慕卜式羊。黄犢耕故山，何君作計長。

海闊神山邇，地遠車塵稀。色養偕弟昆，怡愉樂不違。垂綸兼采山，無憂穰與飢。結鄰懷樸淳，使我心依依。

再疊前韻大心灘和答朱紫麓大令四首

髮短慮空遠，萬事付流水。稽首後來英，尚守先民軌。之子力方剛，無偕斯崛起。千秋在仔肩，深築崇臺址。

華高企可齊，古義昭來許。相彼江流永，屹然峙磯渚。龍蛇安蠖屈，肯忘霄漢舉？莫謂昔賢遥，寸心天賦予。

感至豚魚孚，機息海鷗忘。枕席或波濤，畏途第與牀。樹德翔威鳳，去疾奮神羊。於物各有裨，擇術寧從長。

丈夫有曠懷，寧憂知者稀。學成世所需，時窮道豈違。浩浩浪乘風，洋洋泌樂飢。踪跡未嫌殊，所貴心相依。

仍用前韻同揚州汪漢倬新昌吕德元山陰王蘧植何惠公家姪子建登鉛山河口山和漢倬

四首　厥山臨河，壁有大字曰『龍門第一關』

乘閒舒遠目，移舟涉潭水。緑崖遵曲磴，鳥道無方軌。盤迴陟顛頂，連袂高歌起。愛此突兀峰，臨流似無址。

攬勝懷陶謝，豎義念支許。壯哉秋水意，大地一洲渚。誰將破塵網，同心學輕舉。名山庶久要，真仙無棄予。

志合形骸遺，魚樂江湖忘。但令杯在手，何須笏滿牀。杖有葛陂龍，石是初平羊。悠哉濠濮間，山高而水長。

客途多素心，疇云古道稀。故鄉豈不遥，此意幸無違。况饒黄絹辭，坐遊堪療飢。永矢尚勿諼，道義長相依。

羊角灘

羊角灘頭石幾堆，縱衡躑躅浪喧豗。憑誰學取初平術，盡叱成羊向草萊。

己卯

武林郁滄波以裨海紀遊見示得三十五韻

自金、厦門至臺、澎，必經黑水溝。海水正碧，而此水深黑，自北流南甚急，稍不戒，即大舶皆爲漂去，故舟人畏之。安平、赤嵌二城，皆紅毛據臺時所築。番人文身，多大耳。半線，洋名，自赤嵌達鷄籠、淡水，多有山澗，西流入海，潮汐至焉，水稍深者可進船。鹿耳門者，入臺正道，内即安平城，防臺重兵，多駐於此。吕宋自明末爲西國所據，其所遣治吕宋者，不娶若僧，謂之巴黎。凡紅毛大舶，每舟含佛郎機銃數百，客有上船者，款接時必連發巨炮，問之，則曰：『以敬大國之人也！』荷蘭，一作和蘭，即彼國號。高固齋作《荷蘭使船歌》及《紅毛行》，庚午年，議開互市館，當事者見詩而止。今郁子據舶師計更海道，約爲小圖，洋程數萬，瞭若掌紋，切切隱憂，正略同矣。

桑弧志四方，苛養闢蒼生。衈緯苟無懷，撰術徒峥嶸。之子不遐遺，舟輿多所經。示我一編書，歷歷海中程。海浪高於山，瓢飄檣飄若萍。圜影絶邊際，星水涵空明。不知舟所届，記里惟支更。探奇樂孤往，簸蕩曾無驚。夜浮黑水洋，朝泊紅毛城。牛車涉湍澗，千里更長征。侏儺大耳垂，文身裸體迎。半載淡水涯，誅茅立數楹。番屋無四壁，卧看天宇晶。地底聞沸泉，硫土自煎烹。牀下條蛇聒，衣間燐火頳。多君意坦適，履險恒如平。阨塞還周咨，利病閒盱衡。憐彼番俗陋，初無機詐攖。謂當善撫綏，可使齊編氓。又言半線北，出海溪潮盈。鹿耳雖重閉，間道宜經營。矧伊西極戎，波濤狎阻兵。堅忍濟機猾，澤國恣饕并。吕宋實殷鑒，巴黎虐使令。盤踞連海南，闚伺形已成。參雲賈舶來，娱賓雷礮轟。兹島直閩粤，嚮爲荷蘭耕。逼處幸驅除，未雨思銷萌。前誦固齋詩，遠慮餘深情。今復展斯記，針路羅楸枰。何哉韋布儒，疾呼同一聲。君子念維桑，蚤見悲群酲。豈必封疆責，斯勤石畫精。杞憂庶收採，他時見施行。非止侈博物，海錯陳縱横。

灘行雜詩十首和查德尹張青雨 補作

列障疑高城，亂石城根出。詭譎呈萬態，礨砢層布密。石罅硆砑張，一綫溪流潏。舟石互吞啄，驚若蚌中鷸。轉憶弋陽道，方兹未百一。噫嗟行路難，親歷斯真實。

晨興噤無語，群受篙師指。但聞石子鳴，磊磊戛船底。齊力作呬聲，瞠目舉衆趾。椶繩纏竹篙，倒撑櫂船駛。操舟亦有道，慎默斯無呰。顧守臨履戒，三緘自兹始。

灘船殊小大，用招總無異。如鰕舉長鬚，如象使長鼻。又如鵝鸛陣，前茅審趨避。峭壁横中流，衝濤疾於駟。觸石始迴舟，飄忽翔鳶墜。自非老長年，波瀾敢輕試。

灘危利用招，灘平利用槳。柔櫓溯空明，擊汰亦堪賞。水底見崚嶒，輕舟不敢盪。短篙人各持，左右紛拄攩。帆檣摺疊懸，出險用斯昉。小舠庀衆材，斯能利攸往。矧伊涉巨川，悠然發遥想。

灘盡或深潭，杳冥危磯趾。游泳可方舟，及兹榜人喜。忽復峙連礁，偃蹇波心裏。盤互黿鼉甲，銛利鯨鱷齒。但行爾勿懼，倚伏亦恒理。縱觀天地内，風濤寧僅此。

流水出高原，巨石爲之郛。盤根大地深，作鎮太古初。金者水所生，石者金之徒。一氣自亭毒，子母相涵濡。一灘渚一潭，流止互灌輸。不然溪建瓴，到海乃無餘。于焉征物理，萬化觀元樞。

連延或逾里，撍拄失涯涘。方驚舞龍鸞，俄看蹲虎兕。倉囷列方員，戈戟攢擊刺。珠樹耀光潔，玉圭端秉植。平生樂幽討，丘壑宜位置。安得李將軍，一一寫奇致。張之斗室中，卧遊供癖嗜。

下灘急湍平，驚定前山邇。沙高舟腹膠，擲篙紛入水。横杠舁舟舷，經時行及咫。山深溪水冷，瘃瘃皮皴死。舟活旋操楫，鼓頷不能已。嗟汝食微利，勤苦終歲爾。安能廣厦覆，窮簷盡安止。片石出人間，能邀袍笏拜。名園珍所獲，世守欲常在。顧兹瑰瑋容，棄置百里内。而彼舟子徒，來往百千輩。但愁牽挽難，幾人欣賞對。豈非驟見驚，習久乃無怪。所以古喆人，曠觀平憎愛。過嶺惟一塗，麗行泉石間。篷窗對崥屼，柁底聽潺湲。雖有銜激危，亦擅探討閒。天豈念征人，設兹溪與山。令開跼蹐胸，長留歡笑顔。何當携卷帙，緩棹重躋攀。

李安卿孝廉刻余方程論於安溪古詩四章寄謝

草《玄》期衆賞，當世幾桓譚。豈伊文奧艱，抑亦性匪耽？君子紹家學，優游六籍酣。曾不讓土壤，而同癖嗜甘。淡泊味能咀，隱賾理深諳。重以雕版良，校讎勤再三。荆璞剖頑石，負之出煙嵐。千鏌拭華陰，光怪發蘊函。何以答明貺，耿耿意中含。千里寄遥思，霽月高秋涵。

方程備九數，而居《算術》終。亦如勾股義，絜矩道多通。末俗安俚近，臆解增其蒙。良書不可致，訂考將安從？寧知古《九章》，河洛爲根宗。變化生擬議，雜傳歸中庸。殘編聊復存，所恃心理同。積疑破精思，悠然古義逢。前聞豈盡湮，淹雅多群公。賴君流布力，請益自斯洪。固陋或蒙矜，鑒兹求友衷。尚出奇秘藏，共證啓余聰。

保氏教德行，三物藝相輔。專科肄五年，爰同經義舉。制藝盛文藻，實學棄如土。君家伯子賢，山林視圭組。公餘但學《易》，曆律窮參伍。盛德不滿假，下問及迂腐。謬謂管蠡測，未墜羲和緒。導之作諸論，精刊期衆睹。惰廢轉自驚，慚感中心縷。君復版兹編，欲令垂區宇。何其好善同，偏長恒見取。風尚砥群趨，虛受見前矩。謭陋競何裨，高懷自千古。

古曆粹王郭，《庚午》實堂構《庚午元曆》，耶律文正作也，雖未頒用，厥後《授時曆》稱最精，實肇基于《庚午》。差法何與祖，子信勤測候。新術争皇極，厥用悉身後何承天、祖冲之言歲差，至唐一行，始用北齊張子信積候二十年所立日躔盈朒及交道、表裏諸法，後世遵用，而當時未顯，史傳並未言，至《大衍議》始著。隋劉焯作《皇極曆》，與曆官辨，皆甚畏焯，不敢争，然亦不行其曆，至焯死後，乃稍稍用之。但令此理顯，吾求亦何又？憶昔問靡從，積歲懷疑竇。及其稍有闕，欲語當誰授？稿本徒從衡，甘爲醬瓿覆。大賢君一門，翩翩異華胄。既擅文賦雄，名理重扃扣。萬里越閩山，奇緣兹輻輳。尚及衰顔存，從容相討究。愛至望彌殷，延跂遲良覯。

甬東陳克諧爲余作小影甚肖因以詢知彼中故人存亡出處之概於其歸也賦此贈之

老夫白髮形粗醜，褊性畏人人見走。何幸兹逢顧虎頭，爲圖顔貌留衰朽。轉憶曹娥渡竹橋，南雷耆舊話連宵。咫尺珠巖遊未得，四明山色看岧嶤。彈指年華今一紀，故交存者人千里。因君寄訊甬東雲，勿庵迂癖還如此。

題張嵩麓采菊圖

種菊既盈圃，天地皆秋容。時時擷其英，浮之酒杯中。膽瓶間牙籤，益友相過從。不知柴桑後，真意誰此同？但恐蒼生求，其能獨樂終。以兹重寶愛，日夕哦芳叢。

長至後歸宛陵喜晤徐天石即送其復遊都門二首

扁舟閩嶠人歸處，匹馬燕臺客返時。乍喜故山重握手，那堪雪舫遽臨岐。家書萬里煩騶從，游子三年入夢思。屈指春風君到北，余心先與北風馳兒子以燕在都門已四載。勳伐三征承世澤徐司寇公撫蜀，有三次征苗大勳，爲天石之曾祖，代興七葉數門才。京華久歷物情練，文字論交俗尚迴。弱息頻年偕旅食，老成深幸得追陪。他鄉倍使鄉情篤，莫替箴規古道培。

庚辰

奉寄不次二兄金斗三首

山村春雨收，山鳥相和鳴。涉江馳遠思，端居懷我兄。我兄僑合肥，言欲還宣城。我時方閩遊，開書歲序驚戊歲承寄一函，里門無由達閩，乃復從京札轉郵，己夏始至。既悲遠別離，尤忻終合并。但愁我歸遲，未及江皋迎。豈期星再迴，兄尚尼行旌。客久雖重遷，詎肯忘宗祊。故鄉誠寂寥，菟裘或可營。願兄蚤翩然，引領慰群情。

墓田尊宋碣吾族自宋太七公始有墳墓在山口，祖居左側，十葉居山口。餘干起經術，縹緗能世守。大勳及微禄，嘉名存弗朽。煌煌新建文，豈異圭符剖時望公由明經貳餘干，宸濠之變，王文成號召義兵，公以一旅相從，分地堵截，獲賊七十七名，又六名。見《陽明别録》。書院廢阡陌，藏編思二酉。汶陽既我歸，遺址在壟畝郡乘言木岡公建文峰書院，時望公之父也。旌德梅公鶚，爲時望公作記甚詳，今按其處，即新贖山口祖基。吾梅聚族居此，歷宋、元、明凡十餘代，厥後食指益繁，析居蒲田等三十餘村。而祖居荒廢瓦礫，繼以犁鉏，至今田塍之隙，猶時時見墻垣衢巷階除遺跡，歷歷可指。兄耄更精强，天意良非偶。庶兹振家學，承先以待後。道將目擊存，况善循循誘。吾當侍皋比，卒聽效趨走。

家法數金谿，義田傳范氏。仁孝何惇篤，望古每遥企。社倉資義塾，洵美常平理。自愧誠涼薄，有願徒虚擬。更苦同心稀，將伯欲誰恃？惟兄睦本支，達尊兼德齒。惠然兹肯來，周行庶余指。禮樂自兹興，百廢于焉起。先靈實呵護，寧惟宗族喜。臨風寄余心，撰杖澄江涘。

送施孝虔入閩因懷武夷

新晴山翠流，薰風夏木陰。伊人遠行遊，扁舟理鳴琴。遠遊將何之，言適武夷岑。兹山靈異鍾，鳥道盤千尋。中多甪里儔，逍遥巖壑深。篋藏先代書，坐聆山水音。嗒焉棄名譽，豈止忘華簪。憶昔幔亭峰，奇峰鷀首臨。人事阻搴裳，悵惘意難任。之子實仙才，斯懷同所歆。遥興未敢期，幽討庶自今。窮探九曲源，澣我塵埃襟。努力遂孤往，悠然愜素心。

又贈孝虔

理學紹中明，殿讀闡其傳。經國存大業，内行尤卓然。極盛繼良難，之子何翩翩。曾無門閥矜，而耽風雅偏。府寺絶干謁，嘯咏安林泉。種桃響山崖，垂綸宛水邊。示我著撰新，琳琅富簡編。仁義言藹如，規矩適方員。固窮守家誡，爲文益以妍。故舊多通顯，屢空祇自憐。樸訥罕遭逢，匹馬空幽燕。兹焉尋昔遊，重涉閩山川。豈爲饑驅行，手澤懷杯棬。矧伊先公集，得之歘歷全。泯没實滋懼，藏弆更歲年。雕版最書林，爲政有名賢。庶兹謀殺青，稍遣皮閣愆。萬事廢因循，矢志在精專。誠哉世德長，揚顯意能堅。折柳贈臨岐，爲作繞朝鞭。

次韻雪广二兄旋里門展謁祠墓將遂攜家南返仍欲至肥定計一時留别愴焉感懷聊申鄙私用堅其意三首

白雲生處焙茶香，澗壑清幽暑亦涼。宋代松楸開百世，先公墳典翊三綱餘干公起家明經，以文吏從戎，佐王新建平寧藩有功。天留碩果還江左，址識文峰是汶陽文峰書院遺址，於近年贖出。皓首相從能遽别，故山脩竹正成行。

新詩吟罷腕生香，褒勉殷勤愧德涼。敢謂藝成矜小數，殊慚身教舉弘綱。典型我願師黄石，根本君當念紫陽朱子父韋齋先生宦閩，遂爲閩人，自號紫陽山人，示勿忘舊里也。矍鑠重來知不遠，漫須別淚灑千行。

雨過風清杉檜香，詩篇重咏景蒼涼。即看兆域思先德，正賴耆英振大綱。二紀壯遊江水外，九齡歸息歙溪陽。僑居著籍終非計，臨別丁寧淚幾行。

得雪坪信寄示答佟參戎詩和韻懷之

山田新雨豆苗蘇，遠信開函彩筆濡。翰墨久爲當世貴，髭鬚較勝去年無。治裝豈有陸生橐，旅食非耽少伯湖。儒將檥舟堪共載，何緣不肯向西沽？

病起聞笙餘已歸仍用前韻寄訊

支離斗室骨方蘇，雨歇庭階足未濡。喜爾歸從千里外，知余病已浹旬無。籬邊菊蕊分三徑，溪上煙光學五湖。乘興能來看秋色，山郵濁酒未須沽。

爾素弟六十三首

昆弟重人倫，計時獨能久。術業况同方，門内自爲友。下帷憶丱年，家塾一經受。吾季稱早慧，科名擬唾手。春路琴溪魚，秋月秦淮柳。形影相追隨，閲歷靡不有。少壯曾幾何，蹉跎並成叟。季年及周紀，距算視余九。猶復涉黄淮，遠道舟車走。賴少流俗競，庶無先訓負。會面輒經歲，良書對清酒。以爾意訢然，亦忘余老朽。駐顔豈有方，願同兹意守。

攬勝宜壯齡，息影逸衰年。顧余獨反此，吾季乃亦然。昏嫁幸粗畢，客行無内牽。惟兹著撰謀，矻矻徒相憐。咨詢不憚遥，引據動盈篇。千里溯雙魚，而無他務連。時多疑義新，探索一何專。每用慰離憂，曾不間山川。起予既非一，副墨猝難宣。終當圖却埽，逍遥斗室偏。相與極思辨，理數觀其全。書成良足娱，何計身後傳？

同生有四人，仲往垂三紀。爲謀寧不遠，賫志長已矣。叔也守舊廬，榮華脱如屣。門户付諸兒，優游安暮齒。佔畢尚吾汝，歲月驚流水。傷心母氏劬，遺言空在耳。吾衰既已甚，非敢托知止。興會爾猶佳，文成時自喜。壯哉魯陽戈，日馭爲之徙。外物雖難必，進脩宜足恃。如稼覩登場，如行將百里。何以收桑榆，無爲所生恥。

壬午

元旦即事

宿雨收歲除，朝光啓良辰。山邨獻歲儀，少長何彬彬。瞻拜肅儀容，厥初同一身。百年安舊廬，聚族義尤親。斯須秩叙昭，油然敬讓真。兹意庶同守，自兹還樸淳。視彼庭前柯，枝榦相依因。青陽迴太和，景色常鮮新。

歲除二首

臘盡星迴又一年，清尊聽雨意悠然。山村聚族懷先澤，午夜題詩憶昔賢。歲序已隨簷溜改，衰容潛與漏聲遷。惟餘宿習除難盡，便擬今宵總棄捐。

明明我祖康寧日，父叔良宵進酒卮。藹藹高堂雙鶴髮，欣欣隅坐數童兒。却看五紀猶如昨，忽到七旬曾幾時。至教未酬空老大，流光駒隙有餘悲。

癸未

奉同安溪冢宰集荷花池用韓吏部秋懷詩韻

秋日澹新晴，疎柳依高軒。霪潦既已收，殘暑去若奔。物候多變化，太空無語言。默觀消息理，豈異羲皇前。公暇集嘉賓，勝地授盤餐。寄興謝塵務，遊心惟簡編。雅愛潮州詩，諷之恒過千。野性耽偏嗜，亦殊世鹹酸。一卷聊自娛，支頤每晝瞑。因君策老懶，欣欣同少年。

七夕後兩日試算法限二十四韻

理數昭河洛，匪同書器湮。顯晦或因時，亦如昏與晨。至教存目擊，道弘良在人。天地恒貞觀，推測久斯親。自非先典傳，混茫安問律。偏説矜私智，偶中自稱神。寧知昔賢哲，積候成艱辛。許郭精弧矢，都哉踵事新。三角闡歐邏，思理入纖塵。迂拙抱微尚，耽斯忘病貧。同時有王薛，道遠阻爲鄰。獨學慚孤陋，屹屹徒冬春。夫君天所挺，運會肩一身。恭承欽若旨，授受奇文真。頓令草埜目，琬琰中秘臻。諏度及芻蕘，采擷兼蘩蘋。圭表羅几案，咫尺窮蒼旻。問辨集群彦，歡然洽主賓。牙籤鄴架編，折角林宗巾。談諧褌實用，匡扶裕蹇屯。庶兹風草意，益俾儒術振。經史溯淵源，儀極析渾淪。梁棟儲楩楠，苞茂堅心筠。良會乘秋霽，古義聊復申。

乙酉

賦得御製素波萬里盡澄泓應制

帝德同天乘景運，波臣效順盡安流。河淮底定千秋績，江海澄清萬里舟。排決經營歸廟算，平成勳業起歌謳。輓輸無阻畊夫樂，從此長紓宵旰憂。四月二十日，蒙召見于臨清州御舟，命所乘小舟隨行。二十二、二十三日，並賜召對，賜食，賜坐，夜分乃罷，撤御前燭，命小黄門送歸。二十四日，駐蹕楊村，行謝恩禮。皇子傳旨，命從官賦詩。時已曛黑，紙筆不具，惟安溪冢宰及督學楊公名時、天津道蔣公陳錫及臣鼎四人有詩。念臣鼎老病，特賜炕桌，命小侍衛執燭照之。詩成，命侍衛左右扶掖，而興既起立，仍命立定少頃，然後移步，優恤可謂至矣。

丙戌

雨坐山窗得程偕柳書寄到吴東巖詩箋依韻答之

司徒三物臚九數，宋唐科目兼明算。先典難稽厄祖龍，洛下權輿起西漢。乾象幽微久乃著，踵事生新斯理燦。溯其根本在羲和，敬授親承堯與舜。洊經三季事頻更，疇人失職遐荒竄。試觀西説類《周髀》，蓋天古術存遺翰。聖神天縱紹唐虞，觀天幾暇明星爛。論成《三角》典謨垂，今古中西皆一貫《御製三角形論》言西學實源中法，大哉王言，著撰家皆所未及。枯朽餘生何所知，聊從《月令》辨昏旦。幸邀顧問遵明訓，疑義胸中兹釋半。御札乘除迅若飛，定位開方辭莫贊。庶勤榆景畣殊恩，望洋學海期登岸。却憶司成接對年，阿季多才清剖判胥巘奉司成命，從余學曆算。握别金臺十四秋，山齋舊稿徒堆案。安得斯人共欣賞，討論鈎校窮宵旰。一得自憐知者希，抱書高望懷英俊。邗上歡逢君竹林，歸颿話舊通遥訊。風雨中來千里書，凶問忽承驚且歎。頻年存殁增悲慟六月間，歸自上谷，晤劍宜、綺園于蕪城，詢知胥巘屬有微疾，不意竟以去世。安溪李生世得訃音，得之邗上。兒以燕去秋溘逝，到家始知，迴看歲月多泄翫。絶學其興應者誰，佳什長唫呼鷃鴠。

戊子

壽嘉禾高念祖先生八十

先生始遷祖奉常公，靖難兵入，遯跡永嘉山中。祖屯田公，以勤事被誣，考虞部公抗疏白父冤。國變後，誓墓不出，世稱『高氏三忠』。虞部手輯《崇禎忠節録》，先生績成之，且募梓焉。

運會密推嬗，谷岸相遷異。賴此綱常在，直與乾坤敝。先生忠孝裔，遺編紹先志。網羅歷歲月，屐齒周粵薊。參互析疑誤，闡發吐生氣。其人餘四千，蒐輯猶未置。祇今年八十，焚膏書細字。精明生積誠，志至氣亦至。巋然碩果存，康彊見天意。

念祖謂余知曆出示所藏明水先生策對及虞部公日記中語商確又得一首

明水《律曆策》能駁正從前講家以律生曆之附會，及埋管候氣之非是。其時利氏已入，説未大行。篇中所舉『最高卑』等語，並經生家所不能諳。虞部曾令余郡涇邑，廟食水西書院。

天道久彌著，屢改成精測。中西數十家，折中存一得。嚶鳴懷友生，驅車亦南北。邂逅清溪湄，典刑奉遺直。猗歟家學盛，煌煌經史翼。示我一編書，淹洽徵高識。從知忠孝人，皆由學問力。水西有遺愛，民情徵廟食。儻復扶邛遊，追陪祛我惑。

題朱深村册子

深村樓居在東花園，茶村詩所謂『占斷青溪』者也。樓旁復有幽處，植古柏、怪石其間，爲行吟對酒之地。而性好遠遊，故圖此二者，與其小照爲一册，以隨行笈。

古柏勢干雲，靈巖海嶠分。小窗開異徑，與客坐斜曛。高唱陵今昔，奇書足典墳。披圖千里對，此意獨輸君。

上孝感相國 四首

一源觀道器，六籍昭天經。末學但咀華，狂瀾需廓清。君子應苞符，崛起何峥嶸。勇肩洙泗傳，旁蒐象數精。吐握弘接引，大公開至誠。自慚迂僻甚，亦獲禀裁成。

曆率久彌善，密測翻成駭。所貴符天驗，安用岐西海。高識破群疑，問郯通至解。野夫耽癖嗜，葑菲蒙兼采。授餐感殷勤，教誨尊模楷。山川雖阻脩，至意曾無改。疇人守師説，蔑肯窺西書。歐邏矜别傳，寧能徵昔儒？二者不相通，樊然生齟齬。大哉聖人言，流傳自古初伏讀《聖製三角形論》，謂古人曆法流傳西土，彼土之人習而加精焉爾。天語煌煌，可息諸家聚訟。曆同聲教訖，兹事肇唐虞。沐浴文治深，敢自棄顓愚？地僻志空遠，撰述徒區區。閩洛幸同時，庶將箴我疎。管窺安竇穴，敢冀塵清聽。離照燭幽遐，草茆驚召命。至教承光霽，秘策容參證。優老寬謷跽，放歸保衰病。庶此畢榆景，殘篇娱短檠。一得報殊恩，偏長適疎性。鄴架多奇書，儻許資讎訂。

顧有星小照

秋光桃葉渡，春花朱雀橋。舒卷蔣山雲，來去秦淮潮。幽人此行吟，杖履何逍遥。興到時獨往，行窩信所遭。我自愛真率，豈肯名孤高。兹意誰同賞，天風吹布袍。

同崑山徐道濟編修維揚卓鹿墟蕭徵乂納凉於楝亭銀臺之真州寓樓

一逕薔蘼竹外樓，飄檣雲鳥望中收。隔江嵐翠圍平野，帶郭林陰俯緑疇。永日談諧寬禮節，高懷真率見風流。從誇河朔能消暑，得似東山握麈不？

真州奉陪荔軒銀臺竹村廷尉觀江頭打魚同卓鹿墟胡來章杜吹萬

載酒出郊坰，乘潮泛前浦。泊岸依深柳，冷然失炎暑。四闢啓篷窗，江天浩無阻。漁艇各效能，生得傾罾罟。畜之盆盎中，鬐尾燦可數。鯇桓諦鰍鰈，鱠喁錯魴鱮。吹沫浮鰷鮊，鯈鱨互容與。奇鱗炫文錦，泳遊亦楚楚。聊以娛清暇，豈曰充庖俎？榜人忽喧笑，垂綸巨鯷舉。居然王鮪登，異味行厨鬻。任鈞寧矜巧，萬事無心取。野服恣談諧，嗒焉忘賓主。斜日迴輕舟，清風生遠陼。

越三日立秋又奉陪江舟看雨 同項景原、程惟高、卓鹿墟、馬質公

素颸應秋節，晨興挹新爽。藍輿延埜客，追陪復篠杖。使君逸興長，方舟狎菰蔣。涼雨從西來，江村接莽蒼。迷離水氣白，淅瀝葭菼響。圖畫看真景，波瀾增永廣。初無霑濕慮，而有烟霞賞。芃芃占有年，勃勃秋禾長。阻饑憂已寬，蒸暍遂成迋。金尊酌良醞，酬勸曾無彊。蓑笠漁家兒，風軟猶開網。發發捧雙鱘，長鼻過於顙。濠上漆園心，東海成連榜。悠哉移我情，高歌一俯仰。

題卓鹿墟出師圖

卓忠貞公敬，建文朝疏移燕邸南昌，不用，靖難兵入，不屈死，是爲鹿墟始祖。少讀書寶香山中，夜歸迷道，見黑牛，憑之以行，比到家，縱之，則黑虎也。

擐甲南征倚馬才，賦詩橫槊興悠哉。寶香傳説忠貞異，今日看君控虎回。

寄懷梁質人

黄鵠摩天飛，白雲亦孤征。離合非豫謀，繾綣餘深情。緬維三紀中，幾度歡逢迎。促膝我心寫，聯床客夢清。寧知後約難，還悲昔别輕。時復得雙魚，開書歲序驚。顔貌誰似初，人事矧多更。所恃能不忘，共矢久要誠。何時山水間，尊酒話平生。有懷各傾吐，著撰看峥嶸。

己丑

敦睦堂會課即事

每逢彦會論文日，輒破重陰放好晴。列缺已催頭上雨，陽烏仍向樹間明。千畦麥浪憑欄見，繞屋鶯聲出谷鳴。自笑殘年滯佔畢，顧瞻前後媿餘生。

辛卯

偶成

伍胥方壯齡，日暮謂途遠。南陽矢盡瘁，每食數升飯。我無二賢操，筋力況衰晚。跛牂種烏斯，負香逾峻坂。豈不畏蠶叢，中道難顧返。所恃一寸心，不見長征蹇。安得籲蒼昊，達此蟻忱婉。夸娥將五丁，施力平重巘。

寄安溪相國今年重九前三日，爲公七十誕辰

誕毓中天盛，登庸大道公。贊襄仁壽溥，敷錫海邦同。燮理全經術，甄陶録爨桐。塵薶煩拂拭，頑鈍藉磨礱。遂使寒嵓朽，能邀聖主聰。一編親指授，三接對優隆。霽色瞻雲日，宸章焕彩虹。每懷抒短技，何以畣蒼穹？側覩調元暇，偏多述作工。高文尊典策，微旨契鴻濛。直啓圖書秘，平參象繫功。旁蒐精律曆，質測會西中。業廣神稱裕，道弘心益冲。周咨遺位分，下問及愚瞢。藥物扶危疾，葠苓起弱躬。賑貧金屢繼，念舊札時通。器薄銜恩重，年殘惜智窮。吹噓施不倦，鼓舞氣還充。晷刻蘄天假，饔飧想歲豐。頓忘夸景暮，欲奮魯戈雄。廟祏營方亟，編摹局未終。庶將敦夙尚，其敢負深衷。亹亹緇衣好，休休吐握風。南溟占紫氣，上相仰薇宫。竟乏溪芹獻，遥將尺素空。葵忱希俛詧，簡略恕山翁。

壬辰

寄高芸白真州兼懷同學二首　令弟式南、洪去蕪、先還甫、潘嘉令

指麐分金世有諸，何如吾黨自通書太史公自言與賈生世通書。因君却憶華陽客，遠寄奇文慰索居句曲孫凱之，讀《五代會要》，鈔寄王樸欽《天曆原委》，能與歐陽《五代史·司天考》相補備，至今感之。芸白所寄姚牧庵《簡儀》《仰儀》二銘，與《元史·曆志》互訂益明。又承借鈔藏本，内有齊履謙所撰《郭太史行述》，實補本傳所未備，二事正相類。

平生沉默喜深思，八十行年祇自知。安得溯洄從一水，耆英重續似當時。

淑仁三姪六十

溯君誕降辰，伊余初弱冠。于時家政肅，蒸蒸稱復旦。皤皤二三老，齋莊親薦盥。秩秩衣冠倫，駿奔無泄翫。我祖年特卲，康彊高幘岸。憶侍筍輿行，鹿角山房讌鹿角山房，凡民公所居，即誕生公著書之所，至今子孫

聚族而處。伏臘集耆英，一水過從便。賓筵羅子姪，荀陳殆重見。偉哉凡民翁，手不釋篇翰。教誨雜談諧，紛綸經史貫。甲子俄周紀，太息時光换。所喜先公書，藏弆經荒亂誕生公及冢子長倩所輯《重訂字彙》，謄清未刻，守之五世矣，今原稿尚存其家。布昭雖有待，手澤存璀燦。初刻久流通，溉霑天壤徧。芝玉茁階除，食報宜兹券。衹今祠宇新，鳩公方及半。賴君諸老成，提挈餘衰慢。庶將竭朽鈍，從君指輪奂。知君錫嘏純，自此增多算。匕鬯紹前徽，更睹于門焕。

甲午

青林堂歌爲姪孫孔虔作兼懷聽山堂額爲雲卿所題，書法遒逸，時孔虔長郎有花燭之喜

天逸閣對青林堂，古木藤花薜荔墻。滄州鹿裘兹述作，問字徵奇來四方。我昔過從共憑弔，層梯遠矚塵埃表。迴廊俯瞰書帶園，假山奇石連池沼。物態多更歲序流，空憶飛檐樓上頭。所幸樓心足書史，斗室鐙窗恣冥蒐。竹林顧及自師友，聽山卓犖尤稱首。磊落襟懷空古今，煒煌撰著光前後。百年廳事臨溪干，穿漏攲傾搘拄難。一旦鳩工成獨力，棟宇歸然還舊觀。閒架增修次第舉，青林潔治規環堵。堂外種竹千琅玕，對酒論文不知暑。今日重過又十年，復睹兹堂結構鮮。燕寢經營憑意匠，顔題拂拭加便娟。于時百兩盈門爛，新居新婦雙璀燦。拜饋多儀禮節嫻，曾孫匕鬯斯能贊。人生婚嫁煩拮据，白髮爲邦千

里途。民事焦勞遑内顧，秖應聞此心驩虞。君不見，狀元家、尚書里，高閎廣厦今遺址。大中別業魯靈光，七世於兹觀澤矣。爲君歌，歌紹衣，作室難忘創造時。亢宗復始皆餘慶，能弗蒲田柏梘思。

讀耦長聽山詩鈔有作

何須句漏覓丹砂，不數河陽人種花。城郭萬山馴虎豹，弦歌一室對烟霞。更無使節煩郊勞，饒有詩筒待放衙。元亮桃源徒記述，如君官舍是仙家。

乙未

次韻奉酬邑大夫馬明甫將歸扶風貽詩話别

充隱虚名負此身，陽春一曲意何真。初衣已夙秦川駕，紈扇猶依梘水濱。典謁崎嶇郈巷僻，郵筒瀟灑大夫貧。泊然相賞形骸外，屈指寰中更幾人？

又寄懷黄宗夏

叔度汪洋後起師，廿年交臂識鬚麋。勇肩斯道良朋許謂李恕谷先生、陶甄夫諸子，不忘遺言絶業期謂劉繼莊先生。俯仰去來驚歲序，因循遲暮企箴規。可能還挈同心侶，重聚山村慰遠思。

懷張簡庵新城

短檠棐几追隨日，瞥眼違離遂十年。安得伊人設疑義，相將抵掌共談天。

初度日偶成

絳縣徵年三萬日我生之日己巳，至今辰甲戌，已二萬九千九百四十六日，不知從此更何如。浮名牽掣生平媿，素業蹉跎志願虚。任運古人歌大耋，惜陰君子愛居諸。忍教殘息還孤負，莫但空嗟白髮疎。

送劉生允恭歸江陵

苦茗清尊羞埜蔬，片言珍重此須臾。難酬重趼過從意，無那衰顔病廢餘。歸到故園歡菽水，時親良友善居諸。殘編綴拾天能假，刮目遲君更草廬。

二月七日得商丘周崑來寄書時僑居白門

山村楚客正脂車時劉生允恭理裝歸楚，忽到長干寓客書。墨妙時看珍拱璧，心期今見託雙魚周亦有與劉生書，重相誡勉。石頭城古春花好，木末亭高遠目舒。俯仰昔遊鴻爪過，因君還擬命藍輿。

山行即事

峰合樵蹊斷，林開磴道連。逢僧青嶂裏，問渡白雲邊。春秫安溪碓，鋤茶帶晚烟。武陵何處所，醇樸一山川。

題袁中江遺照

憶丙寅初夏，余及家耦長、袁中江，偕天都汪栗亭、吴綺園、東巖諸子遊黄山。厥後十年，中江屢至京師，無何遂卒，旅櫬幸歸。遺孤襁褓，郡司馬靳熊封，多方翌之成立，且許爲刊刻遺稿，兹讀遺照題詞，感而有作。

雨歇山郵首夏天，重看遺照憶當年。聯吟始信峰頭月，晞髮朱砂庵際泉。書劍每輕千里道，鬚眉不負寸縑傳。遺孤漸長交情見，庶藉流通手稿全。

丙申

二月七日誕辰偶作二首

我祖八六齡，精明體强固。恒言吾待期，如途將遠赴。宿舂理行裝，登程任朝暮。小子今八四，亦復何欣怖。所艱宿習膠，仰止媿趨步。明明先德在，翛然自來去。尚覬砭余頑，洗心鞭末路。

溯觀吾降辰，偶值祖生年。紀日逾三萬，閲世空徒然。頗承師友誨，微窺性命詮。逝水負良時，蹉跎祇自憐。餘算復幾何，仍堪萬物牽。諫往既末由，追來庶勉旃。或兹炯炯衷，拙守自兹全。先王父生于隆慶己巳，越六十有五載，至崇禎癸酉而余小子生，爲二月七日，日辰己巳。以曆術考之，至今康熙丙申二月七日，已歷過三萬〇三百日，而次日初八，復得己巳，實余小子八十四齡之初日也。雲谷老人勉了凡先生曰：『從前種種，譬如昨日死；自後種種，譬如今日生。』榆景非多，敢忘省惕？

寄懷蓼陽姪今年八十

峽石河干石徑斜，平疇書屋是君家。看雲時倚柴扉杖，對酒閒吟蔬圃花。落落共欣神特王，翩翩尤喜興能奢。相期且作香山老，那用高言渭水車。

作家書後偶成

數行千里付雙魚，冰雪鐙檠獨坐餘。莫訝丁寧連牘語，榆年能更幾回書？

丁酉

題程偕柳擁書圖

鄙性好湛思，耽書或至疾。還用書爲藥，開書百苦失。古義實三餘，我則增其一謂病中謝塵務，是亦生之餘也。常自署四餘主人。晚得《參同》旨，刳心學藏密。宿習苦難除，簡編仍斗室。那復貪新得，聊爾送餘日。凝睇望交親，努力尊儒術。程子才卓犖，網羅事佔畢。時爲燕越遊，舟車堆卷帙。縞紵通耆碩，是正群疑質。豈同庋閣者，不觀歸散軼。行當措事業，非止矜纂述。澄江故如練，遥峰看崒嵂。懷我青林叟，去官吟抱膝。冰玉相敦勉，及時進專壹。兹意庶流傳，讀書人輩出。

題黄山觀雲海圖

我昔操邛竹，直上蓮華峰。峰巔片石平，曠然觀碧空。長江一綫明，坤輿指掌中。于時天都已俛瞰，况乃三十六芙蓉。始知大地果圜相，各依天頂爲崇隆。他時人在天都立，側睨蓮峰看正同。中高四下隨所見，獨言極下猶非工於文殊院觀天都、蓮花二峰，其高略等，及登蓮峰之頂，四瞻無對，則天都已失其高。蓋以人在蓮峰，所見之高下，並以蓮峰所對之天度爲宗，他峰之勢不能並對，則必稍衰。峰高離地遠，衰勢漸增，高亦漸減。若天都迴視蓮峰，所見應同。五嶽蔽虧日月，而千里之外不見，並同此理。蓋天家言地法覆槃，北極之下中高，旁陁四隤而下，猶舉一隅耳。譬彼圜球圜四面，旋轉上向皆穹窿。水平中準亦象地，十里百里漸如虹。海舶大洋内，如行覆槃背。想像黄山雲，平鋪水相類。峰巒出没須臾間，亦有區分高下位。可證測量理，圓平破疑義。眺遠喜晴空，鋪雲恒雨霽。人言二者苦難兼，頗悔昔遊太匆遽。伊人有遐尚，騎危丘壑置。拊髀招鴻濛，溟涬食元氣。既窮攀躋勝，亦領雲濤異。無乃精神通，佳句山靈契。揖别丹臺三十年，展君畫卷言欣然。安能復壯從君往，解衣盤礴朱砂泉。經時坐卧諸峰徧，閒看山腰横白綿。

題羨結圖

静觀潛伏昭，得珠惟象网。北溟亦有魚，將結何如網？

自警二首

嵩山董五經，講授棲巖谷。來物頗能知，視聽非耳目。恂恂一老儒，百里冥通速。亦如沼沚澄，雲影天光燭。何况日星明，孔昭及潛伏。所以古聖人，爾室愼幽獨。

史書傳扁鵲，醫術受長桑。刀圭飲上池，隔垣見一方。藏腑察癥結，表裏知陰陽。筋轉與脈摇，洞觀鑒毫芒。何况鬼神靈，如臨恒在旁。所以古聖人，念慮謹隄防。

臘月作家信成四絶句寄示孫玕成

復此長干度歲除，知交彈指廿年餘。奇文欣賞生平在，不是飢驅出草廬。

孫曾童稚並隨肩，爆竹迷藏劇可憐。聊慰含飴紛繞膝，能無憶念白雲邊。

莫怨經營當户難，阿兄辛苦一閒官。庭前看取梅花蕊，容易芬芳歷歲寒。

尺園卉木伴琴書，幾種凌霜青自如。蘭畹先春香已發，好教培護令扶疎階前小圃如笏，命之尺園，艸本木本，經冬不彫者二十餘種，每出門，常念之。

戊戌

喜子升五姪又舉一孫

庭蕉霽色映階墀，老屋遊嬉憶小時。又見添孫逢雅集，却看四代一龐眉。

己亥

永懷五章十六句有序

《永懷》，爲姪孫汝諧作也。歲在己亥，汝諧夫婦並六十，又舉一子，晚節之增懋，于斯可徵。敬述先德，用相敦勉，以竊附于古詩之義云爾。

永懷在昔，司徒教澤。有亳聞知，載祀六百。宗臣錫姓，初見史策。汝南翼沛，飛鴻仙跡。

壁書晉著，保障隨績。代邈乘荒，蔑詳系適。逮宋足徵，宛陵詞伯。源同派殊，肇興文脊。

文脊崔巍，青蒼極天。柏梘其陰，神秀鬱然。伊惟山口，吾宗宅焉。有墳有碣，有廬有田。
溯元至宋，歷多歲年。食指既蕃，村廛析遷。雖則析遷，根本斯堅。如海混茫，祭必河先。
地靈誕毓，喆人輩生。起家經術，歇歷賢聲。銓衡藩牧，臺諫蓬瀛。滄洲石室，撰述淵宏。
樹樹皆花，七子齊名。良書牖啓，海表流行。項背才賢，相望代興。爰及乃公，尤著忠清。
於維乃公，孝事孀母。恭兄敬嫂，因心則友。循良超擢，錚錚朝右。廷尉奉常，左宜右有。
八閩撫綏，波恬物阜。中樞内陟，攀轅童叟。遂長烏臺，初終一守。亞相清名，至今山斗。
惟爾冢嗣，親承令儀。太母淑人，再世徽彝。克相有人，胥逮事之。祇今週甲，梁案齊眉。
既壽而康，誕錫佳兒。爾行益敦，勿替愉怡。振振繩武，庶其在兹。先澤于昭，鑒佑無私。

庚子

贈涇川汪扶九兼示諸同學 二首

昔遊水西寺，遥睇承流峰。青蒼烟雨外，卓立雲霄中。伊人此結廬，時時策短笻。逖覽窮高深，心與山靈通。猶不憚周諮，聞聲遠相從。余家柏梘陰，性亦耽山水。息影既頻年，卧遊閒屐齒。惠然來遠朋，朱絃復重理。相將析疑義，寘身丘壑裏。生平求友心，沉痾爲君起。

辛丑

喜石龍陳兆先過訪

兆先王父明卿先生，及其世父蜚伯先生，並某童時塾師也。計其時爲甲申、乙酉，距今七十七年矣。人事幾更，兆先又僑居春穀，不相聞知。兹偕家堯咨枉存，詢其家世始知之。悲喜交并，作此贈之。

殘帙送榆景，泊然謝塵鞅。時于藥裹中，推枕懷既往。猶憶舞勺齡，林原紛伏莽。旄倪靡止居，避寇人搶攘。先人挈童稚，殷勤慎蒙養。延致太丘翁，峨冠肅函丈。雖復戈鋋警，不廢朝昏講。元方復繼之，指授何高朗。追隨巖谷間，撫時多慨慷。小子幼羸疾，因之筋力長。操觚初學步，亦或邀欣賞。存殁更三世，迴看但惝恍。驚嘶既耄年，虚生負穹壤。忻感交胸次，今昔增俯仰。嘆息人一生，能著屐幾兩。惟兹故舊誼，眷眷留吾黨。通門賴有人，生事亭亭上。會晤良非偶，攬袪心悵惘。懸壺倘復歸，莫惜蓬蒿枉。

梅文鼎全集

附録一　梅文鼎相關文獻輯録

梅文鼎曆算著作序跋

刻《方程論》序〔一〕

李鼎徵

《方程論》，宛陵梅先生所作也。方程之法作自先生乎？曰：古法也，今亡矣。然則數書所載方程，何法也？曰：僅存耳，闕略而不知所以爲算，窄滯而不知所以爲用，則此章之有待於作也久矣。竊意今人之不古若也，不可以數計而尺量。即以今之字法論之，篆籀變而分隸，分隸變而行草，古意已無復存。然在許氏《説文》，僅載恍惚，猶可想其法象之廣、義理之精，而非流俗所及。三代數學獨傳《周髀》一篇，錯簡脱文已難盡考。然所言用矩之道，已括泰西八綫三角之要；七衡六問、蓋笠覆槃之喻，已備西人簡平諸儀、弧綫諸表之術。自漢唐精算者，徒以爲古人逸書，而莫或究其歸趣，即此知古學之失傳。而後之所謂心解獨悟者，皆散見於古人之微文碎義，而莫能出其範圍也。上蔡謝先生曰：『孟子殁，天下學者不識自家寶藏，被外氏窺見一班，遂擎拳竪脚，敢自尊大。使聖學有傳，豈至是乎？』上蔡此言，蓋嘆道也。然如九數之術，世之傳者，文不馴雅，法亦荒略。彼方程者，尤爲特甚。不惟學士大夫惘然莫知其原，即疇人子弟終日握算，亦莫審其所用之端，六藝殘闕以致於此。梅先生生千載後獨以好古爲心，取方程遺文數條，尋思演繹，以成此編。推其體之所因，究其用之所極，原原委委，八萬餘言，不惟可以補此章之缺，實可以抉九數之精。然先生之論方程也，又不謂己作，而直以爲《周官》遺文、先聖墜緒，至今日而闡幽發翳，意蓋自等於叔重《説文》、君卿《算註》。然二書採摭其未亡，而此論獨發於既湮，則意加健而力加勤，豈謝氏所謂識得自家寶藏者耶？使古人復生，質之不愧，必如此論而後可。先生著書多種，皆極道數之妙，《方程論》其一也。鼎徵辛未春在都門，謁見先生，語次偶嘆方程爲絶學。先生賞其知言，出此以授，再拜如獲拱璧，遂請歸閩中而梓之。

時康熙己卯孟夏庚子朔受業安溪李鼎徵謹識

梅勿庵先生方程序〔二〕

吴　雲

聖人之學自志道始，而以游藝終；游藝以禮始，而又以數終。人亦知聖人之意乎？極天下之賾而易亂人者無如數，期三百六旬有六日，以閏月定四時、成歲功，以及封十有二山，疏理四瀆九河，上、中、下壤田賦，六律六吕、八音八風、五行四時，以共歸于河圖洛書、《洪範》之内。即德本無數，而聖人又分一誠、三道、三德、五常、九經之屬，然則數亦統道之全矣。數若不統道之全，萬有一千五百二十，當萬物之數，何以會于八卦、四象、兩儀、一畫哉？三代以來，數失其宗，他不能具論。予每思神禹之治水，必能會方程、勾股之數，幾何之地當用幾何之人，幾何之水當用幾何之力，幾何之力當用幾何之費，先有一成數于心中，然後按數而計工，計工而克效。若泛泛然，多寡不知，繁省無定，若理亂絲，而全無所緒，九年其何以成之乎？故《周官》以大冢宰而司會計，聖人何以一算博士之任，而必煩一統百官之冢宰？蓋民財出于民力，民力關于民命，混用財賦則民困，淆訛會計則國竭。所以貪臣理財，利于天子之不知數，以便彼上下其手，盈縮其弊。即如予邑，嘉靖時有布政司奸吏爲飛添伏減之術，暗加糧賦于予邑，以陰除其私邑之糧，遂致予邑暗困而不知。賴鄒文莊公留心民瘼，求精數學者以察之，而後除其害。以此而推，何地可免乎？惜數學之不傳也，昔吾先友周編修耻庵太史精于勾股，刻有成書，今其板猶存，而未及于方程。方程之學比勾股更精，中國之學多有未及知，即西學亦未及詳。宣城有道梅勿庵先生，自以精思神悟而得之。有此一書，冢宰可以司會計，而貪臣無所容其奸；司空可以用民力，而勞人必不至于瘁。豫定其數，適合其節，人與工稱，事同物宜，民力何致于困耶？吾儒經治天下之務，而必不可少者也。不然，經界均役、疏水築城、籌邊發餉，何代無之？爲臣不知此而必蒙猾吏之欺，甚至以十爲千，以億爲百，既誤國而又誤己，尚不知自覺也，其可乎哉？若夫志道、據德、依仁，興于三百之詩，立于三千之禮，成于九成之樂，正于百步之身，和于九曲之響，神于八卦之數，偏多以數而養德者，此又聖人之神明已。梅有道因精心之故，而和氣充身，于其中則又有所得已。知加一倍法，上而羲文周孔，下而周程邵張，亦必數矣，是又天德之所當深念也。予何時選可以遊梅有道之門者，從有道而學焉？若予，則有志而未逮者也。謹序。

匡廬隱者吴雲撰

《方程論》餘論〔三〕

梅文鼎

數學有九，要之則二支：一者算術，一者量法。量法者，長短、遠近以求其距，西法謂之測綫；方圓弧矢、冪積、周徑以相求，西法謂之測面；立方、渾圓、堆垛之形以求容積，西法謂之測體。在古九章則爲方田，爲少廣，爲商功，爲句股。算術者，消息、盈虛、乘除、進退以差多寡，驗往以測來，西法謂之比例；通分子母，整齊畫一，不盡者以法命之，西法謂之畸零。若夫隱雜重複，參錯難稽，即顯驗幽，探賾窮深，無例可比，故西法别立借衰互徵以爲用，亦比例也。在古九章則爲粟布，爲衰分，爲均輸，爲盈朒，爲方程。此二者相需，不可偏廢。雖然，算術可以濟量法之窮，而量法不可以盡算術之變。何也？可量者，其可見也，天下之不可見者多矣，非算術何以御之？故量法有窮而算術不窮也。夫既量之而得其率矣，所量者一，欲知者百。西法之用比例，亦以算術佐量法也。然以例相比，非量法而有量法之理。吾友桐城方位伯謂『九章出於句股』，蓋以此也。然吾觀方程正負、同異、減併之用，非句股所能御，而能生比例，愚故以算術必不可廢也。

言數學者亦有二家：一古法，一泰西。泰西之説，詳明曉暢，古人之法，徑捷簡易，可互明也。然古書僅存算術而略于測量，泰西詳于測量而或遺在算術。吾觀泰西家言矩度三角八綫割圓，《幾何原本》備矣，謂其善用句股，能有新意出于古率之外，未爲過也。若所譯《同文算指》者，大約用三率以變古法。至于盈朒、方程，則其術不復可行，于是取古人之法以傳之，非利氏之所傳也。算術之妙，莫盈朒、方程若，而泰西皆無之，是九章闕其二也，尚謂之賢于古法乎？且泰西家欲以其説易天下，故必宛轉箋疏以達其意，以取信于學者。若盈朒、方程立法之意，殊不能言也。不能言盈朒，故别立借衰之法以代之，自謂超妙，可廢古法矣，而終不能廢盈朒。若方程一章，不但不能言之，亦不能用之，不過取古人之僅存者具數而已，不能别立術以代之也。諸書之謬誤，皆沿之而不能察，其必非知之而不用，能言之而不悉，亦可見矣。夫古人之略于量法者，非不能言也，言之略耳。言之詳者，别有專書，而人不能習，不傳于世耳。學士大夫既苦其難竟，又無與進取弋獲之利，遂一切棄不道。淺獵焉者，率得少以自多，無所發明。遂使古人之精意若存若亡，不復可見。今諸書所載方程法殘缺錯亂，視盈朒尤甚，其所僅存，又多爲後之不得其説者參以臆解，而其旨益晦，非古人舊也。使古之方程僅僅如此，何必别立一章，列于盈朒之後乎？然以好變古率如泰西而不能變方程，勤于言算如泰西而不能言方程，不能盡其用，不能正其沿誤。可見古人立法之深遠，而決不可易。向使習古法者盡見古人之書，又能如泰西家群萃州處，窮年累月，研精覃思，以爲之引申而推廣，又豈止如斯而已乎？言之三嘆。

《筆算》序〔四〕

金世揚

宛陵梅勿庵先生所著曆數諸書既成，先後鏤版其二種，余嘗割俸以佽助之，而《筆算》其一也，乃因而論之。今夫數何昉乎？蓋自太極既判而兩儀生，陰陽五行絪緼變化而萬物乃蕃。然於其間，凡有形者，必有其象；凡有象者，必有其數。自天地之運行，人物之經緯者，皆是也。故聖人以六藝垂教，而數必居其一，是豈徒欲學者持籌握策，校錙銖角尺寸，日與市人賈豎争長而已哉？亦以爲數之既明，上可以定曆授時，佐聖帝明王之治。次凡田賦、兵車、錢穀、鹽鐵之屬，晰其盈虚消息之故，可以服官莅民，而不爲奸猾所愚。即窮而在下，以其所得於心而應於手者，防爲成書，藏之名山，傳之其人，使聖人垂教之意不至湮没於後世。若勿庵者，亦無不可也。獨其書有繁簡有微顯，在得心應手者，固可使同條而共貫。而學者入門之始，則不得不審所難易而先後之，是莫如《筆算》一書，爲簡顯而易入矣。蓋天下物類之紛賾，不知其幾何，而一大小輕重多寡足以該之。即大小輕重多寡之爲類，又不知其幾何，而一减併乘除足以盡之。學者握三寸管，舒尺幅楮，坐一室之中，而天下萬有不齊之數，舉莫能遁於毫端，以視珠盤之喧聒與籌策之縱横，其勞逸之相去何如也？且究其源，貫通乎六書，神明於西法，又非鑿空捕影以示異者鄰乎。獨念士君子鉥心劌目，面屋梁、窮歲月，以求成一家言，亦冀有用於世，俾道與身俱顯耳。乃勿庵蚤謝其舉子業，殫數十年心思才力以畢萃於此書，視古之作者，殆已過之而無弗及矣。况受知於今相國安溪李公最深，既薦之於天子，嘗賜召見，言論多稱旨，特御書『績學參微』四字以褒寵之，此可謂千載一時之遇矣。假使勿庵年方壯，或由是而弁簪垂笏，如昔賢之燀赫當時，照耀奕祺，正未可知。奈何春秋已高，弗及躬贊聖朝敬天勤民至治，而僅以空言垂後，爲可惜也。余因論次其書，而牽連及之，亦使後之學者讀其書，想見其爲人，斯勿庵之志也夫。

康熙四十五年歲次丙戌長至日三韓金世揚題於上谷官署

梅勿庵《筆算》序[五]

魯之裕

古先聖王之以六藝垂教也，所以成天下後世之材，使宏博淹通，用焉輒適，而有以經緯乎家國天下也。自科舉興於有唐，世皆營營於聲律文字之學。宋以後，益務言理，而斥象數爲形下。遞變至有明，拄六藝於齒頰者微矣。今聖天子聰明睿知，廣覽周通，微顯精粗靡不融徹，士之生其時者，咸思有以尋墜緒，而引使長之。於是乎江以南定九先生起焉，集九數之大成，統中西於一貫，兹《筆算》其一也。上之可以定曆授時，次之可以綜田賦、兵車、鹽鐵、粟絲一切貨財尺寸、錙銖、盈縮、多寡之數。丙戌冬，三韓金公鐵山曾梓其書於上谷，而布之未廣。予乙未秋過宛陵，造先生之門請業焉。先生諄諄以梓行相屬，予再拜受命，爰鏤板而播之四方，期與天下留心經濟者共之。其爲術也，簡而易，不終日而可得其端。即研而精之，要亦非莫殫究之業，固無妨於聲律文字之學也。况此亦格物窮理之一，雖形下，而形上之道寓是焉，非猶夫博弈、機械之技之不足術者也。學者而人皆旁通之，而用奚不適？即古聖王垂教成材之至意，亦由斯其不泯也已。

《度算釋例》叙〔六〕

年希堯

《度算釋例》者，宣城梅子定九因西人之作而爲之者也。西學未出之先，古有九章，一曰方田，以御田疇界域；二曰粟布，以御交易質劑；三曰差分，以御貴賤廪税；四曰少廣，以御方員冪積；五曰商功，以御功程積實；六曰均輸，以御遠近勞費；七曰贏不足，以御隱雜互見；八曰方程，以御錯糅正負；九曰句股，以御高深廣遠。而總名之九數，則言算數，而測量已在其中矣。秦火以後，淵源莫考，不知何時此學流入西國，西國之人家傳代習，精于測量，遂能以量法爲算法。如羅雅谷氏所譯《比例規解》者，尤爲簡妙，特其書言不盡意，而知之者希。梅子獨深有取焉，偕其季爾素問難搜討，詳爲之詁訓，以曲暢其旨。又增設類例以徵其事，其有文句譌缺、圖説不符而名實乖午者，必直窮其所以然，不憚爲之刊正，以衷于至當，于是其書乃有眉目，而可施于用。梅子之言曰：『西人之術多以象告，而翻譯者或未深諳厥故，得其影似，參之臆解，作者之精意遂淹。或者不察，疑其故爲秘惜，亦不然也。夫理有當知，與天下共明之而已，中西何異焉？』其言若此。余性耽測算製器，與梅子聞聲相思，而遠宦粤西，道阻且長，末由相印可，嘗用爲憾。兹焉莅政江左，始得折柬招致，則行年八十五矣，耄而多病，不良于行，視聽猶未衰，而好學彌篤。因出此一編視予，予嘉其爲奇文發覆，而無町畦之見也，且不欲自私而公之同好也。遂亟爲之雕板，以廣其傳。

康熙丁酉長至日廣寧年希堯書于金陵藩署

《比例規用法假如》原序〔七〕

梅文鼎

康熙癸未，季弟爾素有《比例規用法假如》之作。又五年丁亥，重加校録示予，屬爲序。序曰：形而上者，不可得而數。有數可數，即有象可見。故算法、量法理本相通，而尺可爲算器也。《曆書》中有書一卷，耑明尺算，謂之《比例規解》。『比例』云者，謂以尺中原有之兩數，求今所問之兩數，以例相比，如古者異乘同除及西人三率之法，而有尺以著其象，則不煩言説，乃作者之意也。『規』云者，謂以銅鐵爲規器，兩髀翕張，用其末鋭，分指兩尺上同數，以得横距，而命得數，則用尺之法也。規本畫員之器，于尺算爲借用，故仍其名曰『規』。本解有作法、用法，惜無設例，罕能用者。檇李陳獻可藎謨補作例，祇平分一綫而已。龍舒方位白中通作《數度衍》，以横尺取數，而不用規，亦惟平分一綫。夫平分用止乘除，聊足以明異乘同除之理，而尺算之善不盡于是。若乃平方、立方、分圓、輕重諸術，其求法多不以異乘同除爲用，而數變爲綫，爰生比例，即盡歸于異乘同除，此其所長也。又規端取數，毫釐可辨，而游移進退，簡快靈妙。横距雖無數，而取諸本尺，其則不遠，固勝横尺矣。吾弟此書仍其用規本法，自平分以下十綫，一一爲之用例以明之，原書謬誤稍爲刊正，然後其書可得而用，爲功于度數之學不小也。憶歲乙卯，余始購得

《曆書》抄本于吴門姚氏，偶缺是解。至戊午秋，介亡友黄俞邰太史虞稷借到皖江劉潛柱先生本，抄補之。蓋逾時而後能通其條貫，以是正其訛闕。又次年己未，始爲山陰友人何奕美作尺，亦稍以己意增損推廣之，而未暇爲立假如。今得爾素是書，可以無作矣。

勿庵兄文鼎序

方爾素撰此書時，安溪相國以冢宰開府上谷，公子世得鍾倫鋭意曆算之學，余兄弟及兒以燕下榻芝軒，與諸同學晨夕問難，甚相得也。無何，爾素挈兒燕南歸，相國入參密勿，而世得、亡兒相繼化去，余亦大病瀕死。然猶能偷視息至今日，爲爾素序此書，不可謂非不幸中幸也。憶爾素六十時，余有句云：『如稼觀登場，如行將百里。何以收桑榆，無爲所生恥。』今當相與念兹弗替爾。

勿庵又識

錫山友人楊學山曆算書序〔八〕

梅文鼎

《錫山曆算書》者，友人楊君學山所作，以成其祖定三先生之志者也。其書有步日、月、五星之法，有説有圖，以推明步算之理。今嘗謂曆學至今日大著，而其能知西法復自成家者，獨北海薛儀甫、吴江王寅旭二家爲盛。薛書授於西師穆泥閣，王書則於《曆書》悟入，得於精思，似爲勝之。學山書多似吴江，然如月離表法不與《曆指》相應，吴江與北海書皆深疑此事。而學山獨以穎妙心思，探無窮底藴，於朔望次輪之外，再加小輪，定其半徑，著其算法，與表密合。蓋不啻超軼前人，發所未發矣。寅旭與余同時，在江以南，而不相聞知，不能相與極論，每用爲恨。潘稼堂先生屢相期至其家，悉致王書，屬爲校註而流通之，以事未果，學山乃先得我心，可見吾黨中固自有人也。庚寅之冬，偶有吴門之遊，學山同吾友秦子二南挐舟過訪於陳泗源學署，出示此書，余亦以《幾何補編》相質。約即往二南園亭下榻，爲十日快聚，乃又牽於事，一交臂而失之。而錫山鮑君燕翌(翼)亦深於曆學，其時適病卒，尤可悼惜。余每思再過吴下，而忽忽遂餘二載。今行年八十，且多病不知能復出與否？三復其書，余之繫懷於學山殆無虚日矣。故以余抄本，因廣文顧君愚亭歸之，而留其原本，并叙其起因如此。書凡八册，《遡源星海》四、《王寅旭曆書圖註》二、《三角法會編》二，其餘句股、八綫、測量、方程等各數種，皆有精思奥理，自成一家。其《火星論》中謬采愚説，而極承推獎。其書係客燕臺時，與錢塘友人袁惠子辨論而作。雖存稿草，未嘗多以示人，不知學山從何得之，而深信若此。然即此見學山之虚懷，與知心之有人矣。此學甚孤，有從事焉者，或株守舊聞，各持一得之長，而不能相下。同方合志之友，古所難也，而又弗獲群萃州處，深爲究極。因序此書，重爲冀倖，天不愛道，庶有以使之合併，而共明斯學於天壤乎。

康熙壬辰臈月既望勿庵梅文鼎書於坐吉山中時年八十

兼濟堂本《曆算全書》凡例十則

一、三代以後治曆者有七十餘家，惟郭太史《授時曆》稱爲至精。近今西法入中國，測算之理尤備，然其布算之法、測驗之根各有專書本論。兹編惟於曆算中廣求大圓之理，辨奥析疑，删煩補缺，俾上有以發古人未盡之藴，下足以爲後賢考測之資，不敢勦襲陳言，以掠美沽名也。

一、今日而言曆算，必兼中西兩家。然拘守中法者每是古而非今，過尊西説者又舉末而遺本。不知中曆之略，惟藉西法以補之；西曆之巧，寔原古法而精之。二者寔相須，而不可偏廢。兹於西法如幾何三角、割圓八綫，以及一切測候之術，固必一一詳著其所以然。而中法如句股、方程、平立定差、簡儀仰儀之類，亦皆疏其根源，以徵古法之精當，不敢有拘俗見，取此失彼也。

一、曆算之書，昔人多載立成。本編惟一一發明其理，故凡遇一法，必求其根，每有一根，必究其理。且考訂再三，了無疑義，方敢採録。徐太史于《幾何原本》云有『三不必』『五不能』，兹取意亦猶是爾。

一、度數之理，最爲艱深，往往有本論不足以發明，而必借他説以明之者。兹編遇立術隱奥處，不憚旁引曲證，宛轉反覆，以達其義。故圓形論説，多有一見再見，然意義各有所屬，並非複沓，細閲自見。

一、曆算之學，頭緒最繁，故本編所録，亦非一種。然或訂補西法，或疏明古曆，或兼中西兩家，而考其異同、辨其得失，皆有條理存焉。善讀者可合全部而觀其會通，亦可由一種而搜其義藴。理數精熟，自有左右逢源之樂。

一、梅勿庵先生大年登享，覃精曆算，著撰極富，立説純正，布算詳明。壬午冬，聖祖仁皇帝徵召顧問，恩禮優崇，蓋爲德業並懋之醇儒，不止爲曆算家名宿矣。其曆算各種如《三角舉要》《曆學疑問》《方程》《少廣》《度算》《筆算》等，昔年李相國、年中丞諸君子已相繼付梓行世，今是編仍俱採入，不敢遺棄。其晚年諸稿，壬寅春玉汝、肩琳兩君舉以付余，約計三十餘種，内已成書而待刊者十之四，稿略具而未成書者十之六。余欲盡付剞劂，因延錫山杨君學山至署，爲之訂補疏剔。義之未明者闡之，圖之未備者增之，文之缺略者補之，務使有倫有要，首尾貫通。既以勿庵所著爲宗，而復有發明修飾之功，庶讀者不煩言而解，期於不負勿庵相託之心，而學山好古勤求之志，亦可嘉尚矣。

一、勿庵舊刻各種内有可類附者，亦增入一二，如《弧三角舉要》，舊刻五卷，今增爲六是也。又勿庵言所未及，而理數必不可缺者，楊君亦爲補綴，如《割圓八綫之根》一卷是也。又如句股測量諸術，曆家所重，原稿零星散軼，今增補爲四卷。餘編亦多類此，庶理數明晰，一覽了然。

一、各種内有簡帙繁重者，分爲若干卷，以便省讀。其散見雜出者，則數種合爲一編，該以總名，免致煩紊。然或分或合，皆歸於義藴所存而已。

一、曆算之學，勿庵尚矣。然我朝聲教洋溢，人文蔚起，博學多識之彦，比屋接庶。如吴江王曉庵、青州薛儀甫、睢州孔林宗、桐城方位伯、錫山楊定三、鮑燕翼諸君子，皆深明曆算，各有著述，惜未得其全書爲憾。然但有聞見，皆於各種内附集其語，與勿庵相印證。學問之道，固無窮也。

一、本書序次，皆有條理。蓋曆算之學，明理爲要。理一明，能知古人創立之意，能爲後人因改之資。若徒執成法，鮮有能通變者。言理之書，如《幾何》《三角》《方圓》《塹堵測量》諸編是也，故先之。然理寓於數，理明必徵之數，以求寔用，《割圓八綫》《對數比例》，紀數之書也，故數表次之。理數並通矣，然後可與言曆。曆者，理於以精，數於以神者也，故曆學諸書次之。至於治曆必由於算，中法有珠盤、籌策、少廣、方程，西法有筆算、度算、比例等術，皆推步之資，而理數藉以顯明者也，故以算法終焉。

《宣城梅氏算法叢書》序〔九〕

竊周公九章算法，爲規天矩地，測高深廣遠，以迄米鹽零雜之用，莫不全備。至宋不廢，自明季一禁，則士子不習矣。古者以大司徒掌之，教萬民而賓興之，誠大典大法。因于不習不講，古學湮没，人皆以算書忽視之，而方程一法遂失其傳。我聖祖仁皇帝開館訓士，復古教化，而西術大行。不知西術即九章之法，然于方程一法歸于比例，習者繁難。梅勿庵先生補方程法而歸正焉，根本河洛，以理御數，不特于立算全備，尤爲《易》學之一翼。今聖天子命諸生究心五經，重實學實行，則習《周易》而推象數者，此書誠不可缺也。梅氏書過多，環川張安谷先生删繁就簡而成此集，則價廉而易覽，故小坊請其書而剞劂之，以爲諸君子專經之一助，非止于習算有益也。

鵬翮堂謹識

《兼濟堂曆算書刊繆》引〔十〕

梅瑴成

《兼濟堂曆算書》者，魏公荔彤所刻先大父之書也。先大父著撰甚多，安溪相國李公撫畿甸時，爲刻《三角舉要》等書，計九種，校刻甚精。然其書板攜歸安溪，不得流通。厥後方伯年公希堯約監司王公希舜、魏公荔彤同任剞劂之役，纔刻完《筆算》《方程論》數種，而年公被議以去，其事遂寢，而書板亦不知所在。然魏公雅好表彰絶學，曾許先人盡鐫所著，因從余弟玕成索取已刻未刻諸稿數十種，付之梨棗。乃工未及竣而遭罷廢，憂患擾攘，勉强卒事而訛舛所不免矣。裒計所刻，幾二千篇，名之曰《兼濟堂纂刻梅勿庵先生曆算全書》。各卷之首並列『魏某輯，後學楊作枚學山訂補』，蓋楊君素好曆算之學，嘗往來余家，予曾屬魏公任以校對，書名、凡例殆皆楊君所定也。惟是先大父嘗謂義理無窮，未有止境，隨時撰述，卷帙日增，自名曰『叢書』，今曰『全書』，非先人本指也。且著作未刻者尚多，玆刻實未嘗全，此名之不可不正者。又此書重刻者居其半，新刻者居其半，並無訂補處，而舛繆盈紙，蓋楊君未終局而去，故魏公序言校誤之客彈鋏他門，思訪專家就正，其不能無憾，情見乎辭矣。今魏、楊俱作古人，而書板又質他姓，不可得而修改，則傳訛沿誤，後學何賴焉？因彙集所辨别改正者，爲《刊繆》一書，另帙單行，俾觀覽原書者得以考，而魏公表彰絶學之盛心亦可以無憾矣。是爲引。

乾隆四年歲次己未秋宛陵梅瑴成撰

梅汝培跋〔十二〕

《曆算全書》三十種，共七十卷，宣城家曾叔祖勿庵先生所著，而正謀伯祖及玉汝、肩琳兩叔參訂成帙者也。蓋先生覃精曆數，洞見根柢，會萃中西，發前人不傳之奥，固久爲海内宗仰。其《三角舉要》數種，安溪相國先梓行世，而先生晚年諸稿尚秘篋中。雍正初，柏鄉魏公念庭重加編校，彙付剞劂，而世之欲睹先生全書者始無遺憾。及魏公來吴，與先父竹峰府君交好，府君每心折魏公能成勿庵之志。未幾，魏公將北歸，以是書爲家勿庵作也，欲以所鐫板歸府君，府君遂出貲購之，貯之莘莊書舍，迄今二十餘年矣。

培生也晚，兼之川原迢隔，不及親宛陵族中諸先生之謦欬，然聞之家兄伯昌云：當康熙年間，淵公高叔祖、不次曾叔祖、爾止、耦長兩叔祖宦遊吴中，與先曾祖養拙公、先祖萃庵公、先本生祖愚哉公、先本生父曾谷公數相過從，把酒留連，以敦族誼，情甚摯也。培輒感慕之，近則老成凋謝，音問闊疏，先府君去世亦十年餘。勿庵書板間有漫漶，今年春培細爲檢點，命工補綴，復還舊觀，庶無負魏公刊行之心及先府君購藏之意云爾。

乾隆己巳秋日松陵曾姪孫汝培又生拜手敬跋

梅體萱序〔十二〕

宣城定九先生曆算全書，少時於曝書日獲見，踞地檢閱，驚若望洋。時方肆力帖括，未暇尋繹也。丙午移篆蘄陽，盤量倉穀，偶及勾股法，乃檢書窮究，麤能解其一二。旋以調任省會，簿書鞅掌，此事遂廢。厥後十數年，馳驅楚皖，戎馬倥偬，不獲再事講求，所藏舊本，兵燹後滌然無存矣。戊午來滬，於李壬叔處見西人所著《幾何原本》，與是書多符合，心怦然動思，復致力徧索此書，迄無全本。是歲族弟小巖吏部隨星使來江南勾當事件，小巖故善勾股、渾儀諸能事，偶與論及，思得一完本，重付剞劂。忽於吴趨估肆，獲柏鄉魏念庭先生所輯舊板，乃以價若干得之，其中模糊脱落並殘缺板片，促工補刻。全書既成，因記其緣起如此。

咸豐九年己未仲夏月南城族裔體萱謹識

梅纘高序〔十三〕

《梅氏叢書》，先高祖文穆公本因兼濟堂《曆算全書》讎校不精，編次紊亂，慮其貽誤後學而大戾乎先徵君公作書之初心，用是詳加校正，重付梓人，題曰《梅氏叢書》，所以别其名，而使學者知所棄取也。夫兼濟堂之刻創自柏鄉魏念庭觀察，觀察輸貲刊布，其綿延絶學、嘉惠來兹，一徵君公作書之志也。文穆爲徵君公孫，非不深感其誼，第以天之有象，物之有數，理極精微，毫釐千里，若一仍魏本之誤，則承謁襲謬將無已時，故既爲考訂重刊，而於凡例中詳著其失，且殫精編次，俾有志斯道者得以循序漸進，於以知文穆公有不獲已之苦衷焉。自是書出，廬山之真面分明，而魏本遂同於覆瓿，迄於今歷年百有十四矣。

咸豐初，粤逆肇亂，家藏舊板慘付劫火。纘高慮家學就湮，欲謀補刻，適官山左，簿書鞅掌，無暇及斯。迨同治辛未冬引疾歸里，始聞南城族人小蘇太守體萱已先我付梓，纘高且感且愧，亟從坊間購閲，乃知其名則文穆公更正之名，而其書則仍魏氏原刻之書也。按觀察原序自言，搆刻是書，時歷五年，中多撓阻，其間雜遝參錯，勢固宜然。文穆書成，當亦觀察所深忮。小蘇斯刻所以繼往開來者，其志亦与念庭觀察同。觀察之書幸未貽誤於當日，而小蘇之刻勢恐貽誤於將來，非惟觀察之所不取，抑亦小蘇之所不取也。用將文穆公更正原本尅日開雕，命子壽康、姪壽祺同加校勘。工既竣，謹附數言於簡端，並質之小蘇，以爲何如？

同治十三年歲次甲戌春三月既望七世孫纘高謹識

温葆深跋〔十四〕

深於道光建元之歲叨登恩榜，嗣京兆榜信至，伯言農部同年亦與焉。先仲兄喜謂深曰：此同年者所當師事者也。明歲，同捷南宫，同告歸。深本居城外，每入城，輒信宿伯言處，談讌於承學堂。承學堂者，康熙朝徵君梅勿庵先生以深明算學，恩遇至隆，命徵君以孫瑴成讀書蒙養齋，爲異數曠典，堂額之名，絶殊恩也。深每至時，抱蓀年丈亦出見，曾贈深以《暦算叢書》及年丈自著之《勾股淺述》，奉歸習讀。然深素苦心氣虛，得兩書二年，深奉先嚴諱里居，取讀暦算書，知於堪輿之説有當取用者，則不啻三復之，蓋庶幾百回讀矣。若此數年，至成心疾者數年。伯言故嘗戒之曰：五星三元，累人神智若此。而蘇賡堂同年則別爲一説曰：『此固有用之學也。』深以兩同年言同書紳焉。

壬申、癸酉歲，深延伯言姪孫水部壽祺授孫輩讀，適伯言從姪卓庵觀察爲刻家集，先校刊《暦算叢書》成，寄壽祺校，深時亦代校，借覆讀數過。明年丙子，深乞疾歸，晤觀察嗣君壽康，奉校成本持贈，時深亦以自刻《西法星命》《造命》書乞跋。爰爲新刊《叢書》初本，記其重刊歲月如右云。

丙子閏月望日上元温葆深謹跋

清人詩文集中梅文鼎史事

送梅定九南還序〔十五〕

萬斯同

宛陵梅子游燕山，余得與之定交。其人温然君子也，而詩文落筆驚人眼。所著《古今暦法考》《中西算學通》諸書，詳而核，博而辨，卓然可垂世行遠。信哉！其足以成名也。余客燕山久，四方賢豪長者至止，多與縞帶言歡。要皆浮華鮮實之士，若學成而可名士者，亦無幾人。梅子既善詩文，又旁通曆學如此，此豈今世文章之士可得而並駕耶？嘗慨曆之爲學，帝王治世之首務。而後代率委之疇人子弟，致膠其法而不能通其義。如有明三百年中，學士大夫非無通曉其學者，往往不見用，其所用者，不過二三庸劣臺官，死守一郭守敬之法而不知變。夫守敬之法非不善，然在當時已不能無少誤，乃歷三百年之久，猶且堅執其死法，其於曆果能無誤耶？故古今曆法之疏，無如明世之甚，由專委之疇人不知廣求學士大夫講明其義也。

迨西法既入，其説實可補中國所未及。崇禎初，嘗設官置局，博徵天下通曉曆法者與相辨析，于是西人所著即名《崇禎曆書》，而以元年戊辰爲曆元，其書實可施用。今世所行《西洋新法曆書》即《崇禎曆書》也，但易其名而未始易其説，乃世之好西學者至詆毁舊法，而確守舊法者又多抉摘西學之謬，若此者，要未兼通兩家之學而折其衷也。梅子既貫通舊法而兼精乎西學，故其所著《曆學辨疑》旁通曲暢，會兩家之異同，而一一究其指歸。乃知西人所矜爲新説者，要皆舊法所固有，而西學所獨得者，實可補舊法之疏略。此書出而兩家紛紜之辨可息，其有功于曆學甚大。梅子又能製器，所製窺天測影諸儀，大不盈尺，而曲盡其精藴，方之於古，即一行、王朴、沈括之流未之能過。不意文人之中有斯絶技，余能不低頭下拜耶？余與梅子交五載，昕夕過從，交相得也。今於其歸，胡可以無言？

送梅勿庵遊武夷序〔十六〕

朱書

宣城梅勿庵先生文鼎，性好山水，多藏書，于書無不讀，而特好曆算之學，曰此儒者事也。著撰甚富，論曆算者凡七十五種，自以隸首、羲和復起，可質之無疑也。今安溪李大中丞刻其《曆學疑問》于大名，弟李安卿刻《方程論》于泉，而《籌算》書則蔡璣先先刻白門，然于勿庵書未十一也。六藝，數居其一，而數莫難于曆。曆自黄帝訖秦凡六改，漢五改，魏訖隋十三改，唐訖周十六改，宋十八改，金元三改。明因元曆，更《授時》名《大統》，而法不變。又兼設回回科，步交食淩犯進呈，與《大統》參用，並三百年無改。是時，明算科久廢，學士大夫視爲末藝，罕通其説，而曆亦實無大差，未乖施用也。其間建議，如元統之改憲但有其名，他若童軒、俞正己、周濂、鄭善夫、樂頀、華湘、周相諸人，皆未得肯綮，惟鄭世子載堉、邢雲路並著書明《授時》法，唐順之、周述學、陳壤、袁黄會通回曆，皆未獲盡行其説。至崇禎間，徐光啟、李天經奉詔開局，譯治西洋法，亦未及頒用。于是曆學有中西兩家，未有以折其衷也。吾江南上游文獻，蓋推桐城方氏、宣城梅氏。方氏則前學士曼公以智及子位伯中通，深明曆算，顧心折勿庵。曼公爲僧青原，嘗遣侍者致書索觀勿庵象數書。位伯著《數度衍》，自謂集中西大成，其子公執正珠以曆律聞于天子，賜召見，《數度衍》遂獲進呈。然位伯書成時，嘗自粤東寄書千餘言，請勿庵爲序，且遣公執屬勿庵重晤就正。而位伯遽殁，勿庵言及，未嘗不喟然也。崇禎末，宣城沈耕巖壽民、麻孟璿三衡與曼公諸君子集金陵，爲小東林，意氣傾一時。而勿庵尊人傘畊處士，顧獨不欲以聲譽相援附，惟攻經史學，嘗作《周易麟解》，以春秋二百四十年行事與易象爻相比附，發明聖人用世微旨。國變後，棄諸生服，間治天文、兵法，講求實用。勿庵方受經爲童子，聞處士與客縱談，輒伏聽，謹識之，輒成帙，夜侍仰觀，輒知其次舍運旋大意。嘗問以《尚書》蔡注璿璣玉衡之製，輒答如響。竹冠道士倪觀湖正雅，前代遺民也，工書法，善詩文，與弟樂翁船耕湖濱，黃冠野服，飄然若仙，尤邃于地形天家。勿庵師事之，受麻孟璿曆法書一帙，不數日，悉通曉，爲之注釋訂補，成《曆學駢枝》四卷。竹冠見之大驚，以爲非意所及也。勿庵則以爲曆學當不止是，乃陳廿一史所載七十餘家曆，率其二弟文鼐、文鼏次第講究，而深考其立法之源與沿革之故。嘗言漢曆莫善于劉洪之《乾象》，隋莫善于劉焯，唐莫善于《大衍》，五代莫善于王朴，宋莫善于《紀元》《統天》，而至元《授時》測算加密。要以天道幽遠，積候乃見，故曆以屢改乃益精。而自羲和以來共治一事，不過以終古聖人未竟之緒而已。然是時西曆初行，言古曆者多疑西法。勿庵則謂曆以後起精，西法在大統、回回二曆後，既未習其説，何以懸斷其非？乃多方購致西曆書，讀之，嘆曰：徐文定公真解人哉！然要亦吾聖人舊耳，吾疇人失之，而彼土得之，數傳以後，忘其所自，易其名以相誇。今觀其言北極下一年爲一晝夜，其説具《周髀算經》；而地正員不方，則自《大戴禮》已言之，非彼人創立也。其所擅長者，五星緯度、三角八綫、簡平象限之測，高庳視行、小輪加減之用，皆足以佐古法，大段巧密。若精而求之，則其自相矛盾者，彼書中多不免，不但分宫置閏顯違古義也。夫曆求合天而已，苟其步算有裨，中西何擇？不則雖古人之法又屢改焉，況西術乎？或泥古而黜西，或尊西而偏護，皆私也。是惟以天爲憑，以理爲斷，而無以成心與焉而已。于是合古曆、西曆，參以諸家之議，爲《古今曆法通考》，以補馬氏《文獻通考》之缺，以詳《律曆考》之所未備。寧都魏叔子禧、成都費此度密皆嘗爲作序。

勿庵好苦思，雖布算無差，必進而求其所以然。或忘寢食累日夕，及其既得，則如江河之決，洋溢四達，而無所不到。嘗從老友劉景威汝鳳處得所鈔《曆書》，語及書肆中測量殘本，皆以意作爲圖，補其未備，及得全書，皆不出所謂云云也。而未嘗以此自多，殘篇斷章，所在手鈔，一字異同，必兩存待考。尤好問，凡精算之士，若舊臺官子弟及西域官生，不惜造訪。人有問，亦好告以所得，故皆樂以藏書相質，而所聞益廣。

會修《明史》，同里施愚山侍講以書問，勿庵因爲《曆志贅言》寄之，史局亦亟欲得勿庵。又數年，始至京師，局中皆大喜，以《曆志》屬詳定。勿庵曰：《大統》即《授時》也，説者知尊《授時》，而隨聲詆《大統》，何邪？且《授時》既有元志矣。今惟是三應改用之率，盈縮遲疾立成之數，實步算要領；而黄赤道弧矢割圓之術，七政平立定三差之原，尤作者精意所存，《元史》皆缺載，亟宜補輯。乃出所藏《通軌》《曆草》，詳爲詮次，而《大統》始爲完書，史局服其精核。又言回回曆明既兼用，宜備載本術。至唐順之、周述學之語，則分别附載，直書姓名，無亂原文，始合體例。又鄭世子載堉《黄鐘曆法》業經進呈，奉旨褒嘉。而陳壤亦上書言改曆，今世所傳袁黄《曆法新書》即其本也。準以前代庚午元諸曆，兩者並得附載，識者韙之。又以算數儀器，曆所必需，故于中西算學多所撰定，而古今儀象皆精考其制。嘗詣觀象臺觀新製六儀及元簡儀，皆如素所習，或損益舊法，手製測器，雖西人無以過。其于中西之法，既心無適莫，一時言曆者衷焉。輦下巨公，人人欲一見勿庵，或遣子弟從學。勿庵書説稍流傳禁中，臺官甚畏忌之，而勿庵雅不欲以其學與人競。會天子欲講明徑一圍三、徽率古率之同異，於是公執應召進書，而勿庵則以事出都久矣。又二年，和碩裕親王迎致府中，有加禮，稱先生不名，月餘辭歸宣城。然勿庵好學益不倦，冀得後起之彦付託此學，皇皇行天下，期一遇不可得，今且老矣。

往者嘗欲授余里差測景法，今同在閩一年，益得其書觀之，顧性不耐算，未能卒學也。客有言武夷山多隱者，年六十以上得終老焉，供億悉具，且有洞藏古今書，海内著作家多置副本其中，後有取輒可得弗失。勿庵嘆曰：吾書縱不能傳之其人，獨不可藏之名山乎？今且束裝北歸，道武夷，將遂規畫爲棲隱計，擬至家一了祠墓諸事，即攜所著書入武夷，不復出。余謂先生宜用康節法，以春秋出遊，冬夏讀書，則杖履所至即爲武夷，豈必斤斤九曲之勝？抑余更有説，方崇禎末，天下多故，江上諸君子文社聿興，網羅奇士，幾于美盡東南，豈知猶有屏處闇修，不可得而親疏，如傘眲處士其人者。要所守同歸于正，而先生紹明庭聞，繼千古之絶學，與曼公父子相望于一江之隔，豈非三百年文治遺澤，而吾江國之多才也哉？《易》曰：匪我求童蒙，童蒙求我。先生其毋以失傳爲慮，天留先生以明此學，其無有聞而興起者乎？且先生有弟同志，而子若孫皆能讀先生之書，得其門户，又親見先生之孳孳問學，先生其遂以授之，如宋康節之于伯温，邇者曼公之于位伯、公執，則所謂傳之其人者，不出户庭得之，又何介介焉？由前之言，則先生所在即武夷；由後之言，則先生且將偕其兄弟子孫，游處于先生之武夷。一門師友講習，以終其天年，以上慰傘眲處士之心，不亦可乎？勿庵聞之，默不應良久，竟去不顧。

書李文貞公與梅勿庵先生手札後〔十七〕

徐用錫

宣城勿庵梅先生冢孫通參君，以文貞公貽先生十札手蹟見示，且令書其後。公及先生皆吾師也，伏惟文貞公殆應五百年名世之期而生，沿魯鄒之道脉，而宏經書之緒，見其大而析之精，説之詳而提其要。濂閩以來，觀於海矣，又志廣而心公，六藝之射御無論矣，禮樂有纂述，書則購藏顧氏寧人《音學》之板而論定之，曆算則推先生訂正《周髀》，追尋發明，直與符合，爲集中西之大成。篇中所云，天佑絶學，周公有鬼者，豈虚語乎？計余侍公，自提學遷撫軍至入輔大政，凡二十三年。

先生之再至保署也，實與余同居藹棠軒，見其持籌握管，殆無虚日。秋冬宵永，晚必飽餐，炳炬攤帙，輒眉舞色飛，樂而忘倦。每薄暮，斷生葵寸莖，置大盂且隆起，備精詣深思時拾啖之，以潤喝喉，盡盂乃就寢。蓋五夜之漏將下，率以爲常。公與先生之學皆面承聖祖仁皇帝之指授，誠所謂見而知之者。今天子聖以繼聖，景運維新，公之孫侍讀君方録公之著作，云備四方漸知景嚮。江陰楊宗伯得公之所學，實精且深，内得講説於宫庭，外得宣闡於胄監，爲文教之源、人材所出。納蘭成翰林，獲經義之正傳，又相與賡續而研究之。先生書聞有全刻，質寄吴中，可以就購。通參君實能與廣川魏宗伯、交河王閣學精習舊聞，守先待後，俱在朝列。稟道化以襄文治，雖以某之無似，道藝兩無，所成猶得與公孫侍讀君同被詔命而聯官階，則公所云後學之幸，太平之符者，盡驗之矣。嗣有論世知人爲文獻者，將於是取徵焉，則此卷不獨爲通參君之家琛已也。余既際時之盛，幸觀厥成，縱崦嵫已迫，而羹墻如昨，不得固以不文辭而書其名於尾。

潘天成與梅文鼎交往史事

哭先師勿庵梅先生辛丑九月〔十八〕

秦淮出望敬亭山，一片愁雲倏往還。落木風吹聲簌簌，飛泉石濺響潺潺。奇書著就傳千載，精蘊誰能見一斑？回憶當年隨杖履，時時不禁淚潸潸。

秋高哭過翠螺山，天上騎鯨人不還。野燒去聲燭天雲漠漠，江潮拍岸水潺潺。路遥尋訪心無異余十四歲自采石到宣城訪先生，年少從遊鬢已斑。蹤跡到今俱可紀，踟躕四顧淚潸潸。

采江鼓棹到宣城，風景無殊有異情。虹落雙橋猶映彩，鏡懸二水自分明。松楸御史墓門植哭梅桐崖總憲，絮酒徵君靈座傾。因憶往時行樂處，迴腸百轉動哀聲。

秋老肩輿過皖津，如何不見授書人先生常于皖庵授書。楓林露濕流紅淚，藜杖光騰照紫宸夢先生以杖五根燃火照書秘閣。野寺猶聞鐘磬響，閒房空有夢魂親。温然顔色諄諄語，情比從前一様真。

勿庵梅先生訓言先生諱文鼎，字定九，宣城人〔十九〕

湯世調先生之學，學人道而合天道；梅定九先生之學，學天道而合人道。兩先生皆天人合一之學也。學人道，戒懼慎獨，自能探月窟而躡天根。學天道，推算到冬至，一陽初生，識其天根而躡之，推算到夏至，一陰初生，知其月窟而探之。戒懼慎獨，自不能已也，殆亦明道、堯夫復出也歟。

不推算到冬至一陽初生之天根，陽之水木土生萬物，何由得而知；不推算到夏至一陰初生之月窟，陰之火土金化萬物，何由得而知。董子所謂『道之大原出於天，天命之謂性』一句，書終不得而明也。故必推算到天根月窟，始知陰陽之消長，五行之順布，化化生生而不窮焉。

太極動而生陽，静而生陰，陽變陰合，而生水火木金土，以生天地者也。天即以陰陽五行之氣，化生萬物之形，以陰陽五行之理，化生萬物之性。性有義理之性，有氣質之性，理一定而氣不齊，理無聲無臭，氣有形有聲者也。無聲無臭者，北極居其所也，故曰無極。而太極有形有聲，日月五星之運行也。義理之性一定，故人皆可爲堯舜；氣質之性不齊，故戒懼慎獨。變化有形有聲之氣質，以復無聲無臭之天載，觀《中庸》首章與末章可見矣。天人合一，方是天根、月窟間來往，三十六宫都是春也。

理以數顯，數以理神。孔子曰：參天兩地而倚數，數倚參天兩地而起，然後觀變於陰陽而設卦，發揮於剛柔而生爻，窮理盡性以至於命理者。無聲無臭，上天之載，何從得而見也。數者有形有象，人人可得而見者也。以可見之數，推不可見之理，神明變化，從此出矣。儒者學曆，要知天地生物之心周流無間，吾人仁心流行亦周流無間，時時刻刻存仁，與天地生物之心合，孝悌忠信、濟人利物之心自油然而生也。又要多讀書，講究經濟，如水利、農田、禮樂、兵刑、水火、工虞之事，事事練達。幸而中舉人進士，爲朝廷大官，仁心流行於天下；即爲一州一邑之長，仁心流行於一州一邑。即不幸老於畎畝山林，著書立説，傳諸其人，仁心流行於萬世矣。

先生曰：曆象算明，則知天地生氣運行不已，不特春温夏暖，花開柳茂，見天地之生氣，即霜寒雪凍，草枯木落，亦見天地之生氣。試觀百草枯萎，根下勾萌已發，黄葉飄零，枝頭嫩緑已生。但人心爲氣稟所拘，物欲所蔽，心之生氣已斷，然斷而不絶，生機隨處發見，須察識擴充。如乍見孺子將入井，怵惕惻隱充之，可以保四海。平旦清明，好惡近人，無牿亡而養之，自能生生不已矣。

問：黄石齋先生《易洞幾》云：自冬至復卦一陽起，第一日爲初九，不遠復排到夏至姤卦一陰起，第一日爲初六，羸豕蹢躅，又排到冬至復卦，終而復始，循環無窮。然一年周天三百六十五日四分日之一，卦爻三百八十四對減，尚餘一十八爻七分。

先生曰：子午兩時甚長，卯酉二時亦長，以十八爻七分補入，則無餘矣。一日如此，一年亦如此。且天地之度數不足，卦爻之數有餘，此聖人所以贊天地也。

問：天有陽氣而無陰氣，陽之消即是陰？

先生曰：試觀日光射處則明，不射處則暗，可知矣。月與衆星皆無光，受日之光爲光，故天地有陽而無陰，人心有善而無惡。

問：候管灰自十一月黄鐘之管九寸最長，至十月應鐘之管最短，是候陽氣不候陰氣也。冬至一陽初生於地下爲復卦，上至地面尚有五重陰氣爲陰爻五，故天氣極寒而地氣暖，井水温，開土九寸，草木萌芽漸發。夏至一陰生於地下爲姤卦，上至地面尚有五重陽氣爲五陽爻，故天氣暖，地氣寒，井水冷，草木之滋漸歸於根夏秋露水自草木根上至枝葉，桐城盛傳五云云。花落而果成，至九月剥卦在上爻爲碩果，無射之管已短。十月坤卦，純陰剥卦，上爻之陽尚在，故應鐘之管最短，而陽氣接坤之上爻。龍戰于野，十月爲小陽春，必有數日東風，諸葛孔明精於易理，而曰借風，英雄欺人語耳。故十二月之管皆候陽氣而不候陰氣。

先生曰：然陽氣太亢，必有陰氣以濟之，陰陽和，萬物生，又不可偏也。黄帝命伶倫取嶰谷之竹作十二管，以十二月之管埋於密室地下，實以葭灰薄蘆灰覆以縑素，每節氣至，則灰飛出，朝廷用此布功，令伏羲、文王、周公用此作易、禮、樂、兵、農之事，從此起天根一念之善要擴充，一念之不善要遏絶，工夫祇在慎獨。

問：周茂叔窻前草不除，與自家一般意思？

先生曰：以其象而言之，草自根而幹，幹而枝，枝而葉，葉而花，花而實。以其數而言之，一生二，二生四，四生八，八生十六，十六生三十二，三十二生六十四，一部易之象數全矣。以其氣而言，總是一元之氣自下而上至花實，由復卦天根而至純乾，一元之氣又上自花實，而下歸至於根，由姤卦月窟而至純坤。以其理而言，總是無極而太極，周流而不息。在我以其象言之，與我頭面耳目口鼻手足一般。以數而言，與我五官百骸一般。以氣而言，與我一身之氣上下流行一般。以理而言，與我一心無極而太極周流不息一般。窻前之草，豈不與我一般意思？不獨草木也，萬物皆然。但人得天地正氣而生，頭在上，四肢在下，草木頭在下，尾在上，禽獸頭尾横，有不同耳。故聖人仰觀俯察，近取遠取，作八卦以通神明之德，以類萬物之情。

問：好鳥枝頭亦朋友，落花水面皆文章。

先生曰：啼鵑送春，鳴鳩迎秋。此以陰陽消息之理、五行變化之機告我也，豈非朋友乎？李白桃紅，菜黄柳緑，飄泊溪池，層波蕩漾，曲折瀠洄，五色掩映，豈非文章乎？不獨此也。凡天地間耳之所聞，目之所見，孰非朋友文章乎？北辰所居，衆星旋繞，恒星棋布，五緯錯綜，銀河燦爛，烟霞飄渺，此天之文章也。中國三大幹龍，分於一脉，中間相去萬里，或起或伏，到頭彼此環抱。天下之水，萬派千條，總歸於海，即數十里之山水，忽分忽合，曲折頓宕，蒼松翠栢，細草閑花，隨處點綴，此地之文章也。至於地出河圖洛書，醴泉器車，此以性命象數養生利用之道，告聖人之良友也。又如景星祥雲，膏雨甘露，非朋友勸善之道乎？山崩水溢，谷變陵遷，非朋友規過之法乎？

萬里驅馳，學者與衆人同；寸心領略，學者與衆人異。太史公遨遊名山大川，作《史記》；邵堯夫遍歷江湖，曰道在是矣。大丈夫不讀萬卷書，不走萬里路，安能作好文章，明聖賢之道乎？

讀二十一史者，多讀本紀列傳，不讀書誌。

先生曰：書誌乃歷朝製作所在。如天文五行可占休咎；地理河渠可識幅員廣狹，風俗淳漓，關梁阨塞，戰守所宜，水利農田，旱潦蓄洩，富民根本；賦役食貨可知户口多寡，徵徭重輕，通商惠工，本末資籍；兵刑曆律可知國勢强弱，民情喜怒，可知欽天敬民，調元贊化。此儒者經濟之實學，安可不讀？意欲將二十一史書誌另刷一部，朝夕講究，練達治才。

雜記訓言後〔二十〕

先生父，諱士昌，字期生，號織畬處士。改革後棄諸生業，著有《惜陰草》《織畬隨語》等書。嘗以六十四卦爻與春秋二百四十年行事相比附，成書謂之《周易麟解》。經史外尤多該洽，且一一期裨實用。生四子，長即先生也。

先生年十五，補郡博士弟子員。順治戊戌，織畬公捐館，先生哀毀骨立，而遭家多故，生計日窘，兩弟俱尚幼，先生拮据承家，苦心獨喻，不以告人。康熙壬寅，學使王公同春歲試，拔第一，受廩。是歲，胡太析箸，先生固止之不可。不得已於次年分爨，作《分爨説》，述祖宗創業艱難，以互相勉勵，所有逋負皆自任之。壬子歲，陳孺人棄世，遂不復娶。念祖父兩世淺土，躬自跋涉，營求葬地，風雨寒暑無間。閲數年，乃得二穴，葬費不貲，公貯弗給於用，先生舉貸竣事，諸弟請均償，先生辭曰：弟侄俱貧，而我勉襄大事，實已分當盡，何均償爲？自是子職俱盡，遂息意爲四方游，知交日廣。

孺人見背，先生同弟爾素公諱文鼐奉湯藥，衣不解帶者月餘。其時諸弟俱能自立，恐食指日繁累先生，欲先生生平善取友，所至盡友。其善士雖一技一能有微聲者，聞其名，亦親訪之。而於當途薦紳，先生必因其來而後往。是時有據要津者頗喜延納，願締交，托友人道意者至再，先生終不一往。留京師數載，名日起，漸達禁中。裕親王雅好士，招致詣府，備加禮遇。先生因族中祖業爲他姓所逼，恐先人墳廬不保，遄歸里門。甲戌，族人請主祠政，固辭不獲。先生念族蕃不教，恐難整率，乃嚴立條約，戒家訟，禁賭博，抑强暴，獎善良，興文會。族中長幼益習禮教，孝友敦睦之風駸駸乎日上矣。

癸未，安溪李公巡撫畿内，寓書請梓先生所著《曆算叢書》，遂客上谷數年，凡刻諸書七種，而《曆學疑問》三卷安溪視學時已付梓，呈御覽，蒙特嘉許。歲乙酉，上南巡，安溪以撫臣迎駕，問署中有何人，遂以先生姓名對。上曰：朕久知此人，回鑾後可與偕來。遂於四月二十日引見於德州龍舫，賜坐講論，垂問平生所學甚悉，隨賜御書扇幅，尚御珍饌，如是者凡三日。以下缺

倪觀湖先生，别號竹冠，以《大統曆》授先生，亦未嘗講貫，先生數月而著《曆學駢枝》。馬貴與《文獻通考》缺曆律，先生與弟爾素作《曆律考》補之。先生著書八十六種，已錄者十數種，《曆學駢枝》《曆學疑問》《商（方）程論》《籌算》《筆算》《尺算》《平三角舉要》《弧三角舉要》《塹堵測量》《勾股測量》《環中黍尺》《日月交食》《九數存古》。先生嘗製（比例）尺銘曰：數立象呈，算因量得，何以遊心象先，觀萬物之所從出。濟南劉魯南名汶曰：繇其言以知其藴，蓋先生之學於是乎至，而非星官曆翁之所得而比絜也。

先生曰：康節天理，流行於中，心境活潑，觀《擊壤集》可見，真千古風流人豪，予不能及也。至於曆學，或可過之，非能過康節也，有康節開其端，繼其緒者多人耳。嘗論古聖賢之學至今日而多晦，曆學至今日而益精。蓋古人舉其要，後人盡其詳，然終不能出《堯典》乃命羲和數節也。天成深察先生議論，處處要天人合一，元善之氣暢滿於中，庶幾有康節之遺風焉。

嘗與諸友論梅先生算法，一友問曰：孝悌忠信仁義禮智，亦用算乎？對曰：惟不知算，故不孝不悌不忠不信不仁不義無禮不智也。試想父母生我，自三朝、彌月、周歲，少長請先生教書，不知費多少錢財，況置田宅以遺我，使我安居樂業，安得而不孝乎？自考童生以至中舉人、中進士，不知費朝廷多少錢糧，況既做官，有禄以養我，衙役護從，百姓供應，又不知費幾許也，安得而不忠乎？兄弟有幾，好朋友有幾，最爲難得，自然不得不悌，不得不信也。聞者莫不爽然。又曰：仁一家者，看父母兄弟妻子共幾何人，財之入者幾何，出者幾何，必使仰足以事父母，中足以養兄弟，俯足以畜妻子，可以仁一家矣；仁天下者，通盤打算，户口多少，財賦多少，墾田多少，山海之利多少，上無過取，下惟正供，彼此均平，凶荒有備，家給人足，教化可興，可以仁天下矣。義者將天下通盤打算，官吏之俸幾何，軍餉幾何，當與者不克減，不當與者不濫與，侵漁有禁，壅滯須通，義可行於天下矣。禮有度數有等級，費用有多寡，豐不過奢，儉不至吝，禮可行也。智則無令利昏，將天地古今之理細細推出源流。遡源窮流，以一爲萬；遡流窮源，合萬爲一。凡天地古今之事，無不算明利弊，無利不興，無弊不去，豈非天下之大智乎？聞者莫不悚然，然後知梅先生之算法博大而精微矣。我梅先生曆象算數之學，總要發明天地生物之心，以吾人之心與之合一。

祭梅勿庵先生文〔二十一〕

維年月日，受業門人潘天成謹以生芻一束，致奠於勿翁老夫子之靈。曰：嗚呼痛哉！嗚呼痛哉！生死存亡之際，無不悲喜係之。况數百年間，氣所鐘之人，受數十年教育之益者乎？自羲文周孔而後，參天兩地倚數，觀變陰陽設卦，發揮剛柔生爻，和順道德，而理於義，窮理盡性，以至於命。顔曾思孟得其精藴，其餘諸子各得其一體。由是漸失其傳，高者流於空虚，卑者滯於術數，天人之際判而爲二。漢儒惟董仲舒道之，大原出於天，發明天命之性；諸葛孔明寧静致遠，實操戒懼慎獨，致中和之功。至於晉魏清談，唐人詩賦，無足述矣。且漢唐以來，曆算之學，如洛下閎、鮮于妄人、李淳風之流，止能明其數而不能得其所以然之理，終非天人合一之學也。至宋濂溪著《太極通書》，明天人合一之旨。二程、張、邵繼其緒，朱子集其成。宗朱子者徒誦習詞章，以爲獵取科名之具，而不能得其意，周、程、張、邵之學晦矣。周、程、張、邵之學晦，而羲文周孔之所傳者，益無從窺其萬一也。吾師挺生數百載之後，於參兩圓方之數，天之不可階而升，地之不可尺寸度者，器以測之，籌以布之，度以量之，筆以紀之，不差毫黍。凡觀變陰陽，發揮剛柔，和順道德，窮理盡性，隨時隨物，觸處洞然，以人合天，以天合人。羲文周孔不傳之秘，粲然復明於天下。易知簡能，一而萬，萬而一。數日可以啟其端，數十年而不能盡其藴。天成自齠齔時侍大父側，聞鄉先生陳二游稱宣城有梅勿庵先生者，得羲文周孔不傳之秘，爲當世一人，心焉慕之。十數齡，輒履屩屨叩先生之門。先生多出遊，不一遇，既而汝爲師引見先生於皖江書院。先生憐予自幼苦心，誨之不倦。數十年以來，凡先生之所得者，自無不告之於我，而我未能有以盡得也。政欲請益，求得其所未盡，奈何遽舍我而逝也。

嗚呼痛哉！然先生所著之書具在，苟能殫心究之，其所未盡者，庶幾可以得之。况吾師兩孫俱負傑出之才，長孫玉汝已爲天子之侍從，次孫玉青擢高科，登顯仕，直指顧事耳。其所遇亦奇，將有以發抒吾師之所未竟者。曾孫濟濟，蘭茁其芽，皆王國之瑞。遊於夫子之門者，雖無如愚之顔子，或有真愚之高柴，固多結駟連騎、肥馬輕裘之士，而尤有捉衿露肘，不耻惡衣惡食之徒，行道傳道，自有人也。吾師亦可浩然長往，而無憾于九原矣。嗚呼，尚饗！

曹溶與梅文鼎唱和詩

梅定九耦長攜酒饌至同諸子分韻二首〔二十二〕

梅福登真後，孫枝尚列仙。龍蛇匡世略，松栝著書年。好客傾家釀，傷春聽雨眠。梓山青不絶，興在筍輿邊。

裹飯群相訪，初廻旅竈貧。閣斜分座密，雲黑送愁新。篇翰餘真氣，乾坤祇故人。薄裝留且住，鄉夢泠江蘋。

汪扶晨吴安道邀同梅定九耦長吴介兹黄師魏僧天池攜酒寓樓限蘆字二首〔二十三〕

春衣結伴出城隅，緑滿空樓日未晡。坐帳佳辰供霧雨，且留傑士配菰蘆。看山駿馬誰相假，吸酒長鯨可繼無。刻竹題名非細事，風流自古在征途。

入谷尋幽不用扶，敬亭雲氣接天都。時過熟食初飄莢，客有談宗舊折蘆。敦誼實驚賓禮重，惜陰頻覺鬢毛枯。何當盡輟關河阻，終歲忘形寓酒壚。

送梅定九入燕〔二十四〕

壯日宜爲帝里遊，垂楊夾道送輕舟。龍門自許傳遺史，鸞掖遥知待勝流。夜宿五雲窺玉琯，朝隨千騎踏金溝定九兼擅曆算堪輿之學。天街八月花盈把，題遍青旗舊酒樓。

送梅定九重赴皖口 梅諳象緯之學，故有末句〔二十五〕

施閏章

又挂孤帆去，春城暮雨疏。江行過雷澤，旅食飽鰉魚。水驛重題壁，篷窗小讀書。夜闌看象緯，兵氣近何如。

送瞿山四叔同爾止二姪公車北上〔二十六〕

梅文鼎

上苑梅花紛欲開，聯翩京國興悠哉。計偕盡識公孫舊，制策新傳賈傅才。冉冉征雲生宛句，葱葱佳氣接蓬萊。殷勤共振家聲遠，柏梘峰高矗上臺。

身依日月秖尋常，經國訏謨自此長。驛路見聞資碩畫，停車栢酒細平章。家修各展趍丹陛，宫綵同看慰北堂。屈指好音知不遠，春風披拂紫泥香。

袁啓旭與梅文鼎唱和詩

仙源曉發喜晴同汪栗亭，吴綺園、東巖，梅勿庵、雪坪〔二十七〕

天許名山約，春城放曉晴。水聲低出樹，花氣暖聞鶯。已辨青鞵爽，真拚白袷輕。容成倘相待，應共碧霄行。

雨中集陳照江借園限能字同梅定九、沈方鄴、蔡鉉升、陳挹蒼、方望子〔二十八〕

高梧十日雨，秋色滿金陵。復此故人集，堪將野興乘。煙雲心冥漠，湖海氣飛騰。何處吹横笛，中宵醉未能。

三月二十七日同有黄山之遊由沙城至仙源輿中即景聯句得三十韻〔二十九〕

不負青春約梅文鼎，真成黄海遊。繁香緣菜隴梅庚，空翠滴松邱。瀑斷還啼鳥袁启啓旭，枝高或掛猴。峰腰盤路細鼎，木末噴泉流。隔竹樵人斧庚，臨磯釣者鉤。亂雲生衆壑旭，巉壁嵌飛樓。谷響行相答鼎，嵐光坐可收。劚林驚乳雉庚，鞭石駴潛虯。憇嶺時停策旭，聽鶯一掉頭。綠塍歕水碓鼎，青嶂仰山兜。徑筍捎衣住庚，墻花壓帽稠。姤晴泥滑滑旭，將子鹿呦呦。殘雨欺臺笠鼎，輕寒眷罽裘。村醪隨意進庚，野饌不時羞。馥碉蘭全茁旭，登盤蕨早抽。沙紋縈郭索鼎，林影叫鈎輈。危彴枯根迸庚，蒼藤古洞樛。茶槍將試夏旭，麥穗漸迎秋。農耒籧篨秉鼎，巫神曼衍酬。地丁開石罅庚，山甲透巖陬。紫蒂蜂鬚綴旭，青蟲鳥眼偷。喙鳴蹊木應鼎，蠕動水田浮。孤塔靈鴟遶庚，叢祠野魅投。風腥穿虎穴旭，潭黑鬫龍湫。畫壁空亭怯鼎，危崖倦客愁。廻岡奔似馬庚，卧石孄于牛。佩莉村翁怪旭，衝煙渚寺幽。荒荒通遠矚鼎，汩汩恣冥搜。仙藥雲中下庚，胡麻洞口留。軒皇遺蹟在旭，丹鼎許相求鼎。

吴苑《北黔山人詩》中史料

兒原從梅勿庵受曆學書示〔三十〕

治曆祖羲和，曰算與圖二。在璿璣玉衡，測驗器以備。恒星及七政，里歲差互異。漁弋天官書，泛涉二典義。丱角疑至今，弗解宣夜閟。沿漢七十家，法律裁心智。那知歐羅巴，泰西最精細？航海九萬里，從赤道下至。寒温熱帶分，戴履地天位。天體十一重，星輪驗遲疾。《幾何》泰西書名著成書，《大測》真絶世。日月薄蝕乖，舛謬自明季。興朝重西學，遠勝太初制。南正重司天，北正黎司地。推步邁神堯，萬古開蒙翳。安溪李學士，精究理深邃。焚香語移時，高論見根蒂謂厚庵先生。晚遇梅宣城，承天真不啻。建議如懸河，著書等身計。謂曆變屢精，不易唐虞際。中星定歲差，嵎夷里差視。言未經人發，足啟我障蔽。雍端懷鈍姿，晷測良不易。妄欲窺籓籬，恐隕越初志。梅子授其傳，盡欲洩奧秘。索解人難得，嘉爾具夙慧。師承貴有恒，勉旃勿捐棄。

附：鱗潭先生命季子高平問余曆學兼送歸黃山三首〔三十一〕

梅文鼎

晷差占北極，地周九萬里。徑冪比恒星，千億非能擬。配合稱三才，藐藐抑奚恃。我愛莊周言，天地一指耳。巧曆雖難究，果蓏亦有理。輪法齊星行，大小互相似。寧惟善籌策，良由共根柢。所以古喆人，六合掌中視。爲學及盛年，志鋭誠足喜。原泉出靈巖，鑑物何清沚。涓涓日夜流，放海猶未已。相彼乘槎人，崑崙近如咫。

古法改逾精，小異歸大同。學者守師説，中西各長雄。誰知歐邏言，乃與周髀通。結髮受經史，此事疑在胸。往者既不作，欲問將焉從。積久思慮專，徑轉千山窮。欣欣雲霧開，昭昭如發蒙。獨見期共明，其人亦罕逢。勉旃慎前路，惟恒日有功。妙悟生熟復，不離書卷中。

黃山三百峰，朵朵開青蓮。軒轅鍊丹臺，松根流紫煙。行遊得導師，羽衣何翩躚。肩隨五六人，安期與成連。高歌經石筍，琪花紛鮮妍。片雲作山雪，初夏寒披氈。百里俯平疇，午日皎仙源。因思測量理，交羅寶網圓。清寂遺衆慮，觸目多詩篇。湯口一以别，廻首意茫然。好古有謝客謂象新，卜築兹山前。子家亦山陽，歸去相周旋。會須擲一切，續此幽探緣。趺坐天都頂，澡浴朱砂泉。那知大藥成，且令俗累捐。著書傳吾黨，悠悠忘歲年。

答和梅先生二首〔三十二〕

瞻原

少好讀方書，談天鄙鄒衍。負杖從師遊，益悔聞見淺。天地人三才，暗者終不辨。惟數與渾圖，曆象中天顯。璣衡器何精，三要具二典。二差聚訟繁，非目所能眄。始晉虞喜通，逮一行而善。窮微郭守敬，古遲今速變。六十六年中，歲差無一舛。南朔里勢殊，正側差不免。交道有表裏，張信言何雋。人行出月外，見者識心褊。身經九萬里，黄赤下可踐。如何拘方隅，眼光束蠶繭。願受異書傳，恐懼凡材譴。

《中西算學通》，員規而方矩。日夜窮絲毫，推十未得五。指南導我迷，差欲辨果蓏。加減珠盤旋，乘除筆籌主。開方比例良，測圓角綫取。徑一而圍三，兩地參人數。微言在積學，開卷晤揮麈。别向天都峰，捫星廣寒府。雲海相吐吞，烟壑變晴雨。吾師子春來，移情琴一鼓。

方中通與梅文鼎往来詩

梅定九新置測天諸器奇絶〔三十三〕

木晷銅儀可互加，何勞郯子嘆雲霞。日從落後還求次，歲到年來已盡差。袖裏客攜天在手，山中人以曆傳家。一從親見張平子，羞道圖書足五車。

蕭孟昉招同沈方鄴梅定九耦長王若先蔡鉉升飲長干寺寓共得秋字〔三十四〕

六代雲烟一望收，斜陽影裏剩江流。别離十載歸新句，風雨千聲屬舊遊。白髮那知行客夢，黄花能得幾人秋。今朝盡醉長干寺，不向秦淮問酒樓。

梅定九書至作此寄祝〔三十五〕

壽命有修短，學業無窮期。不壽君年壽君學，君學當爲古今師。聞君去年已六十，我之六十今始及。君年爲兄學亦兄，我學愧兄何止一等級。測日測月測天星，造儀不用西方形。算籌算筆算比例，創式更顯東土靈。君得羲孔文周之祕密，君得周髀商高之絶術。一行平子冲之輩何奇，君之研幾登堂復入室。旁通《素問》與《靈樞》，律吕聲音并輿圖。不肯空習文章之伎倆，不肯徒争名姓之有無。嗟乎！舉世文人不務此，不過熟讀經傳史籍而已矣。嗟乎！舉世才人更薄此，但知珍重班馬李杜而已矣。豈識君學通三才，志在繼往而開來。内窮性命外經濟，六十年來志不灰。我願學君之實學，而不願學世之虚學，迄今行年六十愈驚覺。南海見君秦淮書，五千里外手如握。今日思君更壽君，壽君之學惟君聞。

題梅勿庵飲酒讀書圖〔三十六〕

昔人以書爲下酒物，是以書爲酒，以酒爲書也。乃或意不在酒，與夫不求甚解，是又不以酒爲酒，不以書爲書也。之二者，何足以况梅子？梅子善著書，與之交者，若飲醇酒。推梅子之心胸，俯仰近遠，舉凡觸吾目者，在在皆書，苟知其味，又何往而非酒乎？睹斯照也，謂之『飲酒讀書圖』可，謂之『飲書讀酒圖』可。

梅勿庵飲酒讀書圖〔三十七〕

吴肅公

蒙莊氏以書爲聖人糟粕，而高悟者褻以講學，誠不知其於精藴何如也。故舍册子而言精醞，吸風飲露者也；而泥於册子，餔糟啜醨者也。知此義乃可與讀書，可與飲酒矣。書與酒本是兩事，因莊子一語打合，妙義豁然。抑講學泥册子者皆在醉中，以此醒之。

題梅定九飲酒讀書圖〔三十八〕

方象瑛

奇文欣賞，濁酒共傾，殆一幅栗里圖矣。然陶公于書不求甚解，其《飲酒》諸詩亦不耑在酒，揮杯勸影，寄想遥深，所謂此中有真意，非深于飲酒讀書者不知也。顧窮愁著書，大是難事。君家學士，謂不識字乃更快活。吾輩半生脈望，雖老病不肯休，正坐識字耳。然則閉户盡萬卷書，何如開懷一尊酒，請質之定九先生。

題梅定九飲酒讀書圖〔三十九〕

毛際可

西潭釣叟爲梅子定九作飲酒讀書圖，不寫眉目，而神韻栩栩，生動無假，頰上三毛也。定九博極群書，自經史外，如星文曆算、製器尚象之屬，無不兼綜條貫。其以飲酒自鳴者，或亦篝燈下帷，時藉爲奇文欣賞之助耳。余近好沈飲，頗廢書，或有譏者，余笑曰：昔人謂使我有身後名，不如即時一杯酒。况吾輩即讀書亦未必有身後名乎！閲此圖，爲之瞿然自悔，亦足以鞭策老懶矣。

招梅定九並題寫真梅精律曆，著《中西算學通》〔四十〕

王士禛

齊人漫説談天衍，漢代虚傳洛下閎。欲向百泉聞絶學，小車花下待先生。

題梅定九山居圖〔四十一〕

朱昆田

白雲攔斷峰腰路，紅葉斜開嶺上門。酒一千瓶書萬卷，衹留老友住山村。

書梅勿庵《推一元消長圖》後〔四十二〕

梁　份

梅勿庵究心天人之學，積數十年，著等身書，皆闡古今之藴，偶於一元消長圖推算，以今日尚在午會之前半盛陽之時。嗟乎！勿庵此言，豈但有功於前賢，其啟迪今人可謂振聾而發聵，豈淺小也哉！天道人心足挽回者，微勿庵而誰望之？

馮衡南曰：言數學每流於纏擾沈晦，增人迷悶，讀此覺皇極經世可數言而盡。李牟山曰：因勿庵午半之言，遂將三千八百年細細推出，造物在心，豈但文章高古。

梅定九造日晷見贈書之以銘〔四十三〕

朱彝尊

日出湯谷，次蒙汜，自明及晦，奔車不知幾万里。以寸度之攝其晷，鼎也製器巧如是。

同梅瞿山定九雪坪沈方鄴汪雨公施汜郎汪扶晨集吴綺園寓齋與定九談天官家言聯句得四十韻〔四十四〕

曹貞吉

圓蓋迴無垠，磅礴劇深廣。非探罔象珠，誰其窮指掌實庵？吾叔耽絶學，疏觀勞俯仰。旁搜歐羅書，巧測璣衡像雪坪。南冥皇宅寬，西極帝居敞。旨既洞高深，辭因陳慨慷綺園。閶闔自寥廓，槖籥亦規效。關憑虎豹看，氣作蠛蠓想扶晨。我聞事災祥，在天必垂象。熒心以德遷，西彗以奸長雨公。靈憲洵足徵，耶蘇頗疑罔。諸家紛聚訟，折衷孰堪獎方鄴。周髀與蓋天，群書昧羅網汜郎。秦宓辨固雄，鄒衍談亦莽。何如汝南精，亟荷平陽賞扶晨。高會盛陵陽，通守得任昉。振藻戛韺韶，折節到菰蔣雪坪。如星聚偶然，揚鑣競吾黨。況復風日佳，清談轉高爽瞿山。布算通中西，搜奇徧今曩。旗鼓誰則當，羌雁吾亦儻。煌矣靈臺器，疇云敝帚享。問業得精專，窮神見佛彷。風雷由節制，垣野辨墳壤實庵。運會漸開通，經緯自昭朗。積候承古初，妙義本微茫。所愧疏見聞，觀察局盆盎。庶幾賢博奕，敢謂窺參兩定九。連朝風雨怒，奔雷助雹響瞿山。積靄沉楚山，飛濤激吴榜方鄴。鼇壁赭嵯峨，宛練碧流漭綺園。歡謌復東軒，旅識憶西瀼。紫蒂泛杯中，紅藥翻階上氾郎。夏氣破春來，遥情倍孤往瞿山。縱横棋一杆，汗漫屐幾緉雨公。單衣謝毳罽，豐廚出蝦鮝。□園歇雨開，茗柯寄雲養雪坪。駢羅坐方淹，沉湎趣還强。明發問昭亭，一笑適莽蒼綺園。

建灘同梅定九朱字緑張青雨作〔四十五〕

查嗣瑮

初登清流船，船小妨内入聲首。一龕不盈丈，兀兀坐卯酉。及經火燒灘，灘淺尚難受。此地昔嶮峽，山根蟠地厚。傳聞用火攻，石爛洩水口。一綫鑿凶門，乖龍渴逾吼。榕城百水驛，硉矶十八九。直宜捨舟楫，復事牛馬走。一笑謝長年，毀車吾已久。

似罄衆灘石，力聚堆一門。寧知跬步間，灘轉石愈繁。大者各磊落，五嶽分位尊。小者尤縱横，八陣連雲屯。此方昔割據，局促開乾坤。霸氣鬱未銷，石勢猶併吞。撫兹一長嘆，恃暴安足存。

積陰埋幽壑，灣澴萬古黑。形氣所軋成，變幻謝繩墨。位置踰人工，并非造化力。欲以五字詩，竭意作鐫刻。有如草間虎，屢射鏃不没。安得錬石手，叱汝變五色。

石勢逞雄傑，欲遺水鬱盤。水從排空來，鐵鎖不可攔。有時千百丈，掣電飛雲端。有時五三折，陟起尺咫間。兩怒各未平，白晝蛟龍搏。舟子力難恃，應變須神完。倒纜挽逆篙，如作壁上觀。决機在針鋒，脱險過彈丸。

水亦自相鬬，直立高於屋。我舟擲水底，低受浪不足。如逢吞舟魚，突過滿魚腹。驚雷雜風雨，眩轉失耳目。一躍出重圍，天晴山水緑。

山形乍開豁，灘怒似少息。蕩槳聊咿啞，夷猶弛腕力。我亦攬幽賞，微唫意稍適。有石聲砉然，忽破船底入。水面石可防，水中石難測。君子慎履坦，索塗須擿埴。

造舟爾何人，斲木如紙薄。常恐遭魚龍，未足當一攫。豈知逢擊觸，善受賴柔弱。百折付一招，繞指霹靂作。彎環象運鼻，屈曲蛇赴壑。招招真吾友，性命卬汝托。

下水例買米，上水例買鹽舟人陋習。買米利無幾，買鹽贏倍添。利多非汝福，官府禁最嚴。貪心溺不戢，終恐罹髡鉗。往來各有欲，輕取已不廉。擇利莫若輕，米賤汝勿嫌。

卅年迫饑驅，生事逐游惰。三挂洞庭帆，七捩長江舵。波濤滿天地，性命極細瑣。復登清浪船黔楚諸灘，清浪最險，屢上章貢舸。此間亦再到，氣衰足重裹。舊時驚斷魂，猶疑落灘左。誓當收拾去，杜門學趺坐。平生浮海願，從此不復果。

送梅定九先生南歸代〔四十六〕

劉青藜

宣城有碩儒，厥惟仙尉裔。天根與月窟，探躡窮元際。胸羅七曜曆，手布九章勢。勒成三卷書，貫穿百家最。匿影荒江濱，光熖深自閟。不學東方牘，金門謁造次。猗歟清溪公，東閣延國器。袖出名山藏，再拜獻丹陛。我皇本天縱，建極群歸會。行夏冠百王，命羲追二帝。及兹勤乙覽，頓覺昭融契。江左回鑾日，召對經一再。佳士蒙宸褒，華衮榮不啻。爵律龍虬蟠，寵錫勞睿製。光生紫薇郎，驪珠袖卅四。却笑石湖翁，揮灑字僅二。一官寧復惜，恐爲筋骸累。薊門春色闌，歸夢到蘿薜。祖帳滿郊畿，餞章盈篋笥。伊余玷史局，濫芋等疣贅。天官洎五行，班馬書莫逮。章蔀紀元法，推算僅彷彿。今古論歲差，五七十百異。虞何劉郭徒，矛盾兼鑿枘。况兹泰西學，源流分中外。淄澠苦未辨，珥筆能無愧。但願挽征衫，仰副君相意。璿衡佐七政，贊元功匪細。編纂裨吾曹，千秋藏金匱。

送梅定九徵君還宣城四首〔四十七〕

成文昭

宛陵毓靈秀，都官名著宋。後代有畸人，天驥罔羈鞚。耻爲章句儒，獨行絶傔從。學成超百代，于世作實用。

九數淪泰西，岐途不能寸。黨同妬道真，源流落塵坌。先生會其全，折衷出高論。律中鬼神驚，毫髮無遺恨。

中丞薦布衣，天子賜顏色。龍艦傳珍餐，冰紈霏御墨。佳士惜老矣，温語日移昃。殊遇良足紀，聖度仰難測。

燕山衣乍減，江南春正好。流鶯啼雜花，絲雨沾芳草。折柳情不住，依依千里道。敬亭雲外廬，殘書日幽討。

先著與梅文鼎唱和詩

晤梅勿庵〔四十八〕

江縣連陰首夏初，一時愁寂爲君除。容顏比舊還加澤，歲月無端苦要徂。豈是漫遊輕遠道，自緣絶學有成書。三千里外名卿待，遣吏先迎邵叟車時赴安溪李中丞之招，將梓其所著之書於北。

宛陵山色鬱蒼蒼，知有溪邊舊草堂。日至坐求千歲定，天行灼見幾家長。傳人代出遥相望，古道情深耿莫忘。老壽爲期非泛擬，直須身作魯靈光。

梅勿庵北歸〔四十九〕

一代名儒許魯齋，千秋絶藝郭邢臺。何如此日梅夫子，白首完全歸草萊。

答贈沈兆符〔五十〕

一代名元後，千秋信史中。徵君尤傑出，高節復誰同？抗志存家學，卑躬慕古風。笑言殊未久，旅跡但悤悤時攜令祖耕巖先生史傳，屬書其後。短日寒江上，宣州客早還。清吟擬韋柳，染筆帶荆關。凍雁依荒渚，輕帆落淺灣。因君遥致訊，雪覆敬亭山問訊梅勿庵翁。

除夕雪後訪梅勿庵於寓樓〔五十一〕

深巷樓高凍雪明，重來驚喜不勝情。頻年結想舟車遠，除夕傾談主客清。奥學祇期傳曆算，大名何止動公卿。對君不敢輕言老，相去中間一後生勿庵齒長者十有八年。

六月十日竹村大理南洲編修勿庵徵君過訪真州寓樓有作〔五十二〕

曹　寅

野閣俯群碧，連山遞參差。雲光互虧蔽，風雨來無時。白日欲毁暑，葭菼方離披。纖絺不堪御，六月滄江湄。余非事閒逸，年已羞驅馳。養疴就丘園，運拙安公私。龍門渺何際，駟馬勞先施。相過值梅里，有客棲天池。沿流識絜音，宿契符心期。平生攸好德，動輒逢師資。君等信仁者，寸七扶癃疲。精持鹽鐵論，磨厲瓊琚詞。開襟競蕭爽，雅泳浮漣漪。居然挹冰雪，詎待清飈吹。

因安溪先生寄梅定九處士〔五十三〕

陳廷敬

待漏院中清晝長，安溪閣老來平章。公所薦士不可數，宛陵處士尤芬芳。梅君好古懷軒唐，胸羅七曜包八荒。御舟三日三召對，懸河東注河伯忙。老筮多時語屢誤，聞此不覺神揚揚。又聞日坐玉座傍，龍箋賜出星日光。賈生一見便前席，劉洎何勞登帝牀。丈夫遭遇有如此，稽古之榮世莫比。白衣宣至白衣還，他年正可書青史。昔我與君俱壯年，友親氣概廻雲天。職在論思不能薦，忽忽白首空徒然。耆舊飄零萬事畢，新知記一不識十。如君幾人王佐才，聖朝優老令歸來。我今時節已晚暮，江湖魏闕心悠哉。人生會面難再得，短歌長吟淚填臆。若附音書寄李公，爲道良時須努力。

寄壽梅定九徵君八十承安溪相公命作〔五十四〕

查嗣瑮

讀書遥遥慕聖賢，學道往往求神仙。長生有訣在不朽，仁者之壽由天全。宣城先生今碩果，少壯篤學俄華顛。有生得居周邵後，窮理輒究羲文前。五行四卷盡默寫，九垓六合相包纏。曾蒙相公折簡致，亦被天子虚懷宣。華林巾褐但一至，臣老正及辭榮年。敬亭山色如秋煙，雲門若耶氣接連。門前樫梓過百尺，小閣不起三層椽。時清豈敢抗高節，正要與國充三鱣。但令絶學有潤色，六述未許矜桐川。近聞詔徵夾漈裔，已許一老耽林泉。筍席蒲褥勤致問，蒼鹿紅鶴時周旋。廟堂所重在申伏，人世直訝爲彭籛。會昌續畫有遺老，元豐尚齒還居先。迴環日月在襟抱，摩軋太古歸靈淵。作詩難比鐵拄杖，要與金石爭清堅。

寄祝宣城梅定九徵君八十壽十二韻〔五十五〕

揆敘

南國新秋節，高人大耋年。田居名益著，雲卧學逾專。矻矻忘朝食，孜孜費夜眠。陰陽窮晷度，經緯驗推遷。自惜聞天語，從兹考日躔。幾何搜秘奥，三角契方圓。藴發圖書始，功窺造化先。校讐時歷久，探索義初全。西極符精理，中華紹絶傳。深微無客難，似續有孫賢先生令孫亦精數學，近奉聖諭，令其來京供奉。曾識風儀古，期增曆算綿。少微光遠映，長共壽星懸。

寄宣城梅勿庵先生〔五十六〕

劉　巖

開元寺裏當時別，別後悠悠歲月遷。苦憶光陰如掣電，怎教霜雪不盈顛。夢魂歷歷雙羊路，蹤跡茫茫獨鹿煙。嘆息江南桑苧叟，他年重見是何年？

阿翁膝下有慈孫，奉詔編書近至尊。一二年來勞筆硯，三千里外念饔飧。寧忘大父當歸養，爲戀君王欲報恩。他日書成供乙夜，專家學在宛陵門。

老成風味抵蘭馨，信自宣城達塞城。遠寄聲來存後輩，對公孫似見先生。交遊已向人間絶，感慨都從患後平。惟有依依心不忘，可憐崔孔舊關情。

子將還山偕柳三南非熊話别兼懷梅氏勿庵雪坪兩前輩〔五十七〕

方正瑗

閣上離筵酒琖停，江頭親故散秋萍。少年如我髮將白，舉世何人眼獨青。細雨管絃隣院歇，寒燈笑語隔河聽。揚舲西渡乘風便，山夢還應繞敬亭。

送吴師邵返曲阿〔五十八〕

周在建

愛爾吴郎胸中無不有，高才絶學堪不朽。精醫獨許薛立齋，妙畫常師黄子久。秋風七月江南來，得遇梅君勿庵先生稱好友。搜奇覽異共雄談，測量比例皆不苟。我正欣從得妙傳，何期江上忽分手。梅君既去君復歸，惟剩秦淮數株柳。始信人間離别多，勸君聊飲樽中酒。我强爲詩君作畫，相看崖崿圖鍾阜。画中更有别離人，目送歸鴻懶回首。

魯之裕與梅文鼎唱和詩

同梅勿庵先生夜話於松皐草堂二首名文鼎，字定九，宣城縣明經，以九數之學見知於聖祖，所著算曆書數十種行世〔五十九〕

三十年來忘故吾，官齋連夕話陬隅。麒麟夢杳迷莊蝶，牛馬名濳聽董狐。舌以興戎三寸結，腸因悉索九迴枯。疑團賴得從頭剖，誰謂徵言杞宋無？

何嘗食息不于于，但惜虚生七尺軀。寒雨宿花私飲泣，空林彈雀實遺珠。佃漁徒羨能安土，鉛槧深悲畢壯圖。最是不堪談笑處，東方一飽遜侏儒。

讀張虞書蘭秘和予酉冬同勿庵先生夜話之什，仍疊前韻二首酬之〔六十〕

南音入耳曼羊吾，不負經年泊海隅。贅世實羞同畫虎，彼都猶喜見黄狐。泉噴萬斛思難遏，吟破三更興不孤。纔識溈堂真面目，德山敢復道無無。

芒筒誰爲振錞于，顧影徒憐七尺軀。鐵臂放閒時力軟韓少府造時力、距來二弩。時力者，謂作之得時，則力倍于常也，肉髀生厚血心孤。屠龍枉淬純鉤劍，彈雀空拋徑寸珠。慚愧季鷹歸棹疾，銅盆亦可釣淞鱸。

記梅文鼎事〔六十一〕

汪　沆

吴綾灑遍湛園墨姜編修宸英，越紵歌殘秋谷詞趙宫贊執信。更有蓮洋老徵士吴雯，垂虹榭上日題詩垂虹榭在張氏一畝園，張氏傾貲結客，前輩若梅定九、朱竹垞、查初白、查浦、朱字緑及姜、趙諸公，咸主其家，時人有小玉山之目。

梅勿庵與潘稼堂太史書〔六十二〕

向承先生高誼，遠寄王先生測食之書，去歲又承于家兄不次處寫寄《曆法》二册，捧讀之，甚感先生嘉惠學者之盛心與表章前哲之至誼，皆古人所難也。某于京師曾有史局抄本，與今抄示者大同小異。此固疑其非王先生不能辨，乃今而益信矣。此書藏者不多，其藏又或未見全本，又有不能深知其所以精到之處，而徒竊其新名創法以爲己説，而誇示于不知之人。若不及今表章，王先生一生苦心恐遂淹没，爲可惜也。即如鄭世子《黄鐘曆法》業已進呈神廟授剞劂，尚有删其書爲己作者，京師一前輩從而信之，某適有刊本出以相質，始釋其疑。愚故願先生之急爲表章也。今二月某特鼓棹松陵，以京師所得抄本奉覽，仍冀盡尊笥所有抄成全帙，某亦將竭其駑鈍，爲之發明註釋。或蒙大力授梓，發潛德之幽光，豈不甚快？否則多録副本，藏之名山，以待來學，亦庶乎其可以流通。比至珂里而大駕尚羈武夷，廢然返棹，留此數行，以待面愬。

又書

向從敬可處抄得寅旭《曆説》，其第一篇云係力田先生手稿，不知遺筆中尚有及此者乎？謹此奉詢。抄《曆説》併得《圜解》，見其頗多脱誤，比即爲之詳較而附以序，近又抄得敬可原序而書其後，今録二稿請正，文不足采，聊以見服膺之有素。近數十年每有著書言曆法者，雖不能盡見，然見則必爲録副，以詳求其趣，不敢忽也。以所見論之，實未有過王先生者，但其書簡古，宜附之圖註以發其意。若大力肯爲授梓，某亦當策其駑鈍，效鉛刀之一割爾。

與梅定九書〔六十三〕

潘耒

向聞道駕久留畿南，春間張簡庵來，始知近已歸里，兼獲手教併新著種種，欣慰無量。諸學術中，惟曆數最爲奥賾，儒者罕能通知。某少承寅旭先生屢相勸誘，惰不肯學，近頗願學，而僻陋無師。家有不全《曆書》數種，時一搜尋，稍能領會。曾習西算，亦知運籌，但曆表中起例甚略，得數時有參差，胸中積疑甚多。正思面請教益，讀大著《疑問》《舉要》三種，凡曆中盤根錯節處，一一剖析疏通，誠後學之梯航。擬作一序，發揚功能，若夫受知當寧，力請還山，異數高懷更不必言矣。寅旭《圜解》雖本《大測》，而兩弦相因、兩弧損益等，殊多心得，理深詞簡，知之者希，得大文二首爲之表章，兼有意補作圖註，俾成完書，何幸如之。近復得其《五星行度解》一卷，謂土木火三星皆左旋，五緯皆在日天之内，説甚創闢，果如其説則曆術大關鍵也。尊著《疑問》末篇中亦有上三星左旋之説，與相合否？輒録奉寄其説，是則求著論證明之，否則即加駁難，勿嫌異同也。《大統曆啟蒙》此間有之，《西曆啟蒙》尚未覓得，其所著曆稿約有數年，不止丁未，皆大統法也。先兄有曆書一本，擬置史書中者，叙一代曆法始末頗詳，續當奉寄，兹先以《辛丑曆辨》一篇附覽。聞鄴架收藏書甚富，薛儀父《天步真原》《四綫表》及《天學會通》諸書悉有之否？尊著諒不止此五種，渴欲請正。倘先生乘興來吴，留連旬月，共商千秋之業，所禱祠而求。必不能來，則擬竭誠奉訪，但早晚未可定耳。當今通曉曆學者，自楊（揭）子宣而外，尚有幾人？乞明示之。吴門有黄士修，能通西曆，兼多巧思，能手造諸儀器，嚮慕先生甚殷，如能馳叩，當有嗣音相候。簡庵邃於曆學，而力排西法，某所得甚淺，不敢與之往復，然曆學中能立異同人，正不易得耳。

《宣城遊學記》序[六十四]

潘耒

吾人爲學，未有不從疑而入者，《傳》稱學問思辨。學而後能疑，疑則問以質之，思以通之，辨以明之。迨於是非歸一，異同俱泯，豁然無疑，而後能深造自得。昔人所以畏索居寡黨，而樂取友親師也。學術中惟曆數最難明，儒者言其理而不習其數，疇人子弟守其法而不明立法之故。明三百年，言曆者僅三四家，迄於今，遂成絶學。蓋其數至賾，而其故甚深，非聰穎絶異之士殫畢生之力以求之，莫能洞曉。又無爵禄名利以勸誘之，故從事焉者絶希。吾所見能布算測天，著書立説，兼通中西之學者，僅有吾邑王寅旭、宣城梅勿庵兩人。近復得秀水張簡庵，簡庵爲人狷介孤潔，與世寡諧，刻苦學問，文筆矯然，特潛心於曆術，久而有得，著《定曆玉衡》，主中曆爲多。持以示余，余告之曰：『此道甚微，不可專執己見。寅旭往矣，勿庵尚在，盍往質之，必當有進。』簡庵毅然請行，索余書爲介紹，重繭贏糧，走千里見勿庵。勿庵大喜，爲之假館授餐，朝夕講論，逾年乃歸。歸而告余：『賴此一行，得窮曆法底藴，始知中曆、西曆各有短長，可以相成而不可偏廢，朋友講習之益有如是夫。』既復出一編示余，曰：『吾與勿庵辨論者數百條，皆已剖析明了，去異就同，歸於不疑之地。唯西人地圓如毬之説，則決不敢從。與勿庵昆弟及汪喬年輩往復辨難，不下三四萬言，此編是也。』余於曆學未能窺其藩籬，無以決簡庵之説必是，他人之説必非，獨嘉簡庵之果鋭精敏，好學深思，既能舍己從人，析疑化異，而意所不慊，復不爲苟同，輪攻墨守，務盡其説而無留疑。使爲學者盡善思能辨若是，又何堅之不入，何深之不造哉。更有説焉，西人曆術誠有發中人所未言，補中曆所未備者，其製器亦多精巧可觀。至於奉耶穌爲天主，思以其教易天下，則悖理害義之大者。徒以中國無明曆之人，故令得爲曆官，掌曆事，而其教遂行於中國，天主之堂，無地不有，官司莫能禁。夫天生人材，一國供一國之用，洛下閎、何承天、李淳風、一行輩，何代無之？設中國無西人，將遂不治曆乎？誠得張君輩數人相與詳求熟講，推明曆意，兼用中西之長而去其短，俾之釐定曆法，典司曆官，西人可無用也。屏邪教而正官常，豈惟曆術之幸哉？序之以爲學曆者勸。

《中西經星同異考》序〔六十五〕

戴名世

古之聖人，敬授人時，而在璿璣玉衡，以齊七政。則夫推測盈虛以通曆數，是亦知天之學，而博物君子之所尤宜用心者也。吾聞之先輩顧寧人之論曰：三代以上，人人皆知天文。『七月流火』，農夫之詞也；『三星在天』，婦人之語也；『月離於畢』，戍卒之作也；『龍尾伏晨』，兒童之謠也。後世文人學士，有問之而茫然不知者矣。《易》曰：觀乎天文，以察時變。又曰：仰以觀於天文。自後之儒者，空疏不學，於天文尤甚，而遂以是爲疇人曆官之事。於是荒徼海外之人，皆得傲之以其所不知。而西學之入中國者，無不從而震之。然其説不主於占驗，以爲天象之變異，皆出於數之一定，而於人事無與焉。君子譏其邪妄，爲已甚矣。獨其所爲測天之器，與其諸所爲圖志，實亦精且密，與中國之法大抵多同，而亦不無有異者。如一經星也，有西法之所有而中國之所無者，有中國之所有而西法之所無者。要當博採而兼收之，其説不可盡廢，此梅君爾素《中西經星同異考》之所爲作也。往在燕市，獲交於爾素之兄定九，定九於書無所不讀，而尤精於曆學，直超出從前諸家之上。其所作《曆論》及《中西算學通》，常屬余序之，余諾而未果爲。蓋定九時時欲傳絶學於世，頗屬意於余，而余亦欲得定九親相指授，洞悉其源流，體會其精要，而後乃敢序定九之書。乃皆以饑寒餬口於四方，東西奔走，不能合併，至於今而此志未遂，所爲誦寧人之言，而抱慚不能自已者也。今余讀爾素之書，中西兩家所傳之星數星名，考其同異多寡，爲古歌西歌以著之，使覽者一見了然。而其説詳見於發凡九則，余讀之，而向時欲學之意，蓋復津津然動矣。今聞定九將自閩歸，而余倘得稍暇無事，即褰裳涉宛陵，登敬亭，訪爾素兄弟而就學焉，以酬曩昔之志，其未晚乎？爾素曰：此某兄弟之志也。遂書之。

梅文鼎家族傳記

處士梅織瞿先生墓碣〔六十六〕

李光地

某得交梅定九先生二十年，知其學該貫經傳百家，而曆算二者尤最。蓋自洛下閎、祖冲之、僧一行、郭守敬，術非不至也，然去聖既遠，竭終身而不能窺隸首、商高之大全，至定九乃庶幾焉。定九閒與余譚

《易》，肅然致恭曰：鼎之祖若父至今治此三世矣，愧吾不克負荷，而又懼先人名行之不傳，今老矣，瞻望松楸，泫然三喟，子能爲我表而揭諸？余遜謝數載不敢爲。定九既歸宣城，則又遠書辱焉。顧余又方職鞅不暇，乃先表繖瞿先生之行以請，續當及西安公以泝厥淵源，蓋梅氏將碣諸墓左，不敢使有先于昵之恨。其略曰：公諱士昌，字期生，世居柏梘山，山高處有繖嶺焉，故又自號繖瞿，蓋取《詩》所謂『良士瞿瞿』者耶。西安公邃于《易》，先生其冢子，庭授有素，晚乃卒究其業，爲《周易麟解》一書，取春秋二百餘年事跡，與卦爻相證明，推其成敗禍福，以窮吉凶悔吝之故。余未之得見，然嘗讀其序而奇之，考之司馬遷曰：《易》本隱以之顯，《春秋》推顯至隱，《易》與《春秋》天人之道也。遷之生於孔子近，其論蓋有所昉。邵堯夫之學始堯甲辰年，迄於五季四千載，治亂興衰，紀以運世，而用易卦經緯之。蓋邵氏以數起，而先生以理附。先生之書，邵氏之志也。生明季爲諸生，知時將亂，卓有遠識，凡交遊文社，一切謝絶，曰：人當爲獨行君子，前世黨援之事可戒而不可入也。甲申之變，士之喜功名，規仕進者，萃于南都。先生微服僦僧舍以覘，一日遁去，曰：雖有夷吾，未易爲宴安江沱計也，況今日之事哉。遂棄儒服，杜門屏跡，以終其身。

嗚呼！避名而自晦，知幾以遯出，先生可謂得《易》之用矣。事西安公及劉孺人至孝，並至耄耋無怍色焉。平居恂恂，不言人過，然遇事好義勇爲，嘗爲族里解京倉費千金計，人多走匿，後又負約，竟不責償也。先生少小有經世之志，自治經外，若象緯、坤輿、陰陽、律曆、陣圖、兵志、九宮、三式、醫藥、種樹之書，靡不搜討殫究。遭時之亂，抱不一試，然雖崎嶇戎寇間，轉徙逃避，講誦教子，未嘗暫廢。先生之學行其大致如此。昔宋蔡神與以高才博學、通天地人之奥而晦於時，其後遂生西山季通先生，大闡家傳，顯名當世。至孫曾而材賢輩出，位有至執政者。今先生之學蓋神與之徒，而定九先生又已無愧季通，是朱子所謂足以顯其親於無窮者。况孫曾之能世其業，亦既爲之兆矣。賢者有後，天其將發久閟之光，吾又烏乎量之哉？梅之家世於西安公碣詳之。

銘之曰：天官之學，實肇于談。遷述世德，嘅息周南。邵氏有古，蔡有神與。絶學將興，不其有緒。梅家之業，殆世修之。井之行惻，王且收之。我揭諸阡，汗顔縮手。昔人有言，自附不朽。

梅文鼎傳（一）〔六十七〕

文鼎，字定九，行鼎一，號勿庵。治《易經》，由郡廪生應康熙乙亥歲貢，生而英異，九歲熟五經，通史事，有神童之目。十五補博士弟子員，首拔食餼。性至孝，侍親疾，衣不解帶累月。居憂悉遵古禮，尤篤愛同氣，析分後公事皆獨任，營求葬地，以妥數代先靈。舉貸不欲均償，惟以敦本睦族爲念。遇歉歲，捐百金糴麥以濟。至掩暴骨，興祀田，無不可爲後來法式。合族請主祠政，嚴立條約，戒家訟，禁賭博，興文會，雍睦之風，駸駸日上。家廟爲溪水所囓，改建蒲干，自捐三百金，倡始斂費鳩工，多方區畫，克以告成。又搆家塾于祠後，課子姓讀書。公生平無他嗜，惟酣書籍，耄年不釋手，道經、釋典、刑名、兵法以及醫卜星命皆得其要領，而堪輿之學尤與曆筭同稱獨步。公之遨遊四方也，知交甚廣，名傾都下，與安溪李公尤善，裕親王招致詣府，備加禮數。所著《曆學疑問》，李公呈御覽，甚蒙獎許，召見龍舫三次，皆賜坐移時，賜御書扇幅『績學參微』四顔字，詳李公《恭紀》。歸田後，上猶推恩後人，召長孫内廷供奉，越數年，給假歸省，適值公病，得侍疾數月而卒。特命江寧織造曹公治喪，營葬地。公之資忠履信以進德，修詞立誠以居業，嚴整持己，動合禮法，專求自慊于心，不事暴著。卒之，名動當宁，譽流遐邇，非唯一族之光，實乃八方之表，宜子孫之食報於無窮也。實行詳傳志，所著有《勿庵文集詩集》，并曆筭數十餘種，江鎮道北鄉魏公皆已付梓。孫瑴成恭遇覃恩，貤贈奉政大夫通政使司左參議，進贈中議大夫、順天府府丞、提督學政。生明崇禎六年癸酉二月初七日亥時，殁康熙辛丑閏六月二十二日，壽登八十有九。娶南街庠生陳公士銑女，孝舅姑，和妯娌，慈僕婢，尤善教子，敬事西賓，治家不屑屑較錙銖，而條畫得宜。徵君公所以挾策四方，無内顧憂者，賴淑人之力居多。以孫貴貤贈宜人，進贈淑人，殁與公合葬田獨山達庄。生子一，以燕；女二，長適教諭宋興渡張延世子侯信，次適北門詹大全。

梅文鼎傳（二）〔六十八〕

文鼎，字定九，行鼎一，號勿庵。治《易經》，由郡廩生應康熙乙亥歲貢。生而英異，九歲熟五經，通史事，有神童之目。十五補博士弟子員，首拔食餼。性至孝，侍親疾，衣不解帶累月。居憂悉遵古禮，尤篤愛同氣，雖分析，公事獨任，經營葬地，以妥先靈。債不責均償，惟以敦睦爲念。遇歉歲，捐金糴麥，濟荒掩暴，興祀田，多爲人所難能。主祠政，扶正抑邪，嚴立規條，戒家訟，禁賭博，搆家塾，興文會，勸耕課讀，以振家聲。家廟爲溪水侵基，改建蒲干，斂費鳩工，多方區畫以成功。生平無他嗜，惟酣好書籍，耄年不釋手，經濟、理學以及諸子百家，皆得其要領，而堪輿之學與曆筭同稱獨步。四方知交甚廣，名傾都下，裕親王招致詣府，備加禮數，與相國安溪公尤善。所著《曆學疑問》，李公進呈御覽，甚蒙獎許，召見御舟三次，皆賜坐移時，賜御書扇幅『績學參微』四字，詳李公《恭紀》。歸田後，上猶推恩後人，召長孫内廷供奉，越數年，給歸省，值公病，得侍疾，數月而卒。特命江寧織造曹公治喪事，營葬地。公之進德修業，只求自信，不事表暴。卒之，名動當宁，譽傳四方，非唯一族之光，實乃八方之表，宜子孫之食報於無窮。著有《績學堂詩文集》、天文筭法書八十餘種。江鎮道北鄉魏公刻《兼濟堂曆筭全書》，後文穆公家居，重加删訂，刻《梅氏叢書》，并行於世，所著皆入《四庫全書》。累贈光禄大夫、都察院左都御史，國史列《儒林傳》，崇祀鄉賢祠。明崇禎六年癸酉二月初七日亥時生，康熙辛丑殁，壽登八十有九。娶南街庠生陳公女，孝舅姑，善教子，治家有條理，公所以挾策四方，無内顧憂也。累贈一品夫人，殁與公合葬獨山達庄。生子一，以燕；女二，長適教諭宋興渡張公延世子，次適北門詹大全。

梅文鼐傳〔六十九〕

文鼐，字和仲，行鼎二，號勉庵。英敏多能，極趾公雅愛之，遺命立公承祧。時極趾公甫卒，幼孤在襁祼，内政外務蝟集，公鎮寧静，次第畢舉，撫教幼孤有成。尤篤志苦學，通堪輿筭法，著有《五緯立成》數卷。生明崇禎十年丁丑三月二十三日亥時，殁康熙辛亥。娶石龍陳氏，殁合葬東山傍栗園岡。生子三，以旂、以旐、以熾；女三，長適南湖庠生貢師臣子允謙，次適寧邑拔貢張所勉，三適塔里庠生殷鼎子振麟。

梅文鼐傳〔七十〕

文鼐，字調公，行鼎三，勁直自處，不求合時宜。初攻制舉，後感憤時事逃於麯蘖，遇有不平，輒浮大白澆之，雅似晉人風致。生明崇禎十二年己卯六月初一日申時，殁康熙丁亥，享年六十有九。娶下西胡氏，無出，殁葬汪冲竹山。繼室華陽施氏，性温順，躬勤儉，治家嚴而和，相夫聽而婉，公之飲寒煖不以時而以情，能委曲承意，肅恭將之，是以白首相莊，終身無間，享年七十有二，殁與公合葬田獨山桐園。生子五，以寀、以栝、以槍、以桀、以窠；女二，長適華陽施及朝，次適南湖貢本端。

梅慎庵先生傳〔七十一〕

孫　詰

梅先生諱文鼏，字爾素，號慎庵，宣之谷口人。父纖瞿處士公，有學行，詳相國李文貞《墓碣》。先生與伯兄勿庵公同爲諸生，家學淵源，兄弟互相師資，名重一時。先生稟姿甚慧，所讀書過目輒成誦，作制藝不加點竄，日可得數十篇，兼詩古文詞，詩如王、孟，文則灑灑洋洋，自攄心得，未嘗依傍前人格力而氣骨自高。先人有志天官家言，微見端緒。先生與勿庵公日讀曆書，夜窺天象，剞精剔慮于其中者且數十年，蓋尤平生用心所在，雖專門名家者不能及也。先生爲人渾厚安和，不露圭角，待人以恕，接人以禮，與處者油油然不忍去。與伯兄同館文貞第中，爲所取資，文貞嘗自言之，語見文貞集。晚年家居爲宗祭酒，念家譜久未修輯，獨行訂正。宗人棋布，載筆以往，詳其生卒葬徙、懿行嘉言，編次以成完書，敦行重本，于此見一班云。享年七十有五，所著《星圖》《筆算》等書，宿遷徐用錫序而梓之。慎庵詩古文集藏于家。

贊曰：先生，先子師也。兒時見先生，不解請業。先子見背，先生又入燕京。厥後歸里，始謁先生于谷口，并得侍勿庵公左右。兩公善氣迎人，愛人以德，學問之深醇，氣味之淵古，古固有之，而目前似未有倫比。自兩公没，迄今二十餘載，如余小子髮垂垂者，亦且頹然雪白。爲念兩公，益覺山高水長，其風之不易覯于今日也，何也？

門下晚學生百拜撰

梅文鼏傳（一）〔七十二〕

文鼏，字爾素，行鼎五，號慎庵，別號雙箹，邑庠生。心坦易，氣温和，事親色養兼至，處昆季無忤。讀書慧敏，名噪藝林，屢科不售，益鑽研古學，與伯兄徵君公從事曆算，深入突窔，尤善引導生徒。其游覽四方，非積行能文之士不敢交。受知於相國安溪李公，留保定撫署數月，惟切劘學問，不以利禄攖心。每愛鈔録墳典，穎鋒捷如風雨，一日可得數十紙。詩文、四六諸製洋洋灑灑，不爲艱深滯澀，自然清麗可誦。性好睡，援筆或垂頭而鼾，舉首則筆便成文，見者驚以爲異。生平不見怒色，殆如叔度洋洋，涵洪千傾。尤念文峰家牒五十餘年未修，徵君公以祠工未竣，弗克舉行。公獨毅然擔囊扶杖，遍歷諸村落，訪問搜羅，無間寒暑。惜天不假年，未獲告成，合族悼嘆追思之。所著有《星圖》《中西經星同異考》《慎庵筆算》《幾何類求》《比例尺用法》《四書答問》《歷科易經擬題備考》《字學沿革四聲》《年號考辨惑論》等書。生明崇禎十五年壬午二月二十九日卯時，殁康熙丙申，享年七十有五。娶北門同知詹公希舜孫女，奉姑孝謹，常以不逮事舅爲恨。公病瀕危，刲股和藥秘勿言。其和妯娌、仁臧獲，戚里咸譽其淑慎。將終時，卧病累月，床褥净潔如坐化然，享年七十有一，與公合葬獨山桐園。生子四，鴻、以鵠、以鵬、以鶚；女一，適上市街庠生阮絨子維巘。

梅文鼐傳（二）〔七十三〕

文鼐，字爾素，行鼎五，號慎庵。邑庠生，坦易温和，孝友克敦，讀書慧敏，名噪藝林。詩文四六，灑灑洋洋，清麗可誦。每好抄録，筆捷如風，一日可得數十紙。屢科不售，專意古學，與伯兄徵君公從事曆算，著有《慎庵筆算》《中西經星同異考》《星圖》等書。國史《儒林傳》附勿庵公後。尤善引導生徒，生平喜笑自如，不形怒色。其知交皆四方博聞之士，受知於相國李公，留撫署數月，切劘學問。尤念家譜年久未修，公獨扶杖，歷諸村詳問搜羅，惜天不假年，未獲告成，合族追思悼歎不已。明崇禎十五年壬午二月二十九日生，康熙丙申殁，享年七十有五。娶北門同知詹公希舜孫女，奉姑孝謹，相夫承順，和妯娌，慈臧獲，戚里咸稱其淑慎。享年七十有一，與公合葬獨山桐園。生子四，鴻、以鵠、以鵬、以鶚；女一，適上市街庠生阮鉽子維獻。

贈中議大夫梅君傳〔七十四〕

張廷玉

梅君名以燕，字正謀，宣城人。父徵君，子今京兆少尹，以子貴，贈如其官。梅氏自周顯德以來居宣州，代有聞人。君曾祖某以明經爲州佐。祖某，明諸生。父文鼎，耆儒篤學，精曆律算法。康熙間大學士李文貞公薦於朝，聖祖皇帝召見行在，詢論道數凡三日，乞歸，御書『績學參微』四字賜之，天下稱爲梅徵君者也。

君少聰慧，稍長嗜學，補博士弟子，康熙癸酉登賢書，年五十二卒，士林惜之。初君弱冠即讀書刻苦，又居母喪，哀毁如成人，得羸疾，傳異人導引之術以愈，遂强力練習世務。徵君鰥居不復娶，不問家人生產。君理家政，遣兩女弟嫁。徵君葬其高曾祖妣，多稱貸金錢，不欲以累群從，君獨任之。事竣，徵君喜曰：吾無累矣。於是乃爲四方游，所至名人賢士争折節願交。安溪李文貞公尤相得歡甚，館舍徵君，或數年不歸，歸復出，而君常家居，家日以起，徵君以是久游於外，無内顧憂。君性慷慨，好施與，周人之急，鄰里有事，常爲解紛排難，人敬而信之。然亦嘗受侮，一日閉閤坐，有妄男子自外毁户入，持械瞋目太呼，欲擊君，君避匿不校，其人固君所素有恩者也，卒自慚謝，人服君之量。計偕北上不第，授徒長安數載。當是時，徵君從李文貞公於保定幕府，方薦見天子，刊所著書，君往省父。頃之南歸，乃命其子瑴成往侍徵君，曰：待而歸，吾不復治家事矣。瑴成行逾二年，君遂卒。

初，梅氏將修家廟，斂財百金，工未及舉。君卒之明年，徵君歸，視金封識如故。君既殁，而徵君亦倦遊矣。後七年，聖祖皇帝思念徵君，召瑴成入侍禁中，賜進士，由翰林改臺垣，今爲京兆少尹，能其官，每泣言曰：『瑴成蒙三朝厚恩，拔擢至此，以大父、父種德績學故，駑下無以稱任，使若吾父在，沐寵光而被知遇，豈若瑴成碌碌而已耶？』君二子，長即少尹，次玕成，庠生。女二，孫九人。康熙六十年，詔有司爲徵君營墓地，葬于達莊。瑴成奉君祔葬。

論曰：余與少尹同在朝，得見梅君行狀而述之。居家孝，臨財廉，磊磊落落，君子人也。余聞君兼通岐黄術，决死生，百不失一，何其多能哉？或以孝廉終老爲君惜，名父之子，後復有人，君處其間，亦可以無恨矣。

梅以燕傳〔七十五〕

以燕，字正謀，原字翼子，行州一，號筆佚，治《易經》，由邑庠增廣生中康熙癸酉科江寧鄉試，揀選知縣。公俊偉倜儻，博學敏贍，應童子試，輒冠軍，登賢書後益鍵户揣摩。甲戌會試，文已中式，房考以争元乙之，遂留京授徒。念徵君公年老歸養，先意承志。徵君公負當世盛名，四方願交者接踵。公一身理家政，外與諸老宿尊酒論古今得失，若燭照數計，夜則篝燈研究經史，博覽諸子百家。尤精岐黄，設藥濟人不計。直嘗自書其座曰：『濟世有心聊借藥，留春無計但栽花。』居家嚴肅，子侄侍立，不問不敢言，惟論文則委宛開導，怡然忘倦，得指示而能文者甚多。又興文會，造就後進。凡有志而貧者，必多方周給，俾得卒業。佐徵君公主祠務，出入會計，銖黍無私。有争訟，輒平心調釋之。好施與，嘗捐貲留鬻妻者數人。族中兩大支單傳，爲娶婦延嗣。有貞婦子幼，爲代輸國課數十年，從無德色。居恒文行爲郡邑大夫所推重，而持身如玉，絶無干謁。年及艾而逝，未竟所施，士論惜之。實行詳見傳志。以子穀成恭遇覃恩，初贈文林郎翰林院編修，進贈奉政大夫通政使司左參議，累贈中議大夫、順天府府丞、提督學政。生順治十一年甲午十一月二十六日酉時，殁康熙乙酉，祔葬田獨山達庄。娶東直街庠生郭公楨女，慈惠淑慎，嫻於姆教。歸公時姑已即世，獨力操家，黽勉有亡，供祭祀，禮師賓，一時翕然稱内助焉。公之亡也，適少京兆侍徵君北上，淑人哀毁幾絶，營辦棺殮，無不誠信。厥後奉養徵君公及教誨二子，孝道與義方兼摯。先是少京兆沐内召之命，淑人勉之爲國家出力。數年蒙恩，欽命歸省，值徵君公歿，淑人居喪，盡哀盡禮。服闋，京兆欲奉淑人就養京邸，淑人辭曰：『汝但能做好官，無負國恩，便是汝盡孝處。吾家居自有汝弟侍養，且汝弟醫學深得父傳，既定省無缺，藥餌足恃，汝雖遠宦，復何憂？』年届六旬，誠親王錫以額，曰『寧壽』。淑人至性孝慈，施仁積德里中，賴以舉火者甚衆，嘗自撙節以濟困乏，身膺冠帔，不殊寒素，享年七十有五。以子恭遇覃恩，封孺人，進贈宜人，累贈淑人。生子二，瑴成、玕成；女二，長適窑灣庠生，敕封文林郎翰林院編修楊琰，次適新安汪。

翰林院編修梅瑴成父母敕命一道〔七十六〕

奉天承運，皇帝制曰：　宣猷服采，中朝抒報最之忱；　錫類推恩，休命示酬庸之典。爾梅以燕乃翰林院編修梅瑴成之父，令德潛修，義方夙著。詩書啓後，用彰式穀之風；　弓冶傳家，克作教忠之則。兹以覃恩，贈爾爲文林郎翰林院編修，錫之敕命。於戲！　篤生杞梓之材，功歸庭訓；　丕焕絲綸之色，澤及泉臺。

制曰：　壼教凝祥，懋嘉猷於朝宁；　國常布惠，揚休命於庭闈。爾翰林院編修梅瑴成之母郭氏，勤慎宜家，賢明訓後。相夫以順，含内美於珩璜；　鞠子有成，樹良材於楨幹。兹以覃恩，封爾爲太孺人。於戲！　昭兹令善之聲，榮施勿替；　食爾劬勞之報，慶典攸隆。

康熙六十一年敕命之寶

翰林院編修梅瑴成并妻敕命一道〔七十七〕

奉天承運，皇帝制曰：丹地儲才，妙簡金閨之彦；木天奉職，夙推玉署之英。爾翰林院編修梅瑴成，學通載籍，品著圭璋。珥筆西清，曾預窺乎四庫；分藜東觀，雅擅譽夫三長。兹以覃恩，封爾爲文林郎，錫之敕命。於戲！掞藻稱論思之選，疏榮及清切之班。渥澤宜承，素修加勵。

制曰：丕績奏於中朝，端賴閑家之助。寵章頒乎慶典，宜分齊體之榮。爾翰林院編修梅瑴成之妻錢氏，早習女儀，克修婦職。雞鳴交儆，既砥節於素絲；蠶績執勞，用邀恩於紫綍。兹以覃恩，贈爾爲孺人。於戲！巾袿彰和順之風，鸞書誕賁；廷陛焕褒嘉之命，翟茀永貽。

制曰：臣心報國，每資賢助於中闈；婦爵從夫，必普恩施於繼室。爾翰林院編修梅瑴成之繼妻王氏，柔順嗣徽，雍和叶吉。既告虔於棗栗，洵内教之克修；堪比德於珩璜，宜朝章之式賁。兹以覃恩，封爾爲孺人。於戲！無忘象服之榮，勉副鸞書之錫。祇承寵典，益播休聲。

康熙六十一年敕命之寶

郭太宜人墓志銘〔七十八〕

魏廷珍

郭太宜人，少銀臺梅循齋先生母也。循齋之祖徵君公，余三十年前遇於上谷，因從受業焉。時循齋以諸生侍杖履，與共數晨夕者三載。後又同侍從内廷，充御前較對官，共事十年，無日不聚首，相知之深，氣味之合，有非尋常通家之誼所得同者。近數年來，余秉節鉞東南，今春奉命督漕政，而循齋持所述太宜人行實來徵墓志，始得歡然道故。余與循齋交甚久，聞太宜人懿行甚悉，安得以不文辭？

按述太宜人，宣城舊族，幼和慧端莊，嫻姆訓。歸贈公時姑已即世，太宜人佐贈公經營家事，皆有條理。徵君公性嚴整，持躬接物，悉循禮法，廣交游，座上客常滿，而太宜人能先意承志，得其歡心。贈公北上公車，授徒京師數年，太宜人獨力持家，仰事俯育，酬應周親，禮數無缺，親族長老慶贈公得内助者殆無間言。贈公賫志而殁，時循齋侍徵君公於上谷，循齋之弟尚幼，太宜人哀毁骨立，忍痛經理，殯殮無不如禮。後循齋赴召供奉内廷，賜進士，選館，給假省親，時太宜人年五十九矣，而體腴神旺，鄉黨榮之。又六年，徵君公捐館舍，太宜人悲痛號慟，一如其喪贈公時，不以年至減哀。蓋其仁孝出於至性，是以養則致其敬，祭則竭其誠，喪則盡其哀，事舅事夫，始終各盡其禮也。徵君公好行其德，見善必爲，赴義若渴，感頌者至今不衰，而要皆贈公與太宜人有以勷助之。卒之日，遠近聞者莫不流涕，豈非好善樂施浹於人心者深哉？而性尤儉約，識太體，雖身膺冠帔，不改寒素。晚年屢大病，戒勿令循齋知，恐分心，不能一意爲國家出力也。居恒惟以忠孝訓子孫，臨終諄諄勗以做好人，圖報國恩，無一語他及。神清氣定，翛然委順，謂之全受全歸，豈不信哉！

徵君公諱□□，廩貢生。受知聖祖皇帝，召對，賜『績學參微』匾額。其終也，命有司經營喪葬，葬於本鄉之達庄。贈公諱□□，癸酉舉人，敕贈文林郎翰林院編修，祔葬達庄。太宜人敕封太孺人，生於順治十四年六月二十八日，卒於雍正九年五月十六日，享年七十有五。子二，長瑴成，即循齋，乙未進士，由編修轉臺垣，歷光禄寺少卿，陞通政司參議；次玗成，邑庠生。女二，長適生員楊琰，次適處士汪善。孫男六，孫女七。葬於其鄉之某原，銘曰：

源遠流長，冲和陰陽。吉人之藏，子孫其昌。

賜進士及第光禄大夫兵部尚書總督漕運署理兩江總督年通家眷世弟魏廷珍頓首拜撰

經筵講官都察院左都御史謚文穆梅公行狀〔七十九〕

趙青藜

公諱瑴成，字玉汝，一字循齋，宣城千秋鄉人。幼渾默端重，祖徵君特異之，每指公語孝廉公曰：『大吾學者，必長孫也。』甫七歲，授之算，一日而乘除具方。

康熙乙酉，徵君之召見於德州也，公實奉孝廉公命侍徵君。於時徵君之名重天下，安溪相國李文貞公加敬禮，文貞公子孝廉鍾倫與景州魏大司空廷珍、交河王少宗伯蘭生、晉江陳宫詹萬策、宿遷徐侍讀用錫、河間王助教之鋭皆執贄師事徵君，與公交相得甚歡，莫不重公之學行。徵君既召見，忽遘疾日劇，幾殆。而孝廉公凶問適至，公既得孝廉公問，强忍痛痻，不敢使徵君知。竊哀毁啜粥，隻身侍湯藥，晝夜不脱冠帶百餘日。逾年，徵君病且愈，歸宣城，知孝廉公殁，嘆公孝不去口。

當是時，徵君教行於其族，視族萬衆如一家。公飭躬勵行，外佐徵君理族衆，内奉養母郭太夫人，讀書教弟，泊然無仕進志，如是者幾八年。壬辰，聖祖用泰州宫諭陳厚耀薦，特召公。公既直内廷供奉，出入左右，聖祖以爲樸忠。數年校對《朱子全書》《周易》《性理》，與天子相質難，如師弟子，間論天下風俗利病、古今治亂得失，至深夜撤御前燭，小黄門遞傳送啓宫門出以爲常。聖祖曰：『梅瑴成固能承其祖學者。』御書三大字顔其堂，曰承學。甫應召未數月，賜監生，應順天試。明年癸巳，賜舉人。又明年乙未，賜進士，入翰林，未散館，授編修職。公初入内廷，諸公貴人知天子意眷注公，争欲致公出門下。公輒遜謝，與諸公貴人處介介，和謹不阿，諸公益欽慕。知公奉詔出，各遣使邀致公，公數移居杜門，訖不知公所在。公自始進，挺特狷介，深厚不皦皦自表襮，固如此。

聖祖賜公舉人之後一月，特詔修樂律曆算書，命公主曆算。曆學自明中葉聚訟久，聖祖親研求講習數十年，盡澈其底藴，欲爲書發微繼絶詔萬世，顧難其人。既已召見徵君，重其學，尤嘉賞所著《曆學疑問》，惜其老不得用時時勞問，故一聞公名即召公。公既少習徵君之傳，入内廷，得讀中秘書，又日承聖祖口講指授，融貫洞澈，神化無不到。

當是時，聖祖詔開館大内蒙養齋，親王董之。取天下能算者數十人隸蒙養齋，測日星，考驗較算，定諸根；分遣官浙、江、閩、蜀、嶺南，測日影、月食，定諸差。内府給筆札，大官具食，尚衣授衣，榮寵無比。公於時積勞勩，病百出，羸甚，聖祖日遣醫賜珍藥，公病少間即力疾起，推曆運算不少怠。每立説設例，輒數易稿，其爲書不憚數往復，期人人可通解。凡躔離朓朒交會，其本原所未抉，五緯伏見遲留之故，前人所未發，無不闡釋窮幽極微，間見層出奇論，創獲不可思議。圖表錯迕，洞若觀火，摘謬指誤，不待轉瞬，衆以爲神。數年成《數理精藴》《曆象考成》各如干卷，每篇成，聖祖未嘗不稱善，同館數十人無不推服。大興何宗伯國宗、蒙古明監正安圖，時皆稱精于算，朝夕共事，皆精敏神悟，然皆仰成於公，至見公所爲，皆斂手，自以爲遠不及。

公之入翰林，適《律吕正義》成，聖祖命賜徵君書，即命公奉書歸。又七年辛丑，《數理精藴》成，時徵君年八十九矣。公於時既屢乞歸省，聖祖憐之，又賜徵君《數理精藴》書，又命公奉以歸。歸至家數日，徵君病，病逾月卒。公慟哭幾絶，曰：『微上恩，吾幾不獲侍湯藥。』含斂事聞，聖祖命江寧織造某營喪葬，畢事命赴闕。

明年壬寅冬，世宗憲皇帝嗣位。世宗在藩邸固知公廉退勤恪，盡力於王事。嗣位，公進見即稱善。未幾，命甄别翰林，長白徐文定公元夢、高安朱文端公軾，皆亟稱公人品學問殊異，列一等留館。於時公兼充國史館、實録、會典、典訓、武英殿、《明史》各館纂修官。公自内召後，歷三朝五十年，事關涉曆算無不與，累充增修時憲算書館、通書館總裁官，總管算學。洎爲鴻臚卿，出翰林，例不爲纂修官，大臣以公專門名家，善記事，得史法，國史天文、時憲志必非公不能修，敦請公。公辭不獲，已受書，却月俸，成《天文志》七卷，《時憲志》八卷。

丁未充會試同考官，己酉改御史，補江南道。世宗方憂南北漕務之弊，設御史巡察，特命公與張公鱗甲往通州。當是時，通州漕務之弊尤甚，倉塲衙門舍人數十，及各倉監督、胥吏、豪猾，上下狼狽爲奸，利虐旗丁，旗丁至逾年不得歸。米露積河岸，居民肆偷竊，旗丁愁痛莫訴。公至，申條約，明賞罰，視事之數日，杖其尤狡桀者械於道。老奸宿偷人人自疑懼，所在如公身臨而親察焉。三月末，抵通州，九月復命，倉外無粒米，河無滯舟，舟有餘財。是時巡察初設草創，未遑議關防、薪俸，廨署無吏役。公既奉命出約舉家盡粥食，括奉餘。行抵通州，却厨傳，僦民舍居，親繕寫，批、判無大小親爲之。張公故公同年，友敬愛公，惟公所欲爲者，公創令造憲，從容裕如。倉塲侍郎望風嚴畏，各監督俯首貼服，旗丁踴躍鼓舞，輸運惟恐後，宿弊頓盡。世宗以爲能，命繼事者取法焉。

庚戌轉掌山西道監察御史，七月署掌京畿道監察御史。辛亥補工科給事中，命稽察儲濟倉。未一月，授光禄寺少卿，仍稽察儲濟倉如故。又月餘，轉通政司右參議，人人皆以爲天子方大用公矣。後二月，丁母太夫人憂以歸。服除，補通政司左參議。

今天子嗣位，見九卿參議，於九卿中班最後，上視公奏名畢，目送之，曰『文人學士』。元年丙辰十月，進順天府府丞，甫提調武闈畢，未月餘，用前任事降調去，府尹陳公守創奏曰：府丞某忠實廉幹，某任府丞未久，府丞職無不理，府丞實非某不克勝。天子允其請，復府丞任。初，通政司劾某鎮某揑填本批，先皇帝命會刑部訊。時果親王攝刑部，刑部故遷怒通政司，拘通政司官吏，恣拷掠無忌，同官互嗟嘆，無如何。公即手具疏，合同官劾刑部鍛鍊不法。疏既上，遷府丞去。上於時方宅憂，命總理王大臣覆審，事得釋。王大臣以公劾刑部語過當，故議公降調也。

公既復府丞任，益感激奮勵。府丞佐大京兆，主文教爲職，公入學，顧學博士嘆曰：『順天王畿首善，今不能盛文學、先四方，四方士占學額且盡，土著日陋敝，責將誰歸？』月朔望，則集諸生申儆之，捐俸錢，興義學，時招諸生徒前，親與爲講解誘勵。將府試，遴廩保，懲貪倖，請託盡絶。衆噤不得展布，媒權貴恫怵公百方，公持益堅。既府試，將扃門，兩邑大夫士拜堂下，合詞謝曰：『公真能禁冒籍。今冒籍真廓清絶跡，今土著人人願子弟學，子弟皆烝烝願就學，皆荷公賜，敬謝公。』公既興義學，義學生舉鄉試、禮部試，連數科不絶，生徒百數十人，無淪滯者。然公竟以是取怒於衆士，衆譁於京師。戊午冬，吏部議御史失察武生頂替并及公，遂降調去職。

公前後在府丞任，任不滿三載。值今天子新即位，加恩增鄉、會試，府丞職提調順天文武試暨翻譯大小考試，凡考試内外事，皆府丞提調，公於是凡九提調試事。公爲人警敏，寬禮以勤，未事豫規畫，條理井井，事既就，不尸其名。故人樂爲用，爲公用無不盡力者。每提調，廨署溝道、號舍薪水，無巨細無不親閲，器具無不親驗，肉葅菜羹，食無不精潔。自主試及考試士，下至謄録、對讀、號役，寢食無不得其分。今兩廣總督蘇公於時爲御史，監鄉試事，嘆服，謂人曰：『吾屢奉命監試事，未嘗見如梅公者。吾每監試，人率譏吾苛訐好事，如梅公，吾讚誦不置，吾何言。』蘇公遂由此與公定交。大京兆陳公之乞留公也，具疏至宫門。諸大臣知陳公保留公府丞，率舉手稱陳公能知人，爲陳公賀，陳公時述之以自喜。及是公去位，滿洲、蒙古、漢軍，大興、宛平大夫士，乞留公者數百人。

明年，借補光禄寺少卿。又二年辛酉，補鴻臚卿。又四年乙丑，由鴻臚卿補通政司右通政。未二月，進宗人府府丞，命稽察右翼宗學。又二年丁卯，進都察院左副都御史，稽察宗學如故。

公之任鴻臚卿也，真人張遇隆率其徒請朝，公曰：『真人，道流也，安得朝？』叱之去，復來，持禮部牒，固請朝。於是公拜疏言：『真人不當朝，請敕禮部議。』禮部議：正一真人，康熙初誥封光禄大夫世襲者。公曰：『光禄大夫，崇階也；世襲，異數也。所以旌殊勳、勸天下，必不以加異端左道。異端左道不能力屏絶，乃尊寵優異之，必非制。』欲疏駁禮部議，顧非職中止。至是佐憲府，會國家修《會典》，釐百度，奏曰：『孔子大聖，後裔襲公爵，顔、曾、孟大賢，襲不過博士，然儒林不勝其榮者，何也？尊賢有等差，故名器重也。真人異端何功，能膺極封且世襲？』上曰：『所奏是，下大學士會禮部議。』是時，高郵冢宰王文肅公方爲禮部尚書，力主持如公請，繳真人銀印、誥軸，給張氏世五品職，令約束龍虎山，道士禁入朝自此始。

先是，兼管鴻臚寺，大臣輒以賄取序班。序班列天子殿陛，掌朝儀章服，榮寵殊等。惰游士榮其名，且利序班之可以免歲試也，競自赴鴻臚寺具呈，包苴請託無不至。公曰：『序班，官也，安得無常員？冗濫且序班缺，例行文直隸、山東、西、河南學政舉送，安得自具呈長奔競？』疏奏，詔下禮部議。時禮臣則兼管鴻臚寺大臣也，如公奏定額，仍不禁自具呈。公曰：『吾職也，吾敢因禮部奏？』遂默已。復疏論，天子以爲骨鯁，硃批如所請。禁生員不得自具呈入序班由此始。

公前後章奏累數十，多施行，公所言務廣宣天子恩意實政，請升祀有子於堂；議耗羨歸公，請不入奏銷；請免追舉人未會試盤纏。皆敕部議，報可。請敕法司奉行赦詔；請免米豆税，除關税積弊；請敕禮部禁止搶宴。皆報可。前後在憲府覈經學，糾山東撫臣某擅殺，糾廣西提臣某怠玩，糾浙江按察司某草菅人命，糾科臣某貪濫，宗室某暴横，皆報可。其餘隨事論奏多報可，語多故不載。

戊辰充殿試讀卷官，後二月，命馳驛赴浙讞某獄。未啓行，進刑部右侍郎，即赴浙。初某官某爲浙學政樊某子，生員某死其幕非命。樊某老且獨訟於官，官輒抑置不理，故樊某遠訟於京師。公至浙，務持大體，既獄，具無遁情，亦無苛詞。樊某感悟痛哭，伏地謝不能起，浙人以爲平。

公自入翰林，改御史，巍然負天下望，日講求當世實學要務，隨所職施設，於刑獄尤兢兢。初補江南道，會刑部議某獄，刑部私撫臣某，骫法如所奏。公執法抗言曰：『撫臣議實非是，天子法誰敢以爲私？』左副都御史謝王寵亟稱善，曰：『御史議是也。』時謝公已如刑部議署題，亟自泚筆毁所署。移刑部，刑部不能屈，如公議駁正。

既讞浙獄畢，歸刑部視事，曰：『吾奉天子命，佐大司寇理生人大命，吾敢不哀敬，敢自逸？』閲讞牘無寒暑。問情罪或未協，窮日夜究索，辨証反復，辨益力於是。大司寇方疾惡甚，每爲公故，不得已黜己見從公議，至每見公輒相稱曰『仁人！仁人！』

制每仲冬決囚，少司寇一人監縛囚。諸徒隸索囚金，恣威力，恒摺傷囚。己巳冬，公蒞事，戒諸曹謹監視，無傷囚。既決獄畢，諸緩決囚，歸如未縛者。翌日，上見公問曰：『視縛囚，意哀之乎？』公謝曰：

『如聖主言，臣愚誠不能無心哀。』因具奏縛囚狀。有間，復奏曰：『囚誠當決罪至死，止無必先戕囚。且囚當決，上猶矜囚生，姑緩決囚。法吏乃恣威力，戕傷囚，使囚幾死囹圄中。臣不才，蒙恩佐司寇，誠不忍奉法吏刻深溢法外，負聖主德意不下，究致斯人懷痛無所告。』上曰『善』，稱嘆久之。

明年庚午秋，天子以都察院議吏部某案持兩端，巽軟不稱職，罷左都御史某，特拜公都察院左都御史。當是時，上方有事於中岳，命未下，京師諸大臣私相論，孰可爲左都御史者，人人屬意公。及命下，果公也，人人歡悦震悚。

公既總憲府，自以爲不世遇，凛凛持風紀，爲六科十五道倡。選剛黜柔，奬勤勵懦，務在舉職不苟全才，六科十五道用人人自鼓厲，重申臺規，修廢舉墜，肅清班聯，平反庶獄，刺舉豪横，擊斷奸猾，遠邇肅然。

明年辛未，充殿試讀卷官。又明年壬申，補經筵講官。又明年冬，致仕。總憲府凡四年，際國家郅隆，天子仁聖，日召見諸公卿大臣，問民生疾苦、國家政治失得，疑獄大政輒下九卿集朝堂會議。公每進見，對揚竭誠，不事隱飾，一心王家，不避嫌怨，見善必陳，天子屢嘉嘆稱善。每會議，齋祓莅位，侃侃謂，辭達理盡。或勸公無近争，宜爲同。公曰：『吾布衣荷三朝恩，主上不以臣迂庸棄臣，使承乏長憲府，吾豈敢事争辨？吾獨恨智慮短淺，不能贊化理萬一，負聖主知。』當是時，士大夫稱當世老成宿望，必亟稱梅總憲，梅總憲之名著於朝野。

初，大理少卿某奏諸大臣議事輒兩議，傷政體，諸大臣由是不兩議久。公因進見上，面奏『請復往制。執兩端，用中，舜所以稱大知也』。上曰『然』。公出，即降旨，如公請。

公致仕前數月，御史某奏請釐選法，請吏、兵兩部選官後，盡所選文案移科道察核。詔會議。吏部議御史奏：『不便。不可行。如議官，日令科道各一人會選司議，即有弊并科道坐，便可行。』公獨執不可，固争曰：『必如是，將箝科道口，名釐弊，弊必且益滋。』既屢會議莫决，公遂定稿兩議。持月餘，吏部諸大臣竟自寢所議不行也。

公鄉自前明詹公沂，暨張公綸，暨國朝公族父錞，暨公，凡四都御史。前二公皆清節矯矯著一世。公族父錞負重名，康熙間與即墨郭公琇、海康陳公璸齊名，并稱『天下清官第一』。公踵武媲美，後先輝映，名實不少讓。荷聖天子恩遇，諸公卿大臣和衷敬禮，公直躬蹇蹇，不擇剛柔吐茹。天子終知公無私，繡衣豸服，歸老邱園，明良一德，尤前數公所不及。

始致仕辭闕，天子召見嘉勞，賜文綺。丁丑，幸江南，賜硯、賜墨刻璽饌文綺、賜食俸，如在官時。壬午南巡，詔曰：『梅瑴成家計清素可念，賜子鈋舉人，俾一體會試。』幸江寧，賜文綺珍饌，賜詩，一時争傳誦，稱天子敬大臣，念舊。誦上詩至稱公『無欲有精神』『閉門惟教子，下榻不延賓』，無賢愚，無不稱天子聖智，知公之深乃如此也。

公立朝孤立無所依，性廉約，自奉尤儉。方巡漕倉場，某密詗之，久無所得，怒其屬。其屬曰：『御史特儉約甚，日食特葱一束、苦麻菜一束，清苦無可詗，無如何。』倉場大驚，嗟嘆失色。辛未夏，上集廷臣議鹽政，顧廷臣曰：『利所在疇，能無競心？若來保，若梅瑴成，朕能信之無其事并無其心，朕能信之。』公素節爲上所篤信嘉賞如此。

既致仕，歸益貧，盡宣城舊田廬畀弟侄，挈家居江寧陋巷敝居，愉夷自得。今冢宰桂林陳公過之，稱嘆，即鳩徒爲修治營葺。公固敬愛陳公，陳公既爲公治居第，公亦受之弗辭也。

公生於康熙辛酉四月二日，薨於乾隆癸未十月十六日，春秋八十三。上聞，命禮部賜祭葬如制，命賜謚，謚文穆，恩禮隆渥，終始不衰。公家固巨族，公髫齔承令緒紹祖，若考業，立朝莅官，有本有末。起諸生，侍禁近，官京卿三十年。今天子驟柄用貳秋官，掌御史臺，齋明委蛇，終始一致，事上應物，表裏無間，不悻悻直，不爲依阿。當官而行，隨職效績，所歷職舉，所去人思。質行懿美，稱於宗鄉；義聲治行，重乎僚友。天下無知不知，莫不以爲梅公巨人碩德。禔躬御家，制節謹度。行介而通，氣和而清。左圖右書，終日端坐，既耄不倦。處貴益恭，秩尊譽崇，齒高福備。徵君之聲，不墜愈光。

公著文集如干卷，詩集如干卷，奏議集如干卷；删訂《算法統宗》如干卷，《柳下舊聞》如干卷，《三朝恩遇記》四卷，《預囑》一卷；校刊徵君曆算書如干卷，詩文集各如干卷；纂輯《徵君家訓》一卷。

賜進士出身致仕山東道監察御史前翰林院編修紀録六次門生趙青藜謹狀

皇帝賜故經筵講官都察院左都御史謚文穆梅瑴成碑文〔八十〕

朕惟秉憲攸司，臣子效靖共之職；大年用享，國家崇紀美之文。蓋謨猷克著於生前，斯恩禮載酬於身後。爰稽令典，用建豐碑。爾原任都察院左都御史梅瑴成，家傳絶學，人號通材。窺七政於璣衡，決九章於掌握。早上春官之第，旋莅蓬池；近窺中秘之書，時親香案。始緣内史，洊歷黄門。由禄寺以升華，入銀臺而參議。繼遷右秩，漸陟清卿。爾惟克著通明，祇承德意。有嘉謨而入告，夙夜惟寅；綜八柄以持衡，紀綱俱肅。晉司邦禁，擢掌刑曹。嘉石平民，方迴翔於西掖；青驄首路，遂冠冕於南臺。迨江左懸車，已十年之解組；廼淮東扶杖，尚千里而迎鑾。朕喜彼康强，嘉其悃款，錫兹貢舉，宜爾後人。方期永駐，頽齡庶春明之再覲；何意奄歸，長夜遽遺疏之驚聞。既賛庶績於當年，宜備殊榮於此日。雕筵賜奠，砥石錫華，申命禮官，謚曰文穆。嗚呼！緬皇祖之舊臣，前型是軫；眷中朝之耆碩，奕祀如新。昭兹綸綍之垂，載焕松楸之色。靈其綿邈，式是欽承！

乾隆二十九年月日

梅瑴成傳〔八十二〕

瑴成，字玉汝，行一，號循齋，治《易經》，邑庠生。康熙壬辰，蒙召供奉内廷，欽賜監生，御前較對《周易折中》等書。癸巳，欽賜舉人，彙編《御製律曆淵源》。乙未，欽賜進士，選庶常，給假省親，授職編修。賜第於宣武門外之日南坊，改授江南道監察御史掌山西道事，轉工科給事中，特陞光禄寺少卿、通政司參議、順天府府丞、提督學政。於編修任内，特簡纂修《明史》，兼實録、國史、會典、典訓各館纂修。三膺考試貢監吏元之任，充丁未會試同考官。於臺垣任内欽命巡察通州漕船，稽察儲濟倉。於府丞任内充增修時憲、算書館總裁，屢次提調丙辰、丁巳、戊午順天文武暨八旗翻譯各鄉試。《會典》《明史》告成，議叙各加一級。恭遇覃恩，初封文林郎，晉封中議大夫。生康熙二十年辛酉四月初二日亥時。娶魯墨錢公九成女，敕贈孺人。繼娶水東吴公申公女，生女二，誥贈淑人。繼娶太倉王公紫中女，誥封淑人，性慧敏，描刺織紝外，於《内則》《女孝經》諸書咸解大義，身居官署，心念庭闈，切切然以不克常侍慈姑爲憾，吴淑人遺二女，視如己出，兒息滿前，教育罔分嫡庶，閨閣難之，惜四十而卒，生子三，鈖、延齡、長齡，女一。側室徐氏生子三，鉽長、遐齡、彭齡。共子六，女三，長適河南道御史湯村施公雲翔孫世功，次適福泉縣知縣胡公振子太學生驊先，三字原任工部侍郎大興何公國宗子元保。

始遷金陵第一世梅瑴成傳〔八十二〕

瑴成，字玉汝，行一，號循齋。治《易經》，宣城縣庠生。康熙壬辰，蒙召供奉内廷，欽賜監生，御前校對《周易折衷》等書，悉心檢勘，無晷刻休。癸巳，賜舉人，彙編《御製律書（曆）淵源》，卷帙浩繁，爲功尤鉅。乙未，賜進士，選庶常，給假省親，授職編修，賜第於宣武門外之日南坊。改授江南道監察御史掌山西道事，轉工科給事中，歷光禄寺少卿、通政司參議、順天府府丞、提督學政、鴻臚寺卿、刑部右侍郎、經筵講官、都察院左都御史，所歷皆有聲，誥授光禄大夫。公沈毅寡欲，恒自念山野諸生受聖祖特達之知，時懼無以報稱。一生不知榮利，不知禍患，無聲華游燕之樂，無玩好耳目之娱，惟盡職奉公，求無歉於心，無餘於力。在朝數十年，莫非兢業刻勵之日也。精誠上達，歷事三聖，并以清潔見知，叠被恩榮，蕭然不異寒素。致仕南歸，見舊村人多屋少，難以復居，乃卜遷江寧陋巷一椽，閉門寂守，圖書自適而已。

高宗純皇帝南巡，公迎鑾至清江浦，恩賜御製詩云：『無欲有精神，趨迎清浦濱。閉門惟教子，下榻不延賓。能駐西山日，引恬江國春。推恩緣念舊，皇祖内廷臣。』恩諭稠叠，且有『家世清素』之褒，并賜『承學堂』匾額。

公著作皆自訂，詩文不欲付梓，刻有奏疏一卷。算術有《赤水遺珍》《操縵卮言》二卷，附《叢書》。後又增删《算法統宗》十一卷、《柳下舊聞》十六卷。生於康熙二十年辛酉四月初二日亥時，薨於乾隆二十八年癸未十月十六日未時，享壽八十有三。上聞，命禮部賜祭葬如制，賜謚文穆，崇祀鄉賢。行實詳趙公青藜《行狀》，國史列大臣傳，江寧府吕志流寓人物傳。葬句容縣射烏廟基隆山，午山子向兼丁未，神道碑坊右峙東向，咸豐六年毁於粤寇之亂，同治十三年，玄孫纘高重建。左峙舊有山神碑一座，亦毁於賊。光緒五年，於亂草之中覓有遺砌，因仍如舊式重立。山上舊有大樹萬株，亂后僅於山西窪存大松樹二十五株、墓前存大楓樹一株外，新發之樹雖有數千株，大小不齊，尚難計數。其山縱廣計大畝百畝，墳主王姓經理五十畝，餘五十畝則山北射烏廟僧經理。射烏廟西畔舊建屋三楹一厦，門前有古柏一株，爲上冢休止之所，咸豐六年毁於粤寇之亂，屋宇全無，尚存門額，顔曰『舊栢庵』，長洲彭尚書啓豐所書并序刊焉。娶魯墨錢公九成女；繼娶水東吴公申公女，葬查村橋；繼娶太倉王公紫中女，皆累贈一品夫人。王夫人性敏慧，描刺織紝外，於《内則》《女孝經》諸書咸解大義。身居官署，心念庭闈，切切然以不克常侍慈姑爲憾。吴夫人遺二女，視如己出。兒媳滿前，教育罔分嫡庶，閨閤難之。惜四十而卒，葬小鳳形雁塔橋。三夫人皆先公卒，故仍葬宣城。側室徐氏，勑封孺人，晉封安人，葬句容縣胄王山之東，申山寅向兼庚甲，墳山向歸山上竹賢蕩僧經理。三夫人暨安人生卒年月無考。子六，鈖、鉁、鏐，王夫人出；鉽、鈁、鋮，徐安人出。女三，一適河南道湯村施公雲翔孫世功，一適福泉縣知縣涇縣胡公振公子太學生驊先，吴夫人出；一適工部侍郎大興何公國宗子元保，王夫人出。

注釋

〔一〕《宣城梅氏算法叢書·方程論》，乾隆元年鵬翮堂藏板，日本東京國立公文書館藏。

〔二〕《宣城梅氏算法叢書·方程論》，乾隆元年鵬翮堂藏板，日本東京國立公文書館藏。

〔三〕兼濟堂本《曆算全書》内《方程論》。

〔四〕《筆算》，康熙刻本，日本東京國立公文書館、美國國會圖書館、清華大學圖書館藏。

〔五〕魯之裕《式馨堂文集》卷八，康熙至乾隆間刻本，《清代詩文集彙編》第二一七册，上海：上海古籍出版社二〇一〇年版，頁一〇三。本書所引《清代詩文集彙編》均同此版本，後不再注。

〔六〕兼濟堂本《曆算全書》内《度算釋例》。

〔七〕兼濟堂本《曆算全書》内《度算釋例》。

〔八〕此序載於兼濟堂本《曆算全書》，《績學堂文鈔》卷五亦載此序，但文字多有差别。

〔九〕《宣城梅氏算法叢書》，乾隆元年鵬翮堂藏板，日本東京國立公文書館藏。

〔十〕梅瑴成《兼濟堂曆算書刊繆》，乾隆刻本，湖北省圖書館古籍部藏。抄本，日本東京國立公文書館藏。

〔十一〕《梅氏曆算全書》乾隆十四年（己巳，一七四九）補修本末頁。

〔十二〕《梅氏曆算全書》咸豐九年（一八五九）聞妙香室補印本卷首。

〔十三〕《梅氏叢書輯要》光緒二年（一八七六）頤園重刊本卷首。

〔十四〕《梅氏叢書輯要》光緒二年（一八七六）頤園重刊本卷末。

〔十五〕萬斯同《石園文集》卷七，民國二十五年張氏約園刻《四明叢書》第四集本，《清代詩文集彙編》第一六一册，頁五三三—五三四。

〔十六〕朱書《杜溪文稿》卷一，乾隆元年梨雲閣刻本，《清代詩文集珍本叢刊》第一八三册，北京：國家圖書館出版社二〇一七年版，頁五七—六八。

〔十七〕徐用錫《圭美堂集》卷二十三，乾隆十三年刻本，頁一八—二〇，《清代詩文集彙編》第二〇〇册，頁六三二—六三三。

〔十八〕潘天成《鐵廬集》卷二，《景印文淵閣四庫全書》第一三二三册，集部第二六二册，臺北：臺灣商務印書館一九八六年版，頁五六二。

〔十九〕潘天成《鐵廬外集》卷一，《景印文淵閣四庫全書》第一三二三册，集部第二六二册，頁五七一—五七四。

〔二十〕潘天成《鐵廬外集》卷一，頁一—一二，《景印文淵閣四庫全書》第一三二三册，集部二六二册，頁五七一—五七六。

〔二十一〕潘天成《鐵廬外集》卷一，《景印文淵閣四庫全書》第一三二三册，集部第二六二册，頁五七六—五七八。

〔二十二〕曹溶《静惕堂詩集》卷二十六，雍正三年李維鈞刻本，《清代詩文集彙編》第四十五册，頁四二〇。

〔二十三〕曹溶《静惕堂詩集》卷三十八，雍正三年李維鈞刻本，《清代詩文集彙編》第四十五册，頁五三五。

〔二十四〕曹溶《静惕堂詩集》卷三十八，雍正三年李維鈞刻本，《清代詩文集彙編》第四十五册，頁五三六—五三七。

〔二十五〕施閏章《施愚山先生學餘詩集》卷三十，康熙四十七年刻本，《清代詩文集彙編》第六十七册，頁四七四。

〔二十六〕梅清《天延閣贈言集》卷四，康熙刻本，《清代詩文集彙編》第八十五册，頁五二二。

〔二十七〕袁啓旭《中江紀年詩集》卷三，光緒十七年紫蘭書屋重刻活字印本，《清代詩文集彙編》第一七二册，頁三七九。

〔二十八〕袁啓旭《中江紀年詩集》卷三，光緒十七年紫蘭書屋重刻活字印本，《清代詩文集彙編》第一七二册，頁三六四。

〔二十九〕袁啓旭《中江紀年詩集》卷三，光緒十七年紫蘭書屋重刻活字印本，《清代詩文集彙編》第一七二册，頁三七八。

〔三十〕吴苑《北黔山人詩》卷五，康熙刻本，《四庫禁燬書叢刊》集部第四十六册，北京：北京出版社一九九七年版，頁六六五—六六六。亦見《績學堂詩鈔》卷三《贈吴胥巘二首》《送胥巘歸黄山兼寄懷謝象新》，字句略有不同。

〔三十一〕這三首詩亦見《績學堂詩鈔》卷三，但個别文字有異。

〔三十二〕吴苑《北黔山人詩》卷五，康熙刻本，《四庫禁燬書叢刊》集部第四十六册，北京：北京出版社一九九七年版，頁六六六。

〔三十三〕方中通《陪集》卷五，康熙刻本，《清代詩文集彙編》第一三三册，頁一一六。

〔三十四〕方中通《陪集》卷五，康熙刻本，《清代詩文集彙編》第一三三册，頁一一六。

〔三十五〕方中通《續陪》卷二，康熙刻本，《清代詩文集彙編》第一三三册，頁一九七。

〔三十六〕方中通《續陪》卷四，康熙刻本，《清代詩文集彙編》第一三三册，頁二二〇。

〔三十七〕吴肅公《街南續集》卷七，康熙程士琦、程士璋刻本，《清代詩文集彙編》第一〇一册，頁二五二。

〔三十八〕方象瑛《健松齋集》卷十二，康熙刻本，《清代詩文集彙編》第一二八册，頁一九四。

〔三十九〕毛際可《安序堂文鈔》卷十七，康熙刻後復增修本，《清代詩文集彙編》第一三〇册，頁五一三。

〔四十〕王士禛《帶經堂集》卷五十四，康熙四十九至五十年程哲七略書堂刻本，《清代詩文集彙編》第一三四册，頁四六六。

〔四十一〕朱昆田《笛漁小稿》卷六，民國涵芬樓影印康熙五十三年刻本，《清代詩文集彙編》第一八一册，頁五六八。

〔四十二〕梁份《懷葛堂文集》，雍正刻民國補抄本，《清代詩文集彙編》第一五八册，頁八六—八七。

〔四十三〕朱彝尊《曝書亭集》卷六十一，民國涵芬樓影印清康熙五十三年刻本，《清代詩文集彙編》第一一六册，頁四七一。

〔四十四〕曹貞吉《鴻爪集》，康熙刻安丘曹氏家集九種本，《清代詩文集彙編》第一三三册，頁三八七—三八八。此詩作於丁卯（一六八七）年，參見《績學堂詩鈔》卷三。

〔四十五〕查嗣瑮《查浦詩鈔》卷七，康熙六十一年刻本，《清代詩文集彙編》第一八六册，頁五五八—五五九。

〔四十六〕劉青藜《高陽山人詩集》卷十七，康熙四十九年襄城劉氏傳經堂刻本，《清代詩文集彙編》第二一〇册，頁六一八。

〔四十七〕成文昭《謨觴詩二集》卷二，康熙刻增修本，《四庫未收書輯刊》第八輯第二十六册，北京：北京出版社二〇〇〇年版，頁四四四。

〔四十八〕先著《之溪老生集》卷五，清刻本，《清代詩文集彙編》第一八二册，頁七十三。

〔四十九〕先著《之溪老生集》卷五，清刻本，《清代詩文集彙編》第一八二册，頁七十五。

〔五十〕先著《之溪老生集》卷七，清刻本，《清代詩文集彙編》第一八二册，頁一〇一。

〔五十一〕先著《之溪老生集》卷八，清刻本，《清代詩文集彙編》第一八二册，頁一一二。

〔五十二〕曹寅《楝亭詩鈔》卷六，康熙刻本，《清代詩文集彙編》第二〇一册，頁四〇九。是詩作於一七〇八年。

〔五十三〕陳廷敬《午亭文編》卷七，康熙四十七年林佶寫刻本，《清代詩文集彙編》第一五三册，頁七十三—七十四。

〔五十四〕查嗣瑮《查浦詩鈔》卷九，康熙六十一年刻本，《清代詩文集彙編》第一八六册，頁五八五。

〔五十五〕揆叙《益戒堂詩後集》卷六，雍正二年謙牧堂刻本，《清代詩文集彙編》第二三六册，頁二七三。

〔五十六〕劉巖《大山詩集》，宣統二年寂園叢書鉛印本，《清代詩文集彙編》第一七八册，頁五十二。

〔五十七〕方正瑗《連理山人詩鈔》，金石集卷四，乾隆刻本，《清代詩文集彙編》第三一三册，頁一九九。

〔五十八〕周在建《近思堂詩》，康熙刻本，《清代詩文集彙編》第一九四册，頁六三八。

〔五十九〕魯之裕《式馨堂詩前集》卷七，康熙至乾隆間刻本，《清代詩文集彙編》第二一七册，頁二八八。

〔六十〕魯之裕《式馨堂詩前集》卷八，康熙至乾隆間刻本，《清代詩文集彙編》第二一七册，頁二八九。

〔六十一〕汪沆《槐塘詩稿》卷五，頁六，乾隆五十一年刻本，《清代詩文集彙編》第三〇一册。

〔六十二〕國家圖書館藏乾隆抄本《曉庵遺書》附録。

〔六十三〕潘耒《遂初堂文集》卷五，康熙刻本，《清代詩文集彙編》第一七〇册，頁三〇〇—三〇一。

〔六十四〕潘耒《遂初堂文集》卷七，康熙刻本，《清代詩文集彙編》第一七〇册，頁三三四—三三五。

〔六十五〕戴名世《潛虚先生文集》卷四，光緒十八年活字印本，《清代詩文集彙編》第一八五册，頁八二—八三。

〔六十六〕李光地《榕村續集》卷五，道光七年刻本，頁一六—一八，《清代詩文集彙編》第一六〇册，頁六〇五—六〇六。

〔六十七〕《文峰梅氏宗譜》卷四，頁八十七，乾隆七年刻本。

〔六十八〕《文峰梅氏宗谱》卷六，頁九十至九十一，光緒十八年木活字本，法國戴廷杰先生提供。

〔六十九〕《文峰梅氏宗譜》卷四，頁八十八，乾隆七年刻本。

〔七十〕《文峰梅氏宗譜》卷四，頁八十七至八十八，乾隆七年刻本。

〔七十一〕《文峰梅氏宗譜》卷十，頁一百三，乾隆七年刻本。

〔七十二〕《文峰梅氏宗譜》卷四，頁八十八，乾隆七年刻本。

〔七十三〕《文峰梅氏宗譜》卷六，頁九十一—九十二，光緒十八年木活字本，戴廷杰先生提供。

〔七十四〕張廷玉《澄懷園文存》卷十一，光緒十七年張紹文刻本，頁九—十一，《清代詩文集彙編》第二二九册，頁四五八—四五九。

〔七十五〕《文峰梅氏宗譜》卷五，頁一百三—一百四，乾隆七年刻本。

〔七十六〕《文峰梅氏宗譜》卷九，頁又四十四，乾隆七年刻本。

〔七十七〕《文峰梅氏宗譜》卷九，頁又四十四—四十五，乾隆七年刻本。

〔七十八〕《文峰梅氏宗譜》卷十，頁一百七十—一百七十一，乾隆七年刻本。

〔七十九〕《金陵梅氏支譜》卷七，頁一—十二，光緒十一年木活字本。亦載《文峰梅氏宗譜》卷十六，页一〇三—一百十五，光緒十八年木活字本。

〔八十〕《文峰梅氏宗譜》卷首，页五，光緒十八年木活字本。

〔八十一〕《文峰梅氏宗譜》卷六，页九十五—九十六，乾隆七年刻本。

〔八十二〕《金陵梅氏支譜》卷二，頁一—三，光緒十一年木活字本。

梅文鼎全集

附録二　梅文鼎年譜

李儼　編
韓琦　訂補

序

《梅文鼎年譜》始修於一九二五年，曾發表於《清華學報》二卷二期，一九二八年收入《中算史論叢》（一）。近年繼續搜求史料，於一九四六年將《梅文鼎年譜補録》發表於前《中央日報》『文史周刊』第十四期和十五期。錢寶琮、商鴻逵先生各另編有年譜。錢寶琮《梅勿庵先生年譜》載於一九三二年一月《國立浙江大學季刊》一卷一期内，商鴻逵《梅定九年譜》載於一九三三年十一月北京《中法大學月刊》一卷一號内。兹參照上述資料，並據嚴敦傑最近續收各條，重加整理彙編，以便參考。

其明清之際，西算逐年輸入中國事蹟，則另文匯記，不復列於此年譜内。同時國中算學家著述大略，和曆算大事，附記另行的，都冠單圈爲志。

一九五三年十月記於蘭州

此《梅文鼎年譜》在李儼先生所作原譜（一九五五）基礎上，參考了李先生在《中算史論叢》（三）所作的親筆批註。此次發表，依據新見史料增補了相關條目，並訂正和删節了原譜中個别錯誤史實，重新核實了引用文獻，特此説明。

韓琦謹識

梅文鼎年譜

李儼編　韓琦訂補

明崇禎六年癸酉（一六三三）　**梅文鼎**[一]**一歲**

是年夏曆二月初七日亥時，梅文鼎生於安徽宣城。[二]

梅文鼎祖瑞祚（一五六九—一六五四），號懸符。父士昌（一六〇三—一六五八），一作世昌，號纖畊，字期生，又字大千。明亡，隱居，治《易》《春秋》。士昌正妻鮑氏，妾胡氏、陳氏，見《梅氏宗譜》。梅文鼎庶出，母胡氏。[三]

崇禎七年甲戌（一六三四）　**二歲**

是年明朝以李天經（一五七九—一六五九）[四]繼徐光啓（一五六二—一六三三）[五]督修曆法。是年成《曆書》六十一卷，前後共成書一百三十七卷內有一架，一折並稱卷。《明史·藝文志》作一百二十六卷，即《崇禎曆書》。

崇禎十四年辛巳（一六四一）　**九歲**

文鼎仲弟文鼐、[六]季弟文鼏[七]都通數學。文鼏是年生。[八]

文鼎兒時侍父士昌及塾師羅王賓，仰觀星氣，輒了然於次舍運旋大意。〔九〕文鼎九歲熟五經，通史事，有神童之目。〔十〕

清順治元年甲申（一六四四）　**十二歲**

是年受業於石龍陳明卿和陳蜚伯。〔十一〕是年陝西王徵（一五七一—一六四四）死。王徵有《奇器圖說》三卷，天啟七年（一六二七）刻於揚州，又有《額辣濟亞牖造諸器圖說》一卷一六四〇年自序。〔十二〕後來梅文鼎《勿庵曆算書目》『奇器補詮』條稱：『若關中王公徵《奇器圖說》所述引重轉水諸製，竝有裨於民生日用，而又本諸西人重學以明其意，可謂有用之學矣。』

順治三年丙戌（一六四六）　**十四歲**

是年入學。據梅文鼎《先王父研銘》序稱：『已而鼎泮游，時年十四。』《績學堂文鈔》卷六。

順治四年丁亥（一六四七）　**十五歲**

文鼎是年補博士弟子員。〔十三〕

順治五年戊子（一六四八）　**十六歲**

是年同時名算家薛鳳祚（一五九九／一六〇〇—一六八〇）始撰《天步真原》。〔十四〕

順治九年壬辰（一六五二）　**二十歲**

一六五二至一六五三年，穆尼閣（Johannes Nikolaus Smogulecki 一六一〇—一六五六）在南京期間，曾向薛鳳祚、方中通（一六三四—一六九八）傳授歐洲曆算知識。方中通有詩『喜遇薛儀甫同受西洋穆先生曆算』記其事：『參差看七政，不解古今疑。共道天難問，誰云日可追。偶因同調至，得與異人期。我欲方平子，山中造渾儀。』方中通《陪集·陪詩》卷一。方中通一六五三至一六五六年隨父親方以智在南京。韓琦補。

順治十一年甲午（一六五四）　**二十二歲**

是年文鼎祖父瑞祚死，年八十六《績學堂文鈔》卷六《先王父研銘》序。是年文鼎子以燕生，文鼎妻陳氏。〔十五〕

順治十六年己亥（一六五九）　**二十七歲**

遂安毛際可（一六三三—一七〇八）《梅先生傳》稱：『文鼎年二十七，師事前代逸民竹冠道士倪（正）觀湖字方公，宣城人，受麻孟璿所藏《臺官（通軌）》《（大統曆算）交食法》，即爲訂補注釋，成《曆學駢枝》四卷，竹冠嘆服，以爲智過於師云。』〔十六〕

是年李長茂自序《算海説詳》九卷，梅文鼎《勿庵曆算書目》曾記録是書。〔十七〕

順治十八年辛丑（一六六一）　**二十九歲**

文鼎稱是年『始從同里倪（正）竹冠先生受《（大統曆算）交食（法）》《（臺官）通軌》，歸與文鼐、文鼏兩弟習之，稍稍發明其所以立法之故，並爲訂其訛誤，補其遺缺，得（《曆學駢枝》）書二卷〔十八〕，以質倪師，頗爲之首肯，自此遂益有學曆之志。』〔十九〕

是年方中通作《數度衍》凡例〔二十〕，以後編成二十五卷。〔二十一〕　文鼎作《方程論》，曾就質於方中通。〔二十二〕　是年，方中通序《數度衍》。　韓琦補。

康熙元年壬寅（一六六二）　**三十歲**

是年成《曆學駢枝》四卷，自序於陵陽之東樓。〔二十三〕

梅文鼎《曆學駢枝》康熙元年序稱：　壬寅之夏，獲從竹冠倪先生受《臺官通軌》《大統曆算交食法》。〔二十四〕

梅文鼎序《中西經星同異考》稱：　『蓋自束髮受經於先君子，塾師羅王賓先生往往於課餘晚步時指示以三垣列舍之狀，余小子自是知星之可識，而天爲動物。尋以從事制義，未遑精究，然心竊好之。不幸先君子見背，營求葬地，不暇以他爲。無何余小子忽忽年近三十……』〔二十五〕。

是年揭暄（一六一三—一六九五）到桐城訪問方中通，『留月餘，相與論難』，成《揭方問答》，方中通出示《數度衍》《數度衍》揭暄序。　韓琦補。

康熙二年癸卯（一六六三）　**三十一歲**

是年同時名算家王錫闡（一六二八—一六八二）始撰《曉庵新法》六卷。〔二十六〕

康熙三年甲辰（一六六四）　**三十二歲**

梅文鼎甲辰《方田通法序》稱：『客歲之冬，從竹冠先生飲令弟樂翁所，得觀先生《捷田歌括》，離奇出没……今年春，里中有事履畝，或見問桐陵〔二十七〕法，遂出斯編相質，命曰《方田通法》云。』〔二十八〕仲弟文鼐入城讀書，送之以序。是年冬纂修家譜。〔二十九〕

康熙五年丙午（一六六六）　**三十四歲**

是年秋在南京。按梅文鼎《書鈔本〈星度〉後》稱：『丙午秋余在金陵，收得俞氏書肆中刻本，内有星圖，各繫以入宿去極之度。』

是年，德國耶穌會士湯若望（Adam Schall von Bell 一五九二—一六六六）去世。方中通曾與湯若望有來往，其詩『與西洋湯道未先生論曆法』曰：『千年逢午會，百道盡文明依邵子元會運世推算，正逢午會，萬法當明。漢法推平子，唐僧重一行先生崇禎時已入中國，所刊曆法故名《崇禎曆書》，與家君交最善，家君亦精天學，出世後絶口不談。有書何異域，好學總同情。因感先生意，中懷日夕傾予所得穆先生火星法最捷，故相質論。』方中通《陪集·陪詩》卷二。韓琦補。

康熙六年丁未（一六六七）　**三十五歲**

溧陽潘天成（一六五四—一七二七）到宣城訪問梅文鼎《鐵廬集》卷二《哭先師勿庵梅先生》，天成學天官於宜興吴學録，學曆算於梅文鼎，學史於桐城方中發，論兵於江西揭暄，論道於白鹿洞湯來賀《鐵廬集》卷首。

韓琦補。

康熙八年己酉（一六六九）　**三十七歲**

是年作詩有『同倪（正）觀湖先生登柏梘山絶頂望仙人臺』之語《績學堂詩鈔》卷一。文鼎稱：『憶歲己酉桐城方（中通）位伯言籌算之善，然未見其書。無何家澹如兄至自都門，有所攜算籌一握，而缺算例，余爲補之。澹如大喜，因問余曰：能易之以直寫，不更便乎？子彦侄亦以爲然，遂如言作之，凡三易稿而後成。』〔三十〕

康熙十年辛亥（一六七一）　**三十九歲**

方以智來書徵文鼎所著象數之書《績學堂詩鈔》卷一。按方以智字密之，桐城人，是年冬死去。

康熙十一年壬子（一六七二）　**四十歲**

妻陳氏死，更不復娶。〔三十一〕

《方程論》六卷，成於是年之冬。〔三十二〕《方程論》有潘耒序《遂初堂集》卷七。潘耒（一六四六—一七〇八）字次耕，號稼堂，吴江人，《清代學者象傳》有傳。〔三十三〕潘耒又爲張雍敬《宣城遊學記》撰序。

按《中西經星同異考》序稱：『年近三十，始從倪正觀湖先生受臺官《通軌》《（大統曆）算交食法》……如是者凡數年……而（文鼐）和仲已前卒久矣。』〔三十四〕。

康熙十二年癸丑（一六七三）　**四十一歲**

『康熙癸丑，宣城施副使閏章（一六一八—一六八三）[三十五]總裁郡邑之志，以分野一門相屬，《郡邑志》所刻，皆其稿也。』[三十六]

是年成『《寧國府志分野稿》一卷已刻《志》中。康熙癸丑奉同侍講施愚山先生纂修郡乘，諸友人咸以此項見屬，因具録歷代宿度分宫之同異，及各種分野之法，皆以諸書爲徵』。是年又成『《宣城縣志分野稿》一卷已刻《志》中，大體同府志』。[三十七]

施愚山《文集》卷七有《梅定九詩序》，未題年月。[三十八]是年文鼎有悼方以智的詩作《浮山大師哀辭》。

是年吴雲爲方中通《數度衍》作序；又曾爲梅文鼎《方程論》作序。韓琦補。

康熙十三年甲寅（一六七四）　**四十二歲**

《方程論》六卷，是年之夏乃寫成帙。[三十九]同時黄虞稷（一六二九—一六九一）、方中通、王若先、蔡璿曾鈔副墨。[四十]『昆山徐揚貢明府、檇李曹秋岳侍郎、姚江黄黎洲徵君頗加鑒賞，厥後吴江潘稼堂太史尤深擊節。』《方程論》發凡。韓琦補。

是年，南懷仁《靈臺儀象志》序刊。韓琦補。

康熙十四年乙卯（一六七五）　四十三歲

文鼎自乙卯年僑寓金陵《績學堂文鈔》卷一《與劉望之書》。韓琦補。

文鼎嘗從金陵顧昭借鈔穆尼閣《天步真原》（一六四八）〔四十一〕及薛鳳祚《天學會通》（一六六四），迄未獲交薛氏。乙卯晤馬德稱（儒驥）諸君，始知其刻書南都，則薛氏歸已久。〔四十二〕

是年文鼎始購得《（崇禎）曆書》於吴門姚氏，偶缺是《（比例規）解》。〔四十三〕

『勿庵揆日器一卷，乙卯年偶爲斯制』。〔四十四〕

梅庚〔四十五〕《績學堂詩鈔》序稱：『（應鄉試）得泰西曆算書盈尺，窮日夜不舍。』文鼎以前學習舊法，以後學習西洋新法。

梅文鼎自稱：『（乙）卯（丙）辰間，與（方中通）同客秦淮八月。』《績學堂詩鈔》卷二。

方中通見『梅定九新置測天諸器奇絶』，賦詩曰：『木晷銅儀可互加，何勞郯子嘆雲霞。日從落後還求次，歲到年來已盡差。袖裏客攜天在手，山中人以曆傳家。一從親見張平子，羞道圖書足五車。』方中通《陪集》卷五。韓琦補。暫繫此年。

陸隴其（一六三〇—一六九二）在北京，訪利類思（Lodovico Buglio 一六〇六—一六八二）。〔四十六〕

是年，邱維屏序揭暄《璿璣遺述》。韓琦補。

康熙十五年丙辰（一六七六）　四十四歲

是年在南京。

陳訏，字言揚，浙江海寧人，陳世仁叔父，是年跟黄宗羲學『籌算開方法』，所著《句股引蒙》五卷，有一七二二年刻本，收入《四庫全書》。韓琦補。

康熙十六年丁巳（一六七七）　**四十五歲**

是年尚在南京。按丁卯（一六八七）年方中通與梅定九書稱：『目不睹足下者十年於兹。……初遇晤金陵者四。』〔四十七〕

康熙十七年戊午（一六七八）　**四十六歲**

是年（施閏章）愚山侍講欲偕之入都，不果。〔四十八〕

文鼎『初購《（崇禎）曆書》，佚此卷即《比例規解》，戊午黄（虞稷）俞邰（一六一八—一六八三）太史爲借到皖江劉潛柱先生本，乃鈔得之，頗多訛缺，殊不易讀。蓋攜之行笈，半年而通其指趣。』〔四十九〕『戊午秋，介亡友黄俞邰太史虞稷借到皖江劉潛柱先生本（《比例規解》），抄補之。蓋逾時而後能通其條貫，以是正其訛闕。』〔五十〕

『古算書載程大位《算法統宗》（一五九二）者，惟劉徽《九章》尚有宋版。鼎嘗於黄俞邰處見其《方田》一章，算書中此爲最古。』〔五十一〕

是年九月梅文鼎自序所著《籌算》二卷。〔五十二〕

是年秋，梅文鼎與梅庚晤方中通；是年梅庚遊燕《續學堂詩鈔》卷二。韓琦補。

康熙十八年己未（一六七九） 四十七歲

文鼎稱：『己未愚山奉命纂修《明史》，寄書相訊，欲余爲曆志屬稿。而余方應臬台金長真先生之召，授經官署，因作此即《曆志贅言》一卷寄之。』〔五十三〕

文鼎《曆學新説鈔》序：『憶戊午己未間，某曾作《曆志贅言》……己巳入都，史局諸公以曆志相商，屬有他編，未竟厥叙，然惟黄梨洲先生改本，即湯潛庵先生原本，頗載世子曆議數則，稍見大意。』《續學堂文鈔》卷二。韓琦補。

『己未與山陰友人何奕美言測算之理，爲作渾蓋地盤。而苦乏銅工，爰作此璿璣尺以代天盤。』〔五十四〕

『己未始爲山陰友人何奕美作尺，亦稍以己意增損推廣之，而未暇爲立假如。』〔五十五〕

康熙十九年庚申（一六八〇） 四十八歲

是年春偶遊南京，下榻於蔡璣璣先之觀行堂，病痔四閱月，冬始由南京歸里《續學堂文鈔》卷三《〈病餘雜著〉序》，韓琦補注。是年蔡璣爲梅文鼎所著《中西算學通》作序，題『康熙庚申石城同學弟蔡璣璣先識。』〔五十六〕同時方中通亦爲《中西算學通》作序。〔五十七〕

同時名流題及《中西算學通》的，有王士禛（一六三四—一七一一）的《説部精華》卷六『《中西算學通》』條，稱：『梅文鼎字定九，宣城諸生也，著《中西算學通》若干卷。梅精於曆學，嘗合七十餘家，著《曆學通考》，亦今之異人也。』〔五十八〕又劉紀莊（一六四八—一六九五）《廣陽雜記》卷三稱：『我友梅定九，中華算學無有過之者，著有《中西算學通》一種，凡若干卷。易泰西横行之術爲直行籌，甚簡明也。』

按《中西算學通》一書亦作《中西算法通》，乾隆元年（一七三六）《江南通志》卷一九二即作《中西算法通》。又沈吉齋，道光辛丑（一八四一）傳鈔倪氏帶經樓鈔本《梅氏叢書》，引《中西算學通》次序：（一）籌算，（二）筆算，（三）度算，（四）比例算，（五）幾何摘要，（六）三角法，（七）方程，（八）勾股測量，（九）九數。〔五十九〕

文鼎稱：『表景生於日軌之高下，而日軌又因於里差，獨四省者陝西、河南、北直、江南也。……或當初衹此四處耶？然其中亦有傳訛之處，庚申歲，余養屙白下，西域友人馬德稱儒驥以此致詢。遂爲訂定，並附用法，以補其缺。』〔六十〕

文鼎又稱：『歲庚申晤桐城方素伯中履中通三弟，見鼎所作度算尺，驚問曰：君何從得此？蓋家兄方中通久欲爲此而未能。履遊豫章，拾得遺本，寄之，乃明厥制耳。』〔六十一〕

是年夏，文鼎晤方田伯、素北於南京長幹寺《績學堂詩鈔》卷二。韓琦補。

『梅文鼎、薛鳳祚本不相聞知。』〔六十二〕是年因『汪發若先生燦作宰緇川，托致一書，而薛鳳祚方病革，遂未奉其回示。』〔六十三〕

是年文鼎有《寄懷青州薛儀甫先生》詩《績學堂詩鈔》卷二。

是年，與梁份、魏禧、黄虞稷、陳周、蔡璿等泛舟秦淮《績學堂詩鈔》卷二。韓琦補。

康熙二十年辛酉（一六八一）　四十九歲

是年夏曆四月初二日亥時，長孫瑴成生。〔六十四〕

杜知耕〔六十五〕是年著《數學鑰》六卷，又作《幾何論約》七卷（一七〇〇）。梅文鼎稱：『杜知耕端甫《數學鑰》圖注《九章》，頗中肯綮。』〔六十六〕梅文鼎著《方程論》，曾和杜知耕、孔興泰〔六十七〕、袁士龍〔六十八〕共相質正，因重加繕録，以爲定本。

康熙二十一年壬戌（一六八二）　五十歲

是年九月十八日王錫闡死，年五十五。〔六十九〕文鼎引爲憾事。《勿庵曆算書目》稱：『吴江王寅旭先生錫闡，深明曆術，著撰極富。初太史潘稼堂先生耒爲鼎稱述之。……鼎嘗評近代曆學以吴江爲最，識解在青州薛鳳祚以上，惜乎不能蚤知其人，與之極論此事。稼堂屢相期訂，欲盡致王書，屬余爲之圖注，以發其義類，而皆成虚約，生平之一憾事也。』〔七十〕

《籌算》七卷，梅定九先生著，『康熙□□□年蔡璣先刻於金陵，後江常鎮道魏公荔彤重刻於《曆算全書》内』。〔七十一〕文鼎稱：『友人蔡璣先見而悦之，爲雕版於金陵』。〔七十二〕『金陵文學蔡君璣先璽，於康熙二十□年，首刻《籌算》於金陵。』〔七十三〕『蔡璽字璣先，江寧人，從文鼎學算，爲刻《中西算學通》。』〔七十四〕按施閏章子施彦恪徵刻《曆算全書》啟，亦稱『惟昔璣先蔡子首鋟《籌算》於白門』，〔七十五〕觀此則梅氏算籍見於刻本的，《籌算》爲最先，時在康熙二十年以後。

是年長夏述《輕重比例三綫法》。〔七十六〕

是年嘉興徐發撰《天元曆理全書》十二卷內原理六卷，考古四卷，定法二卷刊成書名題《天文曆理大全》。按《天元曆理全書》原理卷五：原數係論算學。按徐發字圃臣，是徐善（一六三一—一六九一）之兄。《天元曆理全書》發自識云：『乃相與楊檔爲功者，則陳獻可藎謨、王寅旭錫闡、胡次史公裔，家季敬可善，及門姚乾二東明諸君，皆於曆理素嫻者云。』

康熙二十二年癸亥（一六八三）　**五十一歲**

是年再參加纂修《府志》。因《梅節母行略》云：『癸丑（一六七三）、癸亥兩修郡志。』是年八月病《續學堂詩鈔》卷二。

張潮山來（一六五〇—約一七〇九）是年自序所著《虞初新志》卷六《黄履莊小傳》附《奇器目略》稱：『張山來曰：泰西人巧思百倍中華，豈天地靈秀之氣，獨鍾厚彼方耶？予友梅子定九，吴子師郜，皆能通乎其術。』

康熙二十三年甲子（一六八四）　**五十二歲**

是年冬在南京。《送袁士旦啓旭歸蕪湖序》稱：『余癖嗜曆學，刻有《中西算學通》，詩文家迂而畏之，不以寓目，顧袁子獨好焉。』〔七十七〕

文鼎稱：『康熙甲子制府于成龍（一六一八—一六八四）〔七十八〕公檄修《（江南）通志》，鼎以事辭，未往。

皖江太史陳默公先生焯，專函致書，以江南分野稿見商，介家叔瞿山（梅）清（一六二三—一六九七）督促至再。余方病瘧小愈，力疾爲之删潤，頗費經營，無何，默翁亦辭志局矣。聊存茲稿。』〔七十九〕即《江南通志》内《分野擬稿》一卷。

《道古堂文集·梅文鼎傳》於康熙癸丑（一六七三）句下稱：『明年制府于成龍檄修《通志》，亦以《分野》相屬，力疾成稿，而志局易人，（稿）存於家。』〔八十〕實係誤記。

是年自序《弧三角舉要》於柏梘山中。〔八十一〕

康熙二十五年丙寅（一六八六）　**五十四歲**

潘耒序《方程論》稱：『吾邑有隱君子曰王寅旭先生，深明曆理，兼通中西之學，余少嘗問曆焉。〔八十二〕……今寅旭亡久矣。余遍行天下，求彷彿其人者而不可得。歲丙寅過宣城，始得梅子。』〔八十三〕

是年四月到太平縣寧國府屬遊黃山《續學堂詩鈔》卷三。

潘耒《題梅定九飲酒讀書圖》二首《遂初堂集》卷六《近遊草》；吴肅公（一六二六—一六九九）、方象瑛（一六三二—?）、方中通也曾爲《飲酒讀書圖》題記《街南續集》卷七、《健松齋集》卷十二、《續陪》卷四。韓琦補。

康熙二十六年丁卯（一六八七）　**五十五歲**

文鼎《方程論》校刻緣起稱：『歲丁卯薄遊錢塘，同里阮于岳鴻臚付貲授梓，屬以理裝北上，未遂殺青。』〔八十四〕又《勿庵曆算書目》稱：『初，稼堂即潘耒賞余此書即《方程論》，阮副憲于岳爲付刻貲，而余未

及焉。嘉魚明府李安卿鼎徵〔八十五〕乃刻於泉州。』〔八十六〕

是年仲冬去杭州，作賈鼎玉詩序《績學堂文鈔》卷三。是年方中通有與梅定九書。〔八十七〕《勿庵曆算書目》《西國月日考》條注云：『嘗於武林遇殷鐸德即殷鐸澤（Prosper Intorcetta 一六二五—一六九六）。〔八十八〕言彼國月日，又與齋日互異。』又於《西國月日考》説到『康熙戊辰（一六八八）瞻禮單』，則遇殷鐸澤當在康熙乙卯（一六八七）或戊辰年（一六八八）。

是年，順德楊文貴德爵刊方中通《數度衍》。曹貞吉詢問文鼎談天官家言曹貞吉《鴻爪集》，《績學堂詩鈔》卷三。韓琦補。

潘天成『聞宣城梅勿庵先生名，振衣上謁。二十年後，梅先生設帳安慶，受業稱弟子。』《鐵廬集》卷首，年譜康熙六年條。韓琦補。

杜知耕，字端甫，號伯瞿，河南柘城人，是年中舉。一六八一年著《數學鑰》六卷，一七〇〇年著《幾何論約》七卷，前者注釋《九章算術》，後者注釋《幾何原本》，兩書均收入《四庫全書》。是年，黃百家（一六四三—一七〇九）字主一，餘姚人抵京，參與《明史》的編纂，後從安多（Antoine Thomas 一六四四—一七〇九）接受哥白尼學説，著有《句股矩測解原》二卷，收入《四庫全書》，又著有《籌算》，未刻。韓琦補。

康熙二十七年戊辰（一六八八）　**五十六歲**

毛際可稱：『曩者歲在戊辰，余與梅定九先生晤於西湖。遂傾蓋定交，日載酒賦詩，余爲題其《飲酒讀書圖》而别。』〔八十九〕梅文鼎序《中西經星同異考》稱：『歲在戊辰，余歸自武林。武林友人張慎碩忱能製西器……余乃依歲差考定平儀所用大星，屬碩忱施之渾蓋，而屬吾弟爲作《恒星》《黄赤》二星圖。』〔九十〕

康熙二十八年己巳（一六八九）　五十七歲

是年二月廿七日，李光地扈從康熙南巡，在南京觀測老人星。韓琦補。

是年以訪南懷仁（Ferdinand Verbiest　一六二三—一六八八），到北京《績學堂文鈔》卷二《〈經星同異考〉序》，韓琦補注，時南已死，因獲交李光地（一六四二—一七一八）。〔九十一〕

按梅㲉成序李光地《曆象本要》（一七四二）稱：『先徵君文鼎於康熙己巳至都門，主家侍郎桐崖先生。公聞而先之，且設館焉。』〔九十二〕李光地《榕村語録續集》〔九十三〕卷十六稱：『梅定老客予家，見其無一刻暇，雖無事時掩户一室中如伏氣，無非思曆算之事。算學中國竟絶，自定老作九種書《籌算》《筆算》《度算》《三角形》《比例法》《方程論》《勾股測量》《算法存古》《幾何摘要》，而古法竟可復還三代之舊，此間代奇人也。曆書有六十餘本，不能刻，七十二家之曆，無不窮其源流而論之，可謂集大成者矣。』

『李文貞公……與顧亭林、梅勿庵二先生遊，通律算、音韻之學。』〔九十四〕梅文鼎在北京續遇無錫顧景范祖禹（一六二四—一六八〇）、嘉禾朱竹坨彝尊（一六二九—一七〇九）、嘉禾徐敬可善（一六三一—一六九一）、淮河閻百詩若璩（一六三六—一七〇四）、寧波萬季野斯同（一六三八—一七〇二）、北直劉紀莊獻廷（一六四八—

一六九五)。〔九十五〕『又得中州孔林宗學博、杜端甫孝廉、錢塘袁惠子文學共相質正，乃重加繕録，以爲定本《方程論》。』《方程論》發凡。韓琦補。

文鼎在京時，也與戴名世相交戴名世《潛虛先生文集》卷四，韓琦補。

是年文鼎『始從嘉禾徐敬可善鈔得其王錫闡《圜解》一卷，爲之訂其缺誤。』又續讀其《測食》諸稿，《曆法書》二卷，並其所定《大統法》及《三辰儀晷》。加以討論，成《王寅旭書補注》。〔九十六〕

在北京成《明史曆志擬稿》三卷〔九十七〕，手自步算，凡篝燈不寢者二月。黄宗羲(一六一〇—一六九五)次子百家於此時從問曆法。〔九十八〕

方苞(一六六八—一七四九)作文鼎《墓表》稱：『劉輝祖嘗與同舍館，告苞曰：吾每寐，覺漏鼓四五下，梅君猶篝燈夜誦，昧爽則已興矣。』〔九十九〕

是年與廣昌揭暄通訊，摘録其所寄《寫天新語》草稿，成《寫天新語鈔存》一卷。〔一〇〇〕揭暄寄文鼎『《圖論》，亦本西人之法。』《績學堂文鈔》卷二《《圜解》序》。韓琦補。

揭暄《璿璣遺述》卷五『曆理當知』條内稱：『余於寫天言及占驗，輒大施距辟，以張禁令。不意得定九《勿庵集》，更加詳明，未免敲殘。』按梅文鼎有《寫天新語鈔存》一卷。上所云云當指此書。

北京中國科學院圖書館前人文科學圖書館藏有鈔本『《明史曆志》二卷。餘姚來史黄百家纂』，有學林堂、燕喜堂、蟫盦諸印記。首云：『自古聖人致治，曆數爲先。然大易之義，取象乎革。歷代推驗，未有久而不變者。』和今本《明史》不同。按《勿庵曆算書目》『《明史曆志擬稿》』條，引梨洲季子主一百家稿云云，當即此書。

是年梅文鼎館李光地家。按李光地曾問算於梅文鼎。又文鼎在李館亦不僅研算學。《榕村語録續集》卷十六：『某李光地自稱天資極鈍，向曾學籌算於潘次耕，渠性急，某不懂。今得梅先生和緩善誘方得明白。』又記：『定九先生云孟子如此嚴厲。』又『定九先生云：或行一不義，殺一不辜……』又卷十八：『定九先生云柳州封建論。』

康熙二十九年庚午（一六九〇）　五十八歲

是年潘耒序文鼎所著《方程論》。〔一〇一〕

梅文鼎稱：『庚午晤陸隴其先生於京邸。出所藏靈壽縣朱仲福《折中曆法》示余。余受而讀之，則摘録鄭端清世子載堉書也。……當正其名曰《曆學新説鈔》。』據《績學堂文鈔》，《書陸稼書先生誄言後》陸隴其《三魚堂日記》亦稱『庚午七月二十四日萬季野斯同同宣城梅定九名文鼎來，梅長於曆法』云。

梅文鼎自言：『庚午臘月既望，晤遠西安先生，談及算數，云量田可以不用履畝。』〔一〇二〕梅文鼎所稱安先生，當係安多，時安在北京，和徐日昇（Tomás Pereira　一六四五—一七〇八）、張誠（Jean-François Gerbillon　一六五四—一七〇七）、白晉（Joachim Bouvet　一六五六—一七三〇）等輪流到内廷，以清語授清帝以量法等西學。〔一〇三〕

安多爲此編譯了算術、代數學著作《算法纂要總綱》《借根方算法》《算法原本》等書，張誠和白晉編譯了《幾何原本》，這些書後來成爲《數理精蘊》的基礎。韓琦補。

王士禛『招梅定九並題寫真梅精律曆，著《中西算學通》：齊人漫説談天衍，漢代虚傳洛下閎。欲向百泉聞絶學，小車花下待先生。』《帶經堂集》卷五十四。韓琦補。暫繫此年。

康熙三十年辛未（一六九一）　**五十九歲**

陸隴其《三魚堂日記》續稱：辛未正月『初六，從梅定九借鄭世子《曆學新説》。』又稱：三月『十三，會萬季野斯同言《明史·曆志》，吴志伊纂修者，今付梅定九重修。』又稱：九月『十五，至天津會梅定九，言李厚庵家教子弟，先讀九經，然後學舉業文字。又言本朝言曆者有吴江王寅旭，其曆法高於陳獻可（一六三〇—一六九二）』。

『鼎徵辛未春在都門，謁見先生，語次偶嘆方程爲絶學。先生賞其知言，出此以授，再拜如獲拱璧，遂請歸閩中而梓之。』李鼎徵《方程論》序。同年李鼎徵晤别文鼎《續學堂文鈔》卷一《寄李安卿孝廉書》。韓琦補。

是年夏，『移榻於中街李光地寓邸，始克爲之。……如是數月，得稿三十餘篇，授徒直沽，又陸續成其半。』〔一〇四〕

是年與滄州老儒劉介錫同客天津。〔一〇五〕

『梅文鼎（一六三三—一七二一）他唯讀了徐光啓譯的六卷本《幾何原本》，便寫了一部《幾何補編》四卷（一六九二）。根據黄金分割理分中末綫補了許多有關四等面體、八等面體、二十等面體、十二等面體的定理，大部分和《幾何原本》第十三卷到第十五卷各定理相同。他説：「言西學者以《幾何》爲第一義，而傳衹六卷，其有所秘耶？……《幾何》六卷言理分中末綫，爲用甚廣，其義引而未發，故雖有此綫，莫適所用，疑之者十餘年。辛未歲（一六九一）養病山阿，遊心算學……反復推求，了無疑滯，始信幾何諸法，可以理解，而彼之秘爲神授，及吾之屏爲異學者，皆非得其平也。」他用六種方法來求理分中末綫，其中有一法，和一八五〇年英國劍橋大學的試題相似。』〔一〇六〕

《績學堂文鈔》卷五《書徐敬可〈圜解〉序後》云：『憶庚午人日（一六九〇年二月十五日），鈔得王寅旭先生《圜解》，中有錯簡，而無令序……時余入都未久，欲稍需之，屬有他務，遂不果。逮明年，得黄俞邰太史書，則敬可亦溘然逝矣。』是年徐善死。

是年四月廿九，陸隴其往見李光地，李言顧寧人之韻書、梅定九之曆書，皆從前所未有。〔一〇七〕

辛未、壬申間，方苞在京師，文鼎以東林、復社事相質《望溪先生全集》卷五。韓琦補。

康熙三十一年壬申（一六九二）　**六十歲**

文鼎稱：『劉文學介錫，滄州老儒也，頗留心象數。辛未、壬申與余同客天津，承有所問，並據曆法正理告之。』成《答劉文學問天象》一卷。〔一〇八〕

壬申春月，文鼎偶見館童屈篾爲燈，詫其爲有法之形。因以《測量全義》〔一〇九〕《幾何原本》〔一一〇〕量體諸率，考其根源，成《幾何補編》四卷。〔一一一〕文鼎稱：『歲壬申，余在都門，有三韓林□□寄訊楊時可

及丁令調，屬問四乘方、十乘方法，因稍爲推演，至十二乘方，亦有條而不紊，』成《少廣拾遺》一卷。〔一一二〕

文鼎稱：『嘗見（吴敬）《九章比類》（一四五〇）〔一一三〕、（周述學）《曆宗算會》（一五五八）〔一一四〕、（程大位）《算法統宗》（一五九二），俱載有開方作法本原之圖即巴斯噶三角形，而僅及五乘……《同文算指》（一六一三）〔一一五〕稍變其圖，具七乘方算法。……《西鏡録》演其圖爲十乘方。……康熙壬申，余在都門，有友人傳遠問，屬詢四乘方、十乘方法。』〔一一六〕文鼎又稱：『《西鏡録》不知誰作，然其書當在《天學初函》之後知者……寫本殊多魯魚，因稍爲之訂。』〔一一七〕

《竹汀先生日記鈔》稱：『李尚之鋭（一七七三—一八一七）得歐邏巴《西鏡録》鈔本，中有鼎按數條，蓋勿庵手跡也。』〔一一八〕北京大學圖書館發現的歐邏巴《西鏡録》是焦循鈔本，係李盛鐸舊藏本。此書曾經梅文鼎校過。書前有焦循（一七六三—一八二〇）序。原文已見《雕菰集》，書後題嘉慶五年庚申（一八〇〇）冬十一月江都焦循録於武林節署。《西鏡録》全書共四十四頁不包括蔣友仁《地球圖説》，用紫陽書院課題紙鈔寫半頁十行，行二十五字。

錢大昕題記全文在卷後如下：『尚之文學於吴市得此册，中有鼎按數條，蓋梅勿庵先生手跡也。《西鏡録》不見於《天學初函》，亦無撰人名氏。唯梅氏書中屢見之。梅所著書目中有《西鏡録訂注》一卷，今已失傳，此殆其初稿與？嘉慶庚申（一八〇〇）十月七日丙辰錢大昕記。』

文鼎所按數條，第一、二、三、四、五條在『金法』之後，稱：

（一）『鼎按：此在衰分自有本法。甲一衰，乙二衰，丙六衰，並得九衰爲法，以除二千七百，得三百爲甲數，二乘之得乙，六百六乘之得丙一千八百。』（二）『鼎按：五乘一百三十二是六百六十，非六十六也。雖法實各降一位，未嘗不合，然非所以明算理開來學也。』（五）『鼎按：原法不謬，但文理不暢，以致惑目，西書出於翻譯，多有此等耳。』

第六條在『雙法』之後，稱：（六）『鼎按，算家定位之法不明，每見因乘驟升。輒駭其數之多而以意名之，以百名億，以單六名六萬，後之學者，又何以得其根元乎？』〔一一九〕

是年秋在北京，晤袁士龍。〔一二〇〕

康熙三十二年癸酉（一六九三）　六十一歲

是年二月文鼎自序所撰《筆算》五卷。〔一二一〕是年四月李光地序所著《曆學疑問》。〔一二二〕子以燕中癸酉科舉人。〔一二三〕

是年夏南回〔一二四〕，計去京師凡五載康熙二十八年到北京，今年返〔一二五〕，萬季野作序送他。〔一二六〕

梅定九書達方中通，中通作詩寄祝：『壽命有修短，學業無窮期。不壽君年壽君學，君學當爲古今師。聞君去年已六十，我之六十今始及。君年爲兄學亦兄，我學愧兄何止一等級。測日測月測天星，造儀不用西方形。算籌算筆算比例，創式更顯東土靈。君得羲孔文周之秘密，君得周髀商高之絶術。一行平子沖之輩何奇，君之研幾登堂復入室。旁通《素問》與《靈樞》，律吕聲音並輿圖。不肯空習文章之伎倆，不肯徒争名姓之有無。嗟乎！舉世文人不務此，不過熟讀經傳史籍而已矣。嗟乎！舉世才人更薄此，但知珍重班馬李杜而已矣。豈識君學通三才，志在繼往而開來。內窮性命外經濟，六十年來志不灰。我願學君之實學，而不願學世之虚學，迄今行年六十愈驚覺。南海見君秦淮書，五千里外手如握。今日思君更壽君，壽君之學惟君聞。』方中通《續陪》卷二。韓琦補。

康熙三十三年甲戌（一六九四）　**六十二歲**

是年仲秋，序其季弟文鼐所著《中西經星同異考》，後來此書收入《四庫》。〔一二七〕文鼐又撰《南極諸星考》一卷，刻入《檀几叢書》。〔一二八〕又刊刻利瑪竇所譯《經天該》及附圖。〔一二九〕

康熙三十四年乙亥（一六九五）　**六十三歲**

是年文鼎由郡廪生應歲貢。〔一三〇〕

康熙三十六年丁丑（一六九七）　**六十五歲**

是年張潮《友聲新集》卷一第三九頁，宣城沈善貞樂山與張山來潮書稱：『丁丑春，善遊真州，假榻洪去蕪齊頭，閲所輯《昭代叢書》……而敝地吴街南肅公、梅勿庵文鼎兩銘伯，俱籍光不朽，獲而公諸海內。』康熙丁丑刻本《昭代叢書》卷四列梅文鼎《學曆説》。張潮有小引稱：『定九聰明獨絶，舉凡勾股乘除之學，咸能辨析秋毫。蓋既擅天生之資，而復深之以人力之學，宜其説如數家珍也。』

康熙三十六年戊寅（一六九八）　六十六歲

李鼎徵業將《方程論》付刊《續學堂文鈔》卷一《寄李安卿孝廉書》，韓琦補注。

康熙三十八年己卯（一六九九）　六十七歲

是年文鼎在閩，遇林同人侗（一六二七—一七一四）〔一三一〕，借鈔其寫本《古曆列星距度》，因成《古曆列星距度考》一卷。〔一三二〕在閩時，與查嗣瑮、朱書有詩唱和《查浦詩鈔》卷七。韓琦補。

是年自閩中北歸，遊西湖。〔一三三〕冬十月，文鼎自閩北歸，途次嘉興，會朱彝尊於寓。《曝書亭集詩注》卷十八：『（己卯）十月二十一日喪子，老友梅君文鼎歸自閩中，扁舟過慰，攜別後所著書見示，部帙甚富，余亦以《經義考》相質，並出亡兒《摭韻遺稿》觀之，成詩百韻，次日送之還宣城，兼寄孝廉梅庚。』詩云：『延至西窗坐，試話睽離情。與叟別八霜，蹤跡如浮萍。或淹津門居，或棲皖口城。北書雁翮蒼，南書魚尾赬。茲從閩江至，獲逐合併青。』據此知文鼎是在康熙壬申（一六九二）獲交朱彝尊，且過從甚密，文鼎行蹤隨時告知竹垞。施愚山《詩集》卷三十有《送梅定九重赴皖口》詩，據朱詩當在是年之前。嚴敦傑補注。

文鼎造日晷贈朱彝尊，彝尊『書之以銘：日出湯谷，次蒙汜，自明及晦，奔車不知幾萬里。以寸度之攝其晷，鼎也製器巧如是。』《曝書亭集》卷六十一。韓琦補。

轂成亦稱其祖『南至閩，北抵上谷、金台，中曆齊、楚、吴、越』。〔一三四〕

是年同里施彦恪撰《徵刻曆算全書啟》時，文鼎已著曆法書五十八種，算法書二十二種，共成八十種。〔一三五〕《勿庵曆算書目》（一七六二）外曆學書六十二種，内已刻者十七種，算學書共二十六種，内已刻者十六種。

是年施彦恪《徵刻曆算全書啟》又稱：『《（曆學）疑問》三卷，見燕山節度之新刊。《方程（論）》一編，得泉郡孝廉而廣布。』〔一三六〕

李鼎徵刻《方程論》於安溪，文鼎有詩四章寄謝《績學堂詩鈔》卷四。《方程論》有康熙己卯孟夏李鼎徵序。韓琦補。

至己卯（一六九九）冬十月，李光地刻《曆學疑問》於大名，則見《文貞公年譜》。

是年陳克諧爲文鼎造象《績學堂詩鈔》卷四。冬，毛際可撰梅先生傳在《勿庵曆算書目》前。

朱書與梅文鼎同在閩一年，作《送梅勿庵遊武夷序》。《杜溪文稿》卷一。韓琦補。

是年戴名世序梅文鼏《中西經星同異考》《潛虚先生文集》卷四。韓琦補。

康熙三十九年庚辰（一七〇〇）　**六十八歲**

是年庚辰二月養痾坐吉山中，詳爲核定《星度》書。〔一三七〕

是年仲秋，偶霑寒疾，諸務屏絶，成《環中黍尺》五卷，重九前七日自序其書。〔一三八〕

文鼎稱『十餘年前曾作《弧三角》，所成《勾股書》一册，稿存兒輩行笈中，覓之不可得也。庚辰年，乃復作此。』〔一三九〕即《正弧勾股》。

梅文鼎自閩南回後時和張潮通訊，列在張潮《友聲新集》《友聲後集》之內。計：

（一）『刻古人書者多矣，同時之人，而不憚表章且久而靡倦者，幾人哉？雖欲不以古人位置足下不可得矣。弟去歲在閩一載，時從北來友人問訊興居，或言頃有小累損貲。然吾竊知決不能以累好善苦渴之心也，決不能以少阻與人爲善之勇也。輪扁曰臣也以臣之事知之，弟之信足下亦如此矣。茲以舍弟往宿，敬候興居，不恭不備，惟諒宥是荷。』見《友聲新集》卷一，第一至二頁。

（二）『世之學者，貴遠賤近，以爲難得之貨也。則震於其名而寶之，耳目所及，以爲常也。狎而棄之，恒情固然，不足爲怪。向在武林，王丹麓兄鈔録近人有關係文字甚多，服其遠見，乃先生竟能壽之梨棗，豈不尤爲難得哉？舍親吴街南《讀書論世》一書，持論平允，視他著撰尤善，今得藉大力可以公諸海内，真大快事。第半生精力爲曆算之學，論列頗多，然其中亦有小本可以分刻專行者，當録副奉寄請正，倘獲蒙來收，附存大刻之末，亦可以備一種也，何如？茲因舍弟爾素住宿遷館，肅此寄候近履，兼布其私。臨啟曷勝馳溯。』見《友聲後集》辛集，第三十五頁。

（三）『向在武陵，見王丹麓所輯近代叢書，多經濟實用之言，曾鈔其目録，今所藏小本，强半爲先生搜集梓行，豈非快事。具此大願力，又何患奇文之湮没耶？《讀書論世》在舍親情岩著撰中，爲扯平允之論，必傳無疑，然非大力，安能速公海内乎？《學曆》一篇，厠大刻中，甚感大匠雕琢丹黄，使溝中之斷，比於文木矣。尚有曆學中小品，及舍親韓志等作，容當録正，臨穎主臣。』見《友聲後集》壬集，第二七—二八頁。

康熙四十年辛巳（一七〇一）　**六十九歲**

文鼎《再寄李安卿孝廉書》稱：『辛巳首春，戒裝入閩，瀕行疾作，又不果行。』《績學堂文鈔》卷一。

梅瑴成稱：『《籌算》七卷……《筆算》五卷，《平三角法》五卷，《弧三角法》五卷，《塹堵測量》二卷，《環中黍尺》五卷，《方程論》六卷，以上六（七）種俱宣城梅先生著。安溪李文貞公並《曆學疑問》三卷《曆學駢枝》四卷《交食蒙求》三卷，俱刻於上谷，板歸安溪，江常鎮道魏公重刻於《曆算全書》内。』〔一四〇〕瑴成又稱：『安溪相國李文貞公厚庵督學畿輔，校刊《曆學疑問》，進呈御覽，有《恭紀》刻於本卷。又巡撫直隸，校刊《三角法舉要》《環中黍尺》《塹堵測量》等書九種於上谷。』〔一四一〕

文鼎於《弧三角舉要》有康熙辛巳七夕前二日識語一則，是上谷九種刻本，至早在辛巳年。〔一四二〕

一七〇一年九月，法國耶穌會士杜德美（Pierre Jartoux 一六六九—一七二〇）抵達中國，後到北京。一七〇八年起參與地圖測繪，並向中國人傳授杜氏三術。韓琦補。

康熙四十一年壬午（一七〇二）　**七十歲**

是年春，文鼎遊黄山《績學堂文鈔》卷四。韓琦補。

是年十月李光地以撫臣扈蹕德州，進所刻《曆學疑問》三卷，文鼎以是知名。〔一四三〕

是年自序所著《勿庵曆算書目》於坐吉山中，孫瑴成校正。計有曆學書六十二種，算學書二十六種，共八十八種。〔一四四〕校施彦恪《徵刻曆算全書啟》。

《皇朝通考》記録：（一）《曆算全書》六十卷，（二）《大統書志》十七卷，（三）《勿庵曆算書記》一卷。

康熙四十二年癸未（一七〇三）　**七十一歲**

文鼎稱：『歲癸未，匡山隱者南康毛心易乾乾（一六五三—一七〇九）惠訪山居，偶論周徑之理，因復推論及方圓相容相變諸率，益覺精明。』〔一四五〕

文鼎又稱：『癸未歲，匡山隱者毛心易乾乾，偕其婿中州謝野臣廷逸，惠訪山居，共論周徑之理，因反復推論方圓相容相變諸率。』〔一四六〕『毛乾乾字用九，初名惕，江西南康人，明諸生……康熙四十八年卒，著有《測天偶述》《推算偶述》等書凡二卷，六易稿乃成。』〔一四七〕『毛乾乾，字心易，江西南康人。……文鼎以師事之，著律曆學若干卷，以雜著二卷。子磐，於算數甚有精思，世傳其學。』〔一四八〕

『癸未二月，公（李光地）蒙賜《幾何原本》《算法原本》二書……未能盡通，乃延梅定九至署，於公暇討論其説。』〔一四九〕

是年春，文鼎『理櫂北行』《績學堂文鈔》卷一《與秦二南書》。韓琦補。

『癸未八月念三日燈下見皇上所看《曆學疑問》。』《榕村語録續集》卷十七。韓琦補。

文鼎稱：『康熙癸未，季弟爾素有《比例規用法假如》之作。』『方爾素撰此書時，安溪相國以冢宰開府上谷，公子世得鐘倫（一六六三—一七〇六）〔一五〇〕鋭意曆算之學，余兄弟及兒以燕下榻芝軒。』〔一五一〕

梅瑴成序李光地《曆象本要》稱：『（李光地）旋開府上谷，復迎先徵君至署，爲刊所撰曆算諸書，余小子實侍杖履，事校讎之役，時癸未歲（一七〇三）也。』『公（李光地）當世大儒，門下皆一時知名士，如景州魏公廷珍字君璧、交河王公蘭生字振聲、河間王公之鋭字仲穎，一作仲退、晉江陳公萬策字對初，一作謙季、宿遷徐公用錫字公壇咸在署，公子鐘倫字世得以定省至。公悉令受業於先徵君。』〔一五二〕

李光地學生中，徐用錫（一六五七—一七三七）追隨最久，達二十三年。在保定的還有文鼎之弟文鼏。韓琦補。

是年（錫山）秦二南來書問學。文鼎答書，並寄與《方程論》。〔一五三〕李光地《榕村語録續集》〔一五四〕卷十三『理氣』條，又提到當時清帝對梅文鼎《曆學疑問》是十分欽佩的。

康熙四十三年甲申（一七〇四）　**七十二歲**

是年十月，自序《平立定三差詳説》稱：『《授時曆》於日躔盈縮，月離遲疾，並云以算術垜積招差立算，而今所傳《九章》諸書無此術也。……余因李世得之疑而試爲思之。其中原委，亦自曆然。爰命孫瑴成衍爲垜積之圖，得書《平立定三差詳説》一卷。』〔一五五〕

文鼎《曆問疑問》書内有李光地甲申五月序。

康熙四十四年乙酉（一七〇五）　**七十三歲**

是年二月，『南巡狩，李光地以撫臣扈從。上問曰：「汝前道宣城處士梅文鼎者，今焉在？」臣地以

「尚留臣署」對。上曰：「朕歸時，汝與偕來，朕將面見。」』閏四月，康熙帝三次召見文鼎於臨清州御舟中，『臨辭，特賜四大顔字，曰「績學參微」，則是月二十八日也。』李光地《恭記》當時在場的人除李光地之外，還有督學楊名時、天津道蔣陳錫《績學堂詩鈔》卷四。以上韓琦補。文鼎進《三角法舉要》五卷。〔一五六〕

是年秋子以燕死。〔一五七〕

是年撰《交會管見》，自題：『康熙四十四年……時年七十有三。』嚴敦傑補注。

是年陳厚耀（一六四八—一七二二）中舉。韓琦補。

康熙四十五年丙戌（一七〇六）　**七十四歲**

文鼎稱：『方爾素撰此書《比例規用法假如》時，安溪相國以冢宰開府上谷……無何爾素挈兒燕南歸，相國入參密勿，而世得、亡兒相繼化去，余亦大病濱（瀕）死。』〔一五八〕

是年六月自保定歸《績學堂詩鈔》卷四。

文鼎北歸，先著賦詩：『一代名儒許魯齋，千秋絶藝郭邢臺。何如此日梅夫子，白首完全歸草萊。』《之溪老生集》卷五。成文昭亦作《送梅定九徵君還宣城四首》《蓍觴詩集》卷二。韓琦補。

梅文鼎，康熙丙戌年歲貢。〔一五九〕是年李鐘倫死，年四十四歲。〔一六〇〕

是年，陳厚耀中進士。韓琦補。

康熙四十六年丁亥（一七〇七）　**七十五歲**

文鼎稱：『爾素有《比例規用法假如》之作，又五年丁亥重加校録，示余屬爲序。』〔一六一〕

是年二月既望梅庚題『書梅徵君傳後』。〔一六二〕

康熙四十七年戊子（一七〇八）　**七十六歲**

『五月初二日，内侍李玉傳旨，諭内閣大學士陳廷敬等，著丙戌科進士陳厚耀作速來京，内閣行諮吏部，吏部移諮江撫，江撫檄行泰州，即日赴京。厚耀奉文就道，於七月十三日到京。』陳厚耀《陳氏家乘·召對紀言》。韓琦補。

是年六月，梅文鼎訪問曹寅於真州《續學堂詩鈔》卷四，曹寅《楝亭詩鈔》卷六。韓琦補。

康熙四十八年己丑（一七〇九）　**七十七歲**

是年四月二十三日，清聖祖召見陳厚耀，問及梅文鼎。陳厚耀以曾師事梅文鼎對。聖祖以爲梅文鼎算法，也祇曉得一半云云。〔一六三〕陳厚耀《召對紀言》云：『傳旨問：你知得梅文鼎否？臣對云：知得他。又問：曾與他會談否？臣對云：臣曾到他家請教過，他現在宣城縣。又問：你的學問比他如何？臣對云：他學問狠好，臣却不及。少刻，又傳旨云：朕定位一見便知，不用歌訣，梅文鼎算法也祇曉得一半，朕教他許多妙法，他曾對你説麽？臣對云：他並不曾對臣説，想因稱不能領略，故此不肯説，臣祇見他所著的書。』《陳氏家乘·召對紀言》。韓琦補。

是年，徐用錫中進士。韓琦補。

康熙四十九年庚寅（一七一〇）　**七十八歲**

文鼎稱：『庚寅在吴門，又得錫山友人楊崑生定三《方圓訂注圖説》，益覺精明。』〔一六四〕文鼎又稱：『庚寅之冬，偶有吴門之遊。（楊）學山〔一六五〕同吾友秦子二南，拏舟過訪於陳泗源厚耀學署，出示此《楊學山曆算書》書。余亦以《幾何補編》相質。』〔一六六〕楊學山以《溯源星海》四册、《王寅旭曆書圖注》二册、《三角法會編》二册借文鼎。〔一六七〕

是年撰《儀銘補注》。文鼎稱：『庚寅莫春，真州友人以二銘見寄，屬疏其義，余受而讀之……爰據其本，以爲之釋。』〔一六八〕

康熙五十年辛卯（一七一一）　**七十九歲**

是年六月，法國耶穌會士傅聖澤（Jean-François Foucquet 一六六五—一七四一）抵京，不久因杜德美的推薦，受康熙帝之命傳授代數學和歐洲天文學，成《阿爾熱巴拉新法》和《曆法問答》等書。韓琦補。

是年重九前三日爲李光地七十誕辰，文鼎寫詩道賀《績學堂詩鈔》卷四。韓琦補。

陳厚耀約在一七一一年前後再次奉召進京，到一七一七年臘月『下值』一七一四年因母喪回家守制兩年多。期間在蒙養齋供職，擔任中書舍人職位，編纂曆算書籍，得以『遍觀御前陳列儀器』，並蒙賜許多曆算著作。韓琦補。

康熙五十一年壬辰（一七一二）　八十歲

『壬辰清聖祖詔開蒙養齋，修樂律曆算書。下江南制府，徵其孫瑴成入侍。《律吕正義》成，驛致命校勘。』〔一六九〕『孫瑴成供奉内廷，欽賜監生。』〔一七〇〕

六月初三，李光地向江西巡撫郎廷極（一六六三—一七一五）之子傳旨：『朕近日聞得梅文鼎之孫算法頗好，雖不知學問深淺，命他來京看看。』七月初九日梅瑴成抵達南京，後被護送進京，前赴行在熱河。韓琦補。〔一七一〕

是年臘月序錫山友人楊學山《曆算書》於坐吉山中。〔一七二〕

文鼎八十大壽，徐用錫、揆敘（一六七四—一七一七）作詩道賀徐用錫《圭美堂集》卷九、揆敘《益戒堂詩後集》卷六；陳廷敬（一六三八—一七一二）、查嗣瑮（一六五二—一七三三）因李光地之命寄詩祝壽《午亭文編》卷七、《查浦詩鈔》卷九。韓琦補。

康熙五十二年癸巳（一七一三）　八十一歲

孫瑴成賜舉人，彙編《律曆淵源》。〔一七三〕瑴成亦稱：『余於康熙五十二年間充蒙養齋彙編官。』〔一七四〕

是年武進楊文言字道聲（？—一七一三）死。陳夢雷《松鶴山房文集》，是年題有《祭楊道聲文》，是道聲當死於是年。梅文鼎《績學堂詩鈔》卷三《爲徐敬可名善先生題箑即送歸南四首》第四首有云：『落落同心天地内，合併寧憚遠追攀。憑君好寄揚雲語，待我三吴山水間敬可爲余言楊道聲，余亦素聞其人。』按徐善、楊文言曾同修《明史·曆志》，見《勿庵曆算書目》。

是年三月在暢春園舉行康熙六十大壽盛典。是年，康熙帝發佈諭旨，在暢春園蒙養齋設立算學館，由皇三子誠親王胤祉主持，翻譯西方曆算著作，編纂《律曆淵源》包括《律吕正義》《數理精藴》《欽若曆書》。清廷命地方派送精通曆算、音樂等特長的人才參加考試。各省送了約三百餘位懂算學的人到京城面試，最後録取了七十二人。〔一七五〕武進楊文言因頗有才學，兼通天文，〔一七六〕通過陳夢雷推薦，直接爲誠親王服務。其中陳厚耀、梅瑴成、何國宗、王蘭生作用較大，方苞也被吸收進館。在蒙養齋效力的滿漢算法人員可考的還有：穆成格、博爾和、穆世泰、倫達禮、明安圖、余掄、董泰、潘藴洪、沈承烈、顧陳垿、何國棟、葉長揚、王珁、朱崧、馮錖、陳世明、徐覺民、王元正等人。韓琦補。

是年仲春楊作枚敏齋自序其《三角法會編》東京國立公文書館藏雍正二年兼濟堂刊本《曆算全書》。七月初五日奉旨：『生員王蘭生、監生梅瑴成做人正道，所學亦好，賜與舉人，一體會試。欽此。』王蘭生《交河集》。韓琦補。

康熙五十三年甲午（一七一四） 八十二歲

陳世明，字東啟，江蘇揚州人，曾任職蒙養齋算學館，是年著有《數學舉要》十四卷，有陳夢雷序。陳世仁，字元之，號換吾，浙江海寧人，一七一五年進士，由翰林院庶吉士授檢討，得『讀書中秘』，與梅瑴成等算學館學者應有交往。著有《少廣補遺》一卷，成書於一七一四—一七一七年，此書對『垛積術』有獨到見解，收入《四庫全書》。韓琦補。

是年十二月二十三日，梅瑴成奉上諭：『汝祖留心律曆多年，可將《律呂正義》寄一部去，令看。或有錯處，指出甚好。』《績學堂文鈔》卷一。韓琦補。

康熙五十四年乙未（一七一五）　**八十三歲**

門人劉湘煃字允恭，江夏人著有《曆學疑問訂補》等書，是年歸江陵，文鼎送以詩《績學堂詩鈔》卷四。是年三月十九日，文鼎寄書與楊學山。〔一七七〕孫瑴成賜進士，給假省親，賜第於北京宣武門外之日南坊。〔一七八〕

魯之裕（一六六五—一七四六）是年秋『過宛陵，造先生之門，請業焉。』文鼎以梓行《筆算》相囑，魯之裕因作《筆算》序記其事《式馨堂文集》卷八。韓琦補。

康熙五十五年丙申（一七一六）　**八十四歲**

本年曾在南京。重建梅氏宗祠落成，作《重建梅氏宗祠碑記》。〔一七九〕

陳厚耀升任國子監司業。韓琦補。

康熙五十六年丁酉（一七一七）　**八十五歲**

是年住南京據《績學堂詩鈔》。

是年仲冬文鼎自序所著《度算釋例》二卷，蓋因年希堯〔一八〇〕談及尺算，乃以舊稿並其弟文鼐所作算例，重加參校，比校整齊，而授梓人。〔一八一〕

廣寧年希堯爲序《度算釋例》於金陵藩署。〔一八二〕梅文鼎亦爲年希堯《測算刀圭》撰序《續學堂文鈔》卷二，三十四頁。但原書未録梅序。

是年冬，魯之裕『同梅勿庵先生夜話於松阜草堂』，賦詩二首《式馨堂詩前集》卷七。韓琦補。

康熙五十七年戊戌（一七一八）　**八十六歲**

魏荔彤稱：『歲在戊戌，偶攝法司，因與諸同人設館白下，延致（文鼎）先生，訂正所著，欲共輸資刊行。先生既以寧澹爲志，不樂與俗吏久處，而世會遷變，雲散蓬飛，竟未卒事。閱二載，僻居海中，官齋闃寂，復馳函敬求存稿，得十餘種……不意哲人遂萎矣。』〔一八三〕

是年年希堯在南京自序《測算刀圭》三卷。巴黎法國國家圖書館藏康熙刊本《三角法摘要》，有年氏康熙戊戌《測算刀圭》序。韓琦補。

是年陳萬策成進士。〔一八四〕按陳萬策與魏廷珍、王蘭生（一六七九—一七三七）、王之鋭、徐用錫同在李光地署中師事梅文鼎，〔一八五〕並同校文鼎曆算書。〔一八六〕

是年五月李光地卒，年七十七。

康熙五十八年己亥（一七一九）　**八十七歲**

是年二月，因推算人不敷用，敕禮部録送蒙養齋考試，取傅明安等二十八人，命在修書處行走。《數理精藴》成，由『康熙己亥翰林梅瑴成等彙編』梅瑴成《增删算法統宗》『國朝算學書目』。韓琦補。

是年冬文鼎序《讀史記十表》稱：『梅子方卧疴坐吉山中，得汪子師退所纂《讀史記十表》，而霍然興也……康熙己亥長至同郡眷弟梅文鼎，時年八十有七。』〔一八七〕

康熙五十九年庚子（一七二〇）　八十八歲

是年臘月李塨（一六五九—一七三三）來見梅文鼎。〔一八八〕

康熙六十年辛丑（一七二一）　八十九歲

是年文鼎卒。〔一八九〕九月，潘天成作《哭先師勿庵梅先生》《鐵廬集》卷二，又作《祭梅勿庵先生文》《鐵廬外集》卷一。韓琦補。

『辛丑《夏曆算書》即《律曆淵源》成，瑴成請假歸省，逾月而君（文鼎）卒。』〔一九〇〕『瑴成内廷供奉，越數年，給假歸省，值公病，得侍疾，數月而卒。特命江寧織造曹君治喪事，營葬地。』〔一九一〕

是年九月，『工部江寧織造曹頫奉旨營造』文鼎墓地，一九八五年宣州文物部門普查文物時發現墓碑殘石。陳康祺《郎潛紀聞三筆》卷三稱：『宣城梅勿庵先生文鼎，歲貢生，子以燕，舉人，兩世俱通算學。以燕子文穆公瑴成，始大其宗。而勿庵父子兆域，聖祖特命江南織造曹頫監工，稽古之榮極矣。』韓琦補。

按文鼎死時，孫瑴成、玕成尚在，瑴成死於乾隆二十八年癸未（一七六三）十月十六日，時年八十三。〔一九二〕玕成生于一六九〇年，卒于一七六三年。韓琦補。《宗譜》稱年七十四死。〔一九三〕

轂成長子鈖，四子鈁，各年二十六，先轂成死。〔一九四〕轂成季子鏐。〔一九五〕

康熙六十一年壬寅（一七二二）

是年春，梅轂成、玕成將文鼎晚年手稿交給魏荔彤付梓。銅活字本《數理精蘊》印成，何國宗、梅轂成、王蘭生奏請康熙帝爲《律曆淵源》寫序。韓琦補。

梅文鼎尚有故事數則，未記年月：

（一）吴陳琰《曠園雜志》云：『黄履莊精西洋輪捩之學，嘗製木狗置門側，卷臥如常，遇客至，觸機而起，吠不止，一時莫辨其僞。宣城梅定九與柴陛升言。』見鉢庵《人物風俗制度叢談》甲集，『機師』條列。一九四八年十二月出版。

（二）劉南英字宇千，工詩，尤精琴理，著《琴學集成》十卷，梅文鼎曾爲製序。

（三）李光地《榕村語録》（一七四三）卷二十四，又記有梅文鼎故事數則。

注釋

〔一〕『梅定九，名文鼎，號勿庵，宣城人。專精曆算之學，爲國朝第一，著有《曆算全書》。』見陸耀《切問齋文鈔》卷二十四，頁四，乾隆四十年（一七七五）自序刻本。及吴修《昭代名人尺牘小傳》卷八，道光八年（一八二六）自序，《翠琅玕館叢書》本，或參看李儼《中國算學史》，頁二四八—二四九（一九三七年初版）。

〔二〕一九一八年由宣城教育會劉至純君寄來寧國縣梅柏溪君所藏《梅氏宗譜》内《文鼎公本傳》《轂成公事略》，和《宣城縣志》中《梅文鼎傳》。本條即據《梅氏宗譜》内本傳。梅氏世居宣城縣東南七十里之柏梘山口，厥後析居蒲田等三十餘村（據《績學堂詩鈔》卷四，《績學堂文鈔》卷四内《重建梅氏宗祠碑記》和《宣城縣志》）。

〔三〕方苞《梅徵君墓表》稱『梅文鼎母胡氏』。見《方望溪先生全集》卷十二，頁四—六，《四部叢刊》本。梅曾亮《柏梘山房文集》卷四《（梅氏）家譜約書》内稱：『梅期生……室鮑氏，側室胡氏、陳氏。』《續古文辭類纂》卷七收有《梅伯言家譜約書》。又據杭世駿《梅文鼎傳上》，《道古堂文集》卷三十，第七册，頁一，光緒十四年（一八八八）汪氏振綺堂補刻本。又見梅文鼎《績學堂詩鈔》卷四，丙申（一七一六）『二月七日誕辰偶作』自注。

〔四〕李天經生死年，係據康熙十二年（一六七三）《吴橋縣志》卷六。

〔五〕參看方豪《徐光啟》（一九四四年，勝利出版社出版）。

〔六〕『梅文鼐字和仲，與兄文鼎共成《步五星式》六卷，早卒。』見杭世駿《道古堂文集》卷三十一，頁九。

〔七〕『梅文鼏字爾素，輯《中西經星同異考》一卷、《授時步交食式》一卷。』見杭世駿《道古堂文集》卷三十一，頁九。

〔八〕據梅文鼎《績學堂詩鈔》『爾素年六十』推得。韓琦補：文鼏，字爾素，號慎庵，享年七十五，所著《星圖》《筆算》等書，徐用錫序而梓之。

〔九〕杭世駿《梅文鼎傳上》，《道古堂文集》卷三十，和《中西經星同異考》序。

〔十〕語見《梅氏宗譜》。

〔十一〕梅文鼎《績學堂詩鈔》卷四《喜石龍陳兆先過訪序》稱：『兆先先生父明卿先生，及其世父蜚伯先生，並某童時塾師也。計其時爲甲申、乙酉。』

〔十二〕《額辣濟亞牖造諸器圖説》一卷，現藏鈔本無圖，有一六四〇年王徵自序，是《奇器圖説》的續篇。

〔十三〕語見《梅氏宗譜》。

〔十四〕阮元《疇人傳》三十六《王錫闡傳》論曰：『國初算學，南王（錫闡）北薛（鳳祚）並稱。』據薛鳳祚《考驗叙》稱：『薛鳳祚從穆尼閣學，順治戊子（一六四八）著《天步真原》。』

〔十五〕《宣城縣志》稱：『以燕年五十二，先文鼎卒。』錢寶琮君因梅文鼎有『（李鐘倫）世得（一六六三—一七〇六）、亡兒（以燕）相繼化去』之語，假定以燕亦在丙戌年（一七〇六）死去，則以燕當生於順治十二年乙未，文鼎年二十三歲。語見錢寶琮《梅勿庵先生年譜》，《國立浙江大學季刊》一卷一期，一九三二年一月。但商鴻逵君因梅文鼎《績學堂文鈔》有『乙酉子以燕卒』之語，定以燕死於乙酉年（一七〇五），則以燕當生於順治十一年甲午，文鼎年二十二歲。語見商鴻逵《梅定九年譜》，（北京）《中法大學月刊》二卷一號，一九三二年一一月。現從商君之説，定以燕生於順治十一年（一六五四）。又方苞《梅徵君墓表》稱『文鼎妻陳氏』。

〔十六〕《傳》附梅文鼎《勿庵曆算書目》後，《知不足齋叢書》第十七集本。

〔十七〕北京故宮博物院藏《算海説詳》九卷六册。前有順治己亥（一六五九）自序和康熙元年（一六六二）沈世奕序。按梅文鼎《勿庵曆算書目》記録是書。又道光二十四年（一八四四）《濟南府志》卷六十四《經籍志》亦作『章邱人李長茂撰《算海説詳》』。

〔十八〕魏刻《曆算全書》、毛際可《梅先生傳》作四卷，《道古堂文集》卷三十、《勿庵曆算書目》作二卷。《疇人傳》卷三十七因稱：『《曆學駢枝》二卷，後增爲四卷。』《梅氏叢書輯要》卷首，校閲助刻姓名列：『三韓貴州巡撫金公鐵山世揚校刊《曆學駢枝》《筆算》於保定。』

〔十九〕《知不足齋叢書》本《勿庵曆算書目》，頁一。

〔二十〕《數度衍》凡例作于順治辛丑（一六六一），藏篋中者近三十年，康熙丁卯（一六八七）歲，其婿胡正宗爲刻於粤之恩州。

〔二十一〕梅文鼎《中西算法通》稱：『（方中通）位伯著《數度衍》二十五卷。』《道古堂文集》亦作二十五卷。兩江總督采進本作二十四卷，附録一卷。通行本作二十四卷。

〔二十二〕梅文鼎《績學堂詩鈔》。

〔二十三〕陵陽山在安徽宣城縣城内。

〔二十四〕《曆學駢枝》自序，頁一，宣城梅定九先生著。《曆算全書》，柏鄉魏念庭輯刊，雍正元年（一七二三）。

〔二十五〕《中西經星同異考》。

〔二十六〕見《曉庵新法自序》，並參看李儼《中國算學史》頁二四八（一九三七年初版）。

〔二十七〕日本關孝和遺著《括要算法》（一七〇九）卷首《求周徑率》謂：桐陵法周率六三，徑率二〇，周數三一五整。疑與此處所題同屬一人，而爲明季隱者。並見武田楠雄：《明代數學之特質》，《科學史研究》第二九號，頁八—

一八。

〔二十八〕《方田通法序》，附《筆算》，《梅氏叢書輯要》卷五，頁一六。

〔二十九〕據寧國縣南陽胡氏譜《小引》。

〔三十〕《勿庵曆算書目》，頁三八。

〔三十一〕《曆算全書·方程論》發凡，第四、五頁稱：『歲壬子，拙荆見背。』毛際可稱：『（梅文鼎）中年喪妻，更不復娶。』見《勿庵曆算書目》附《梅先生傳》，頁二。方苞《梅徵君墓表》稱『文鼎妻陳氏』，見《方望溪先生文集》卷十二。

〔三十二〕《曆算全書·方程論》文鼎自序，第一頁稱：『《論》成於壬子之冬。』

〔三十三〕見原書和《遂初堂集》卷七，頁二五。並參看《道古堂文集》卷三十一，頁一三，《切問齋文鈔》卷一五，頁一六。

〔三十四〕《中西經星同異考》。韓琦補：文鼐生于一六三七年，卒于一六七一年。

〔三十五〕施閏章，號愚山，宣城人，《清代學者象傳》有傳。又有《施愚山先生年譜》，在《施愚山全集》，國學扶輪社印本之内。

〔三十六〕杭世駿《道古堂文集》卷三十，頁八。

〔三十七〕《勿庵曆算書目》，頁五、六。

〔三十八〕《施愚山全集》内《施愚山文集》卷七。

〔三十九〕《曆算全書·方程論》自序。

〔四十〕《方程論》發凡。

〔四十一〕焦循《雕菰集》卷十八《書〈西鏡録〉後》條稱：『明年辛酉（一八〇一），在金陵市中買得寫本《天步真原》一册，不完。未有朱書「鼎按」云云；然則勿庵之書，散失多矣。』按疑此即梅文鼎所手鈔的穆尼閣《天步真原》。

〔四十二〕《勿庵曆算書目》，頁三三、三四。

〔四十三〕《曆算全書·度算釋例》梅文鼎《比例規用法假如》原序，頁三，並參看《勿庵曆算書目》，頁三八、三九。

〔四十四〕《勿庵曆算書目》，頁三〇。

〔四十五〕『梅庚，字耦長，一字子長，宣城人，康熙辛酉（一六八一）舉人，有《天逸閣集》。』見《碑傳集》卷首下。

〔四十六〕《陸稼書（隴其）先生年譜》（一七二五）。

〔四十七〕《數度衍》卷首《與梅定九書》，頁一。

〔四十八〕《勿庵曆算書目》，頁六。

〔四十九〕《勿庵曆算書目》，頁三八、三九。

〔五十〕《曆算全書·度算釋例》梅文鼎《比例規用法假如》原序，頁三。

〔五十一〕《勿庵曆算書目》，頁四四。黄虞稷所藏宋元豐七年（一〇八四）本《九章》，後歸毛晉（一五九九—一六五九）第五子毛扆（一六四〇—一七一三）。見康熙甲子（一六八四）毛扆《算經跋》，附《緝古算經》後，《知不足齋叢書》第八集，戴敦元《九章算術細草圖説》序以爲定九未見《九章》，蓋屬失考。並參看黄虞稷、周在俊《徵刻唐宋秘本書目》頁一七，長沙葉氏刻本。

〔五十二〕《曆算全書·籌算》自序，頁一。

〔五十三〕《勿庵曆算書目》，頁六；參看《績學堂詩鈔》卷二。

〔五十四〕《勿庵曆算書目》，頁三〇，『《璿璣尺解》一卷』條。

〔五十五〕《曆算全書·度算釋例》梅文鼎《比例規用法假如》原序，頁三、四。

〔五十六〕原文見李儼藏舊鈔本《中西算學通》。

〔五十七〕據《病餘雜著序》：『寄懷桐城方素伯（中履），寄方位伯（中通）二詩』自注。按『方中履字素伯，中通三弟，曾序《數度衍》』，見《數度衍》卷首，家序，頁一—三。

〔五十八〕據《嘯園叢書》本，漁洋山人原著《説部精華》。

〔五十九〕現有本《勿庵曆算書目》（一七〇二）梅文鼎自擬次序是：（一）籌算，（二）筆算，（三）度算，（四）比例算，（五）三角算，（六）方程，（七）幾何摘要，（八）勾股測望，（九）九數。

〔六十〕《勿庵曆算書目》，頁一二—一三，『《四省表景立成》一卷』條。

〔六十一〕《勿庵曆算書目》，頁三八—三九。

〔六十二〕《勿庵曆算書目》，頁三四。

〔六十三〕《勿庵曆算書目》，頁三四。

〔六十四〕語見《梅氏宗譜》。

〔六十五〕『杜知耕字端甫，康熙丁卯（一六八七）舉人……好讀書，尤精數學。著有《數學鑰》六卷，李子金序而傳之。』見何熠《柘城縣志》卷十，頁一〇—一一，乾隆三十八年（一七七三）官修刻本。

〔六十六〕《勿庵曆算書目》，頁四十五。

〔六十七〕『孔興泰字林宗，睢州人，著《大測精義》，求半弧正弦法，與梅氏正弦簡法補説不謀而合。』見杭世駿《道古堂文集》卷三十一，頁三一。並參看《勿庵曆算書目》，頁四七—四八。

〔六十八〕『袁士龍字惠子，錢塘人，受星學于黄弘憲。西域天文有三十雜星之占，未譯中土星名。士龍有考，與梅氏不謀而合。』見杭氏前書，頁三一。並參看《勿庵曆算書目》，頁一二—一二。

〔六十九〕王錫闡生於崇禎元年六月十日，死於康熙二十一年九月，見王濟《王曉庵先生墓誌》，據王勤堉《劉繼莊年譜》引《松陵文録》卷十六。

〔七十〕《勿庵曆算書目》，頁三四—三五。

〔七十一〕梅瑴成《增删算法統宗》卷首，《古今算學書目》頁一一，江蘇書局校刊，光緒戊戌（一八九八）；又見梅瑴成《兼濟堂曆算書刊繆》（一七三九）。

〔七十二〕《勿庵曆算書目》，頁三八。

〔七十三〕《梅氏叢書輯要》卷首，校閲助刻姓氏。

〔七十四〕杭世駿《道古堂文集》卷三十一，頁一四。按《中西算學通》共九種，次序見康熙十九年條：蔡璿所刻祇《中西算學通》的第一種。

〔七十五〕《勿庵曆算書目》，啟，頁三。

〔七十六〕《曆算全書・度算釋例》卷二，頁五〇。

〔七十七〕按『袁士旦名啓旭，宣城人。著《中江紀年稿》』。李桓《國朝耆獻類徵》（湘陰李氏版）卷四三〇有傳。

〔七十八〕『于北溟名成龍，永寧人。官兩江總督，謚清端，有《政書》。』見陸燿《切問齋文鈔》卷十一，頁五。陸心源按《經義齋集》有《墓誌》。

〔七十九〕《勿庵曆算書目》，頁七。

〔八十〕《道古堂文集》卷三十，頁八。按『康熙二十年于成龍由直隸巡撫遷爲江南江西總督。』見《東華録》『康熙二十八』，頁八。檄修《通志》，當不在癸丑（一六七三）的明年，而在癸亥（一六八三）的明年。

〔八十一〕《曆算全書・弧三角舉要》舊序，頁一—二。

〔八十二〕『潘耒，字次耕，吴江人，王錫闡與其兄檉善。館于其家，講論常窮日夜，勸其學曆。』見《道古堂文集》卷三十一，頁一三。

〔八十三〕《梅氏叢書輯要》卷十一《方程論叙》，頁一。

〔八十四〕《曆算全書・方程論》發凡，頁四。

〔八十五〕『李鼎徵，字安卿，文貞公（李光地）次弟，舉人，嘉魚令。爲梅氏刻《方程論》於泉州。《幾何補編》成，手爲謄寫。』見《道古堂文集》卷三十一，頁一三。

〔八十六〕《勿庵曆算書目》，頁四三。

〔八十七〕方中通《數度衍》卷首《與友書》，頁一—四。

〔八十八〕據郭慕天《梅文鼎與耶穌會士之關係》考知：『殷鐸德於康熙十三年迄三十五年（一六七四—一六九六）在杭州。梅文鼎遇殷鐸德當在戊辰年（一六八八）。』《上智編譯館館刊》三卷六期，頁二三四，一九四八年六月，北京。

〔八十九〕《勿庵曆算書目》傳，頁一。又毛際可《安序堂文鈔》卷二十六有《題梅定九飲酒讀書圖》一文。

〔九十〕《中西經星同異考》，並參看劉獻廷《廣陽雜記》上。

〔九十一〕《勿庵曆算書目》，頁一四，並參看《曆學疑問》。『李晉卿名光地，號厚庵，安溪人。康熙庚戌（一六七〇）

進士。官大學士，謚文貞，有《榕村集》。』見陸耀《切問齋文鈔》卷一，頁一三。李光地又著《曆象本要》二卷。韓琦按：《曆象本要》康熙刻本無作者，又有一七四二年梅瑴成序刊本，題李光地著。或以爲此書原爲楊文言所作。

〔九十二〕參看《曆象本要》，《榕村全書》，道光年刊本，梅瑴成乾隆七年序。韓琦補：桐崖即梅銷之號，原名以行，字爾止，康熙六年進士。

〔九十三〕見傅沅叔原藏繆藝風鈔本：李光地《榕村語録續集》，一八九四年黄家鼎校録。

〔九十四〕《榕村全書》，道光年刊本，有陳壽祺道光九年（一八二九）總序。

〔九十五〕《曆算全書》内《方程論》發凡，頁四。

〔九十六〕《勿庵曆算書目》，頁三四—三五，及《續學堂文鈔》卷二，頁三六，卷五，頁一〇。

〔九十七〕按《大統曆志》，四庫本作八卷附録一卷。刊入《明史》作四卷。而《勿庵曆算書目》作《明史曆志擬稿》三卷。

〔九十八〕《勿庵曆算書目》，頁七—八。時黄百家已著有《勾股矩測解原》二卷。

〔九十九〕《道古堂文集》卷三十一，頁八引。

〔一〇〇〕《勿庵曆算書目》，頁三六。揭暄《寫天新語》即《璿璣遺述》六卷，附圖一卷，《刻鵠齋叢書》本（一八九八）三册（前南京國學圖書館藏）。書前有一七六五年萬年茂序，一七二五年邱維屏序稱年已五十。揭暄字子宣，號韋綸，别號半齋，廣昌人。

〔一〇一〕《梅氏叢書輯要》卷十一，頁一，和《遂初堂集》卷七，頁二五。

〔一〇二〕《曆算全書·勾股闡微》卷四，頁二一。

〔一〇三〕《正教奉褒》康熙二十八年（一六八九）條。
〔一〇四〕《勿庵曆算書目》，頁一四—一五。
〔一〇五〕《勿庵曆算書目》，頁一三。
〔一〇六〕嚴敦傑《〈幾何原本〉到中國來的歷史》。
〔一〇七〕見《陸稼書先生年譜》（一七二五），李光地《榕村語録續集》卷十六，和陸隴其《三魚堂日記》。
〔一〇八〕《勿庵曆算書目》，頁一三。
〔一〇九〕《測量全義》十卷，明徐光啟和羅雅谷、湯若望共編。明崇禎四年（一六三一）八月第二次進呈，爲《崇禎曆書》之一。
〔一一〇〕《幾何原本》六卷，明徐光啟和利瑪竇共譯，萬曆三十五年（一六〇七）春譯成，在北京出版。
〔一一一〕參看《勿庵曆算書目》，頁四十六，和《曆算全書·幾何補編》自序，頁一。
〔一一二〕《勿庵曆算書目》，頁四十五。
〔一一三〕文鼎稱：『錢塘吴信民（敬）《九章比類》，西域伍爾章遵韜有其書，余從借讀焉。』見《勿庵曆算書目》，頁四四。
〔一一四〕文鼎稱：『山陰周述學著《曆宗算會》，于開方、弧矢頗詳。』見《勿庵曆算書目》，頁四四。
〔一一五〕《同文算指前編》二卷，《通編》八卷，《別編》一卷，題利瑪竇授，李之藻演。刻于《天學初函》。《前編》有萬曆癸丑（一六一三）李之藻序及萬曆甲寅（一六一四）徐光啟序。
〔一一六〕《曆算全書·少廣補遺》小引，頁一。

〔一一七〕《勿庵曆算書目》，頁四六—四七。

〔一一八〕《竹汀先生日記鈔》卷一，滂喜齋刻本（北善藏）。

〔一一九〕一九五〇年十二月嚴敦傑在北京大學圖書館發現李盛鐸舊藏歐邏巴《西鏡録》。嚴君將另文考證。現在這裏僅録『梅按』的數條。

〔一二〇〕《梅氏叢書輯要》卷六十雜著《西國三十雜星》考，或《曆算全書·揆日候星紀要》卷一，頁四〇。

〔一二一〕《曆算全書·筆算》自序，頁一—二。

〔一二二〕《曆算全書·曆學疑問》序，頁一—三。

〔一二三〕見《梅氏宗譜》及梅瑴成《增删算法統宗·凡例》頁一，江蘇書局校刊，光緒戊戌（一八九八）；和《江南通志》卷一三二《選舉志》（一九三六）。

〔一二四〕《續學堂文鈔》卷一《寄李安卿孝廉書》提到『自西夏還山』，韓琦補。

〔一二五〕《勿庵曆算書目》，頁一五。

〔一二六〕稿本萬季野《石園藏稿》（嚴敦傑徵得），又《四明叢書》内八卷本《石園文集》卷七内有《送梅定九南還序》。

〔一二七〕《中西經星同異考》一卷一册，見壬子文淵閣《所存書目》第三卷，頁二〇。《指海》本同。

〔一二八〕《檀几叢書》，武林王丹麓（晫，一六三六—?）編刻。《顧氏家藏尺牘》姓名考稱『王晫初名棐，字丹麓，又字木庵，一字松溪，浙江仁和人，有……《檀几叢書》』。

〔一二九〕劉鐸《古今算學書録》天文第七，頁三載：『《經天該》附圖，明利瑪竇譯，康熙年梅文鼎刊本』。按文鼎是文鼏之誤。

〔一三〇〕《梅氏宗譜》。

〔一三一〕據《福建通志》。

〔一三二〕《勿庵曆算書目》，頁三六—三七。

〔一三三〕《勿庵曆算書目》，頁一。

〔一三四〕《勿庵曆算書目》，傳，頁一。

〔一三五〕《勿庵曆算書目》，啟，頁三。彦愘，施閏章子。

〔一三六〕《勿庵曆算書目》，啟，頁三。

〔一三七〕見鈔本《星度》後。

〔一三八〕《梅氏叢書輯要》卷三十四，《環中黍尺》小引，頁一。

〔一三九〕《曆算全書·弧三角舉要》卷二，頁五。

〔一四〇〕梅瑴成《增删算法統宗》卷首『書目』頁一一。惟方苞《梅瑴君墓表》不列《籌算》及《方程論》。

〔一四一〕《梅氏叢書輯要》卷首，校閱助刻姓氏。韓琦按：李光地校刊者祇有七種（包括李光地自己的《曆象本要》），另兩種《筆算》《曆學駢枝》爲金鐵山所刻。

〔一四二〕《曆算全書·弧三角舉要》卷二，頁五。現北京大學所藏《梅氏曆算全書》，北京圖書館所藏《梅勿庵算書》五種，都是殘本。

〔一四三〕見《勿庵曆算書目》，頁一五，及《曆學疑問·恭紀》，並參看章梫《康熙政要》第十八，引《碑傳集》。

〔一四四〕《勿庵曆算書目》自序，頁一。《江南通志》卷一百九十二《藝文志》（一七二六）亦列梅氏著曆算書八十八種。

〔一四五〕《勿庵曆算書目》，頁五一，疑壬午以後所記。

〔一四六〕《梅氏叢書輯要》卷二十四，《方圓羃積説》，頁一。

〔一四七〕《清史列傳》卷七十，頁一三。

〔一四八〕見江藩《炳燭室雜文》内《毛乾乾傳》。又蕭一山《清代學者著述録》（一九四三）頁五一稱毛乾乾曾著《測天偶述》《推算偶述》。

〔一四九〕《文貞公年譜》。孫李清植撰，梅瑴成、王蘭生、徐用錫、魏廷珍參訂。

〔一五〇〕『李鐘倫字世德，文貞公（長）子，康熙癸酉（一六九三）舉人……甲數乙數用法甚奇，本以赤道求黄道。鐘倫準其法以黄求赤，作爲圖論，又製器以象之。』見《道古堂文集》卷三十一，頁一三。

〔一五一〕《曆算全書·度算釋例》梅文鼎《比例規用法假如》原序，頁三—四。

〔一五二〕參看《曆象本要》，《榕村全書》本，道光年刊。按《曆象本要》序所稱王蘭生、徐用錫、錢儀吉《碑傳集》有傳。韓琦補：魏廷珍與梅瑴成同在保定三年，後一起在内廷充御前較對官，共事十年，無日不聚首，相知甚深。

〔一五三〕據《績學堂文鈔》卷一《與二南書》和《復錫山秦二南書》。韓琦補：秦二南即秦軒然。

〔一五四〕見傳沅叔原藏繆藝風鈔本李光地《榕村語録續集》。

〔一五五〕《勿庵曆算書目》，頁二五—二六。

〔一五六〕參看《梅氏宗譜》《績學堂詩鈔》卷四和《勿庵曆算書目》頁四一。

〔一五七〕見順治十一年甲午二十二歲條注。

〔一五八〕《曆算全書·度算釋例》梅文鼎《比例規用法假如》原序頁四。

〔一五九〕見重修《安徽通志》卷一五三。

〔一六〇〕據陸心源《三續疑年録》卷九頁四引《榕村集》。

〔一六一〕《曆算全書·度算釋例》梅文鼎《比例規用法假如》原序頁三。

〔一六二〕《碑傳集》卷首下及卷一三二，引。

〔一六三〕焦循《里堂道德録》卷八（北京圖書館藏稿本）内引『召對紀言』。

〔一六四〕《梅氏叢書輯要》卷二十四，《方圓冪積説》頁一。

〔一六五〕楊作枚字學山，定三之孫，著有《解割圓之根》一卷，刻入《曆算全書》，並爲魏荔彤訂補梅勿庵《曆算全書》。

〔一六六〕《曆算全書·錫山友人楊學山曆算書序》，頁一。

〔一六七〕《曆算全書·錫山友人楊學山曆算書序》，頁一—二。

〔一六八〕《梅氏叢書輯要》卷六十《雜著》。嚴敦傑補注。

〔一六九〕方苞《梅徵君墓表》引『謝賜《律吕正義》劄子』。

〔一七〇〕《梅氏宗譜》。

〔一七一〕據光緒十八年刻本《文峰梅氏家譜》，梅瑴成經陳厚耀推薦，被召至京。梅瑴成至京後，在暢春園蒙養齋學習，彙編《數理精蘊》《欽若曆書》。

〔一七二〕《曆算全書》第一册，卷首，題《三角法會編》，梅文鼎序，頁一—二。

〔一七三〕《梅氏宗譜》。按《律曆淵源》一百卷，計《曆象考成》上編十六卷，下編十卷，表十六卷。《律呂正義》上編二卷，下編二卷，續編一卷。《數理精蘊》上編五卷，下編四十卷，表八卷。

〔一七四〕《梅氏叢書輯要》卷六十二《操縵卮言》。

〔一七五〕黄鐘駿《疇人傳四編》卷七《顧陳垿傳》頁一四，《留有餘齋叢書》本。

〔一七六〕《掌故叢編》第三輯。

〔一七七〕《曆算全書・曆學問答》卷一，頁三四—三五。

〔一七八〕《梅氏宗譜》。

〔一七九〕《績學堂詩鈔》卷四《作家書後偶成》後。同書卷四丙申又有《二月七日誕辰偶作》。

〔一八〇〕『廣寧廣東巡撫年公允恭（希堯）校刊《方程》《度算》于江寧藩署』，見《梅氏叢書輯要》卷首，校閲助刻姓氏。

〔一八一〕《曆算全書・度算釋例》自序，頁一。

〔一八二〕《曆算全書・度算釋例》年序，頁一。

〔一八三〕《曆算全書》卷首，魏序，頁一—二。

〔一八四〕『陳對初名萬策，又字謙季，晉江人。康熙戊戌進士，官詹事府詹事。有《近道齋集》』，見《切問齋文鈔》卷二十四，頁一〇。

〔一八五〕見康熙四十二年癸未條。

〔一八六〕見《勿庵曆算書目》頁五〇，《梅氏叢書輯要》卷首校閲助刻姓氏，和《道古堂文集》卷三十一頁八。
〔一八七〕此條由嚴敦傑徵得，開明本《二十五史補編》誤作八十有九。
〔一八八〕《李恕谷年譜》。
〔一八九〕《梅氏宗譜》。
〔一九〇〕方苞《梅徵君墓表》。
〔一九一〕《梅氏宗譜》。
〔一九二〕《梅氏宗譜》。
〔一九三〕《梅氏宗譜》。按魏荔彤雍正癸卯（一七二三）兼濟堂刻《曆算全書》序尚稱玉汝昆季。乾隆辛巳（一七六一）瑴成所輯《梅氏叢書輯要》，除卷一—五、卷五五—五六及卷六〇—六二外，均與玕成同校輯。又庚辰（一七六〇）所作《增删算法統宗》亦有玕成校字。
〔一九四〕《增删算法統宗·凡例》，頁五。
〔一九五〕瑴成季子鏐，見包世臣《藝舟雙楫·完白山人傳》。文鼎曾孫鈦、鈖、鉁、鈁、鏐、鉞，都通數學。